우리가 정말 알아야 할 우리 한옥

초판 1쇄 발행 | 2000년 6월 25일
초판 14쇄 발행 | 2018년 1월 30일

지은이 | 신영훈
사진 | 김대벽
펴낸이 | 조미현

표지디자인 | ph413

펴낸곳 | (주)현암사
등록 | 1951년 12월 24일 · 제10-126호
주소 | 04029 서울시 마포구 동교로12안길 35
전화 | 02-365-5051 · 팩스 | 02-313-2729
전자우편 | editor@hyeonamsa.com
홈페이지 | www.hyeonamsa.com

ⓒ 신영훈 · 김대벽 2000

•잘못된 책은 바꾸어 드립니다.
•지은이와 협의하여 인지를 생략합니다.

ISBN 978-89-323-1293-4 03610

우리가 정말 알아야 할 우리 한옥

우리가 정말 알아야 할 우리 한옥

신영훈 지음 · 김대벽 사진

현암사

새로운 내 집을 짓고 싶은 마음

"우리 집에 다녀가실 수 있으신지요."
전화가 왔다. 낯익은 목소리가 반가워 찾아가마 하였고 날 좋은 날 몇이서 방문하였다. 반갑게 맞이하는 집주인 뒤로 손수 옮겨다 지었다는 한옥이 튼실하게 자리잡고 있었다.
"아니 어느 틈에 이런 집을 다 지으셨수."
행주치마에 손 닦으며 반색하는 안주인 기색이 매우 만족스러워 보인다. 집에 긍지와 기풍이 한껏 배어 있다. 제법 규모가 크다. 전형적인 20세기 한옥인데 내부를 요모조모 치장해서 집안 구조와 어울리게 멋진 분위기를 연출하였다. 지나치게 속되지 않고 너무 되바라지지도 않았다. 있는 대로 잔뜩 늘어놓는 천박한 취미를 벗어난 말쑥한 멋을 풍기는 잘 정돈된 실내는 귀티났다.
"집주인 내외 분위기와 집이 똑같군."
어서 방으로 들어오라면서 따뜻한 손으로 잡아 준다. 능숙한 솜씨로 우린 향내 좋은 녹차가 준비되어 있었다. 한지로 도배한 방이 넓지는 않으나 해맑아서 들어가 앉는 마음이 그렇게 부드럽고 편할 수가 없다.
"들어앉은 사람을 돋보이게 하는 방이라고 손님들이 아주 좋아해요."
그 맛을 누리려고 다시 찾아오는 이도 있다고 자랑스럽게 말한다. 불을 지핀 아궁이에서 장작 타는 냄새가 싱그럽게 퍼져 왔다. 아랫목 따스한 온기가 궁둥이를 통해 온몸으로 퍼진다. 한잠 늘어지게 자고 나면 삭신이 나긋해질 것 같아 염치 불구하고 눕고 싶다.

"그러지 않아도 연세 드신 부인들은 한잠씩 주무시고 가는 분도 계시더라구요. 그럴 땐 모르는 척하죠. 아파트에 사는 분들이 제일 그리운 것이 불 땐 아궁이가 데운 뜨끈한 구들인가 봐요."

주인은 너그럽게 생긴 모습만큼이나 마음도 넉넉하다.

"다녀가신 분이 다시 찾아와서는 어떻게 지었냐고 묻는 일이 많아요. 좀 뵙자고 한 것은 저 아래채에서 한옥 강좌를 열면 어떨까 해서죠. 아파트에 지친 사람이 꽤 많은가 봐요. 공개 강좌를 열면 사람이 많이 모일 것입니다."

하긴 한옥에 대한 관심이 높아지고 있다. 6·25 이후 전쟁 복구 때 지은 '블록 집'부터 오늘 '빌라'에 이르기까지 양옥에서 거의 반세기 동안 살림살이를 하였다. 그나마라도 내 집에 살 수 있는 것이 고마워 아무 소리 않고 살았다가 이제 나이 먹고 여유가 생기니 옛날 어르신네 사시던 일이 생각나고, 그래서 살펴보니 아무래도 '양옥'은 한옥만 못하다는 생심이 일어난다.

아파트 당첨 받으려고 쫓아다니다 보니 돈도 좀 생겼지만 사는 데는 부족한 점이 많다. 처음엔 편리한 것만으로 만족하였다. 그런 중에 기름 값은 천정부지로 오르고 면 소재지까지 보급한 고층 아파트에 수입한 석화 연료를 공급하려니 민망한 지경이었다. 한옥 생각이 굴뚝같이 난다. 한옥을 알고 싶은 마음이 커져 간다. 그래서 강좌 이야기가 자연히 생겨난 것이다.

20세기 산업 사회가 되면서 서구 문화를 추종하는 개화 바람은 한옥을 위축시켰다. 차츰 한옥을 도시에서 몰아내었고 그 기세가 파급되면서 시골까지 변모시켰다. 산업형 집이 대량으로 건축되면서 지극히 몰취미한 획일적 공간이 되었고 고층의 집단 주거는 기능을 위주로 하는 채산성 상품으로 변질되면서 인간의 다양한 삶을 외면하였다. 이제 21세기 문화 사회라는 새로운 시대가 오고 있다. 정보 사회의 개성 넘치는 재기 발랄한 생활 방식은 살림집에도 변화를 요구하게 되었고, 산업 사회의 몰취미한 집을 밀어내려는 세력이 태동하였다.

지금까지 우리는 어떤 집을 지어야 하느냐는 물음에 서구 건축 식견에서 해답을 구해 한국 정서와 동떨어진 건축을 현대 건축이란 이름으로 서슴없이 조영하였다. 그래서 현대 건축은 서양 건축 방식에 따르는 것을 당연하다고 생각하고, 고층 빌딩 숲을 대견해했다. 그러나 일각에서는 그런 건축물에 한국적 분위기가 없으며 전통을 계승한 건물을 찾아볼 수 없다고 한다. 이 풍토에 순화된 한옥을 짓지 못하고 있다는 지적이다. 이 땅에 남아 있는 한옥을 재조명하여 오늘의 우리 집으로 정착시킬 수 있는 길을 찾자는 생각이다.

한옥 탐색이 차츰 열기를 더해 가며 호응을 얻고 있으나 한계를 느낀다. 그간 서구 산업사회형 집이 서양 건축 일변도의 상식을 이뤄 놓아 한옥에 대한 식견이 쌓이는 것을 차단하였고 그로 인하여 주변에서 자료를 쉽게 찾아볼 수 없게 되었다. 학교에서는 한옥을 외면하였고 전문인 양성에 인색하여 한옥에 통달한 인재가 아주 부족하다. 한옥 개념을 정리한 철학이 지식인의 호응을 얻으며 공감대가 형성된 것도 아니고, 선도해 주거나 활력 방안을 제시해 주는 듬직한 세력을 쉽게 찾을 수 있는 것도 아니어서 한옥은 양옥 틈바귀에서 곤혹스러운 처지에 몰린 지경에 있다. 곰곰이 생각해 본다. 궁리가 많아질 수밖에 없다.

집이 지닌 이치를 터득하려면 집에 담긴 내용을 파악하는 일이 앞서야 한다. 당장 배우는 일부터 시작해야 한다. 그러나 수소문해 봐도 한옥에 대해 가르치는 곳이 없다. 그렇다면 우리라도 모여 보자고 하였다. 동감하는 이들이 모였다. '목수한옥연구소'를 발전시킨 '목수한옥문화원'이 둥지가 되었다. 몇 년째 3박 4일 일정으로 잘생긴 시골집에 모여 먹고 자면서 한옥에 대해 집중 탐색하고 있다. 많은 사람이 함께했고 매년 현장에 나가 경험을 쌓으려는 노력도 했다. 몇 해 전부터는 진천의 보탑사 3층목탑에 올라앉아 한옥을 중심으로 한 한국 문화를 탐구하고 있고, 목수한옥문화원에서는 한옥 강좌를 개설하고 실수요자인 어머니들을 대상으로 한옥 이야기를 거듭하고 있다. 평생 한옥을 다루어 온 분의 경험을 들으며 수련 과정을 충실히 진행하고 있다. 식견이 쌓여 이제는 내 집을 지어도 좋겠다는 자신감이 생겼고 새로운 한옥이 어떠하면 좋겠다는 의견도 갖게 되었다. 그러던 차에 강좌에 참여하지 못하는 많은 분의 욕구도 고려해야 한다는 의견이 나왔다. 다 부응하기 어렵더라도 새로운 한옥에 관심 있는 분들에게 골고루 정보를 줄 수 있는 방법을 찾아야 한다는 의견이다. 그렇다면 우선 작은 책이라도 내어 길잡이가 되어 보자고 해서 이 소박한 책을 마련하게 되었다.

이 땅에 존재하던 한옥에 관한 자료를 수집하고 분류하여 새로운 한옥 정보 자료가 될 수 있게 정리하였다. 가려울 때 긁어 주는 시원한 맛을 다 맛보기는 어렵더라도 가장 쉽게 접근하도록 얘기를 간추렸다. 시작의 문을 열자는 의도이다. 보다 더 구체적인 자료는 다음 책에서 즐겁게 다시 만나게 될 것이다. 『우리가 정말 알아야 할 우리 한옥』이 좋은 길잡이가 되길 바란다.

2000년 6월 木壽 신영훈

사람 체취가 물씬 풍기는 우리 집을 찾아서

한옥과의 만남은 25,6년 전 중앙일보사가 기획 출판한 『한국의 미』 시리즈에 「한국 건축편」을 넣고 싶다며 청탁을 받고부터다. 벌써 오랜 세월이 흘렀다. 수천 년 이 땅에 뿌리박고 사는 사람들의 삶의 지혜가 쌓인 것이 집이기에 집을 자세히 관찰하다 보면 그 속에서 삶을 체험할 수 있다. 나는 사진의 주제를 한국인의 심성(心性)으로 잡고 오직 한옥에 내 사진의 전부를 걸고 있다. 한옥을 더 깊이 이해하기 위해 이웃나라 집을 두루 살펴봤다. 그 결과 어느 나라 어떤 종족의 집보다 다양하고 사려가 깊은 집이 한옥임을 확인할 수 있었다.

사진은 외형만 보고 찍는 것이 아니다. 내면의 세계를 찍는 것이다. 자기가 보고 있는 어떤 사물에서 무언가를 느꼈을 때 사진을 찍게 된다. 누구나 사물을 보지만 그것을 보고 느끼는 감성은 같을 수 없기에 동일한 피사체를 두고도 찍는 사람에 따라 사진이 달라질 수 있다. 이것이 사진의 원리다.

나는 한옥을 결코 단순한 건축물로만 보고 사진을 찍지는 않는다. 집을 자연과 조화시키려는 한국인의 적극적인 의지에 감동하면서 자부심을 느낀다. 인위적인 느낌을 없애려고 일부러 자연스러움을 강조한 익살스러움은 한국인의 해학이요, 멋이다. 집 구석구석 돌 하나, 나무 한 그루에 손때 묻지 않은 것이 없기에 사람은 없어도 사람 체취가 물씬 풍기는 사진을 찍으려 애쓴다. 86년도 아시안게임을 앞두고 한국인의 삶터를 주제로 한 사진 전시회를 개최한 적이 있다. 80여 점의 사진을 3주 동안 전시했는데 많은 사람이 몰려 성황을 이루었다. 전시한 사진 모두가 한국인의 삶터인 한옥의 분위기 사진이어서 보는 사람에게 한옥의 인상을 새롭게 전달할 수 있었다고 자부한다. 많은 사람이 사진에서 연기 냄새, 벌레 소리, 사람의 흔적이 느껴지는 것 같다고 하는 걸 보고 흐뭇했다.

한옥은 우리의 고향과도 같다. 우리는 어리석게도 스스로를 버렸다. 수천 년 이어온 우리 문화를 헐값에 팔아 버리고 생소한 외래 문화를 비싼 값을 주고 사들였다. 이제야 우리 것이 아쉽고 소중하게 느껴지기 시작했다. 육백 년 고도라고 자랑하지만 궁을 빼면 백 년 된 집도 찾아보기 어려운 곳이 서울이 아닌가. 그래서 틈만 나면 사람들은 고향을 찾는다. 그러나 산골 깊숙한 마을에까지 고층 아파트가 들어섰다. 포장한 도로는 자동차로 붐빈다. 고향의 정취가 사라졌다. 갈 곳이 없어진 많은 사람이 한옥을 찾는다. 몇 채 남아 있는 한옥 속에서 옛 선인의 체취를 느끼면서 마음의 고향 같은 포근함을 느낀다. 그래서 한옥은 소중하다.

뜻있는 사람들이 이제는 한옥 한 채 지어 보자고 결의하고 있다. 여러 곳에서 번듯한 한옥이 세워지기도 한다. 오늘보다는 내일, 우리 후손에게 물려 줄 한옥이기에 더욱 소중하다. 그런 이들을 위해 그 동안 심혈을 기울여 수집한 한옥에 관한 자료를 이 책에 실었다. 지면이 허락하는 한 많은 사진을 실으려 했다. 이 한 권의 책이 씨앗이 되어 더 많은 한옥이 세워지기를 바랄 뿐이다.

2000년 6월 伯顔 김대벽

속초 낙산사 의상대

차례

1부 한옥이란 무엇인가

1. 한옥의 이해 ... 16
2. 한옥의 집터 ... 40
3. 한옥의 구조 ... 62
4. 한옥의 종류 ... 94

2부 한옥 짓기

1. 설계 ... 144
2. 시공 ... 164
3. 재목 ... 194
4. 기둥 ... 200
5. 가구 ... 212
6. 처마 ... 240
7. 지붕 ... 264
8. 합각 ... 300
9. 수장 ... 320
10. 벽체 ... 332
11. 난방 ... 342
12. 마루 깔기 ... 350
13. 난간 ... 358
14. 문과 창 ... 366
15. 도배 ... 390
16. 댓돌 ... 404
17. 입택 ... 412
18. 대문 ... 424
19. 마당 가꾸기 ... 442

찾아보기 ... 457

1부 한옥이란 무엇인가?

한옥의 이해 / 한옥의 집터 / 한옥의 구조 / 한옥의 종류

예산 추사고택의 사랑채와 문간채

대구 광거당 내루와 대나무숲

담양 소쇄원 광풍각

◀︎봉화 수명루
▼강릉 최씨댁 내외담

강릉선교장 활래정 설경

◀제주 성읍 한봉일가옥의 대문
▼순천 송광사 요사의 분합문과 광창
▼하회 충효당 사랑방의 미닫이창

하회 충효당 행랑채와 솟을대문 ▶
영일 사의당 ▼

순천 낙안읍성의 공동우물

1. 한옥의 이해

한옥은 넓은 의미로 원초 이래 이 땅에 지은 전형적인 건축물 모두를 말한다. 좁은 의미로는 살림집을 가리킨다.

한옥의 살림집은 북방에서 발전한 구들 드린 온돌방과 남방에서 비롯된 마루 깐 대청이 한 건물 내에 함께 있는 점이 대표적 특성이다. 폐쇄적인 온돌방과 개방적인 마루는 상반된 구조인데도 서로 개성을 존중하면서 공존한다는 점이 놀라운데, 이는 북방 문화와 남방 문화의 연합이라는 점에서 문화사적인 의의도 대단히 크다.

하회 충효당, 온돌과 마루가 공존한다.

(왼쪽) 일본집은 마루(장마루)와 다다미 방으로 되어 있다. / (오른쪽) 중국의 민가는 마루도 방도 없다.

구들 드린 온돌방과 마루 깐 대청이 모두 있는 집이 한옥의 정형(定型)이다. 이전에 구들이나 마루만으로 지은 형태는 원초형 한옥이다. 일본의 집은 마루나 다다미 깐 방이 있을 뿐 구들과 대청이 없고 중원의 한족 집은 구들 드린 방도 마루 깐 대청도 없는 맨바닥 방이거나 남방에 마루를 설비한 간란형 다락집인 점이 우리 한옥과 다르다.

구들은 지독하게 추운 북녘에서 움집 바닥에 고래 켜고 난방하면서 생겼고, 마루는 고온다습한 남방에서 시원하게 살 수 있게 높은 나무에 집을 지으면서 생겼다.

(왼쪽) 북경 사합원, 마당과 출입문이 평지에 있다. / (오른쪽) 일본 민가, 댓돌 없이 낮게 짓는다.

1) 한옥의 특징

한옥의 특징을 자세히 짚어 보자.

첫째, 한옥은 기단이 높다. 고온다습하지 않더라도 땅에 가깝게 자리를 마련하면 습기가 올라온다. 여름철이면 더 심해서 눅눅하기 짝이 없다. 한옥은 움집을 땅 위로 노출시킨 이후 차츰 바닥을 높이면서 땅에서 떨어지는 방도를 취하였다. 기단이라 부르는 댓돌(또는 죽담)을 여러 겹 쌓아 높게 만들고 그 위에 주초 놓아 집을 짓는 방법이 보편화했다. 이렇게 땅의 습기를 줄여 쾌적하게 살 수 있게 했다.

북경 사합원(四合院)처럼 댓돌을 외벌로 낮게 만든 중원 한족의 집과 비교된다. 일본식 목조 건축은 댓돌을 낮게 하거나 생략하는 경향이 짙다. 현대식 우리 양옥에서도 댓돌을 낮게 만들어 시멘트 집 담벼락과

한옥은 기단이 높다.

바닥에 곰팡이가 피는 수가 있다.

둘째, 처마를 들 수 있다. 다른 나라와 마찬가지로 목조 건축인 한옥도 처마가 깊다. 처마는 삶을 편하게 해준다.

낮 열두시에 뜬 태양 높이를 남중고도(南中高度)라 부른다. 우리 나라 태양은 여름철에 높이 뜬다. 하지(夏至)날 서울의 정오 태양 높이는 약 70도이다. 지평선과 기둥의 각도가 90도라면 70도는 상당히 가파르다.

달성 조길방 가옥, 한여름 볕도 처마가 가려 집안 전체가 시원하다.

'중천에 높이 떴다'는 옛말이 실감난다. 겨울철 동짓날 정오 남중고도는 약 35도로 낮다.

깊은 처마는 여름철에 태양이 높이 떴을 때 차양이 되어 뙤약볕을 가린다. 그늘이 져서 시원하다. 큰 나무 그늘이나 마찬가지이다. 그늘진 곳은 뙤약볕 받는 마당보다 시원하다. 차고 더우면 대류가 생기고 바람이 인다. 겨울철엔 낮게 뜬 태양 볕이 방안 깊숙이 들어 집안이 따뜻해진다. 따뜻한 공기는 위로 올라간다. 찬바람에 밀려 나가다가도 깊은 처마에 걸리면 머문다. 더구나 숙인 서까래가 앞을 가로막아 더운 공기는

겨울 볕은 방 깊숙이 들어와 집안을 온화하게 한다.

반사광선을 받는 실내는 골고루 은은하게 밝다.

오래 머문다. 그만큼 따뜻하다.

양옥을 지으면서 처마를 얕게 하거나 없애 버렸다. 이글거리는 뙤약볕이 집안에 가득 차 무척이나 무겁다. 냉방을 해야 견딜 만하다. 기름 한 방울 나지 않는 나라에서 하루 종일 에어컨을 틀어 대면 막대한 낭비이다. 처마가 있으면 태양열을 조절하기 때문에 무더운 날 약간만 냉방하면 한 여름을 그냥 저냥 지낼 수 있을 것이며 그만큼 절약할 수 있다.

1미터를 넘는 처마는 건평에 포함해 세금 받는 제도는 처마 채택과 발달을 막았다. 어이없는 제도가 낭비를 부추기고 있다. 당연히 고쳐야 한다.

처마는 차양 기능을 한다. 태양이 볕을 가린다는 것은 직사광선이 투사되지 않는다는 의미이다. 직사광선이 실내를 비추지 않는데도 집안이 밝은 것은 마당에서 반사된 빛이 건물 내부를 간접 조명해서이다.

간접 조명에 익숙한 우리 얼굴은 직사광선을 받는 서양인과 다르다. 건물 외부에 설치한 서양 조각이 직사광선 조명을 염두에 둔 것이라면 법당 불상은 반사광선을 의식한 조각 기법을 발휘하고 있다. 한국 여인은 볕이 들면 양산을 쓰는데 서양인은 일광욕을 즐긴다. 반사광선을 선호하는 민족과 직사광선을 희구하는 민족의 차이이다. 집은 민족 성향을 민감하게 반영한다.

우리 학교는 처마 없는 서양식 건물이다. 유리창가 아이는 펴놓은 책이 한쪽은 직사광선에, 나머지 한쪽은 그늘에 드는 기막힌 경험을 한다.

마당에서 머름 상단까지는 평균 눈높이인 150센티미터로 한다.

통로 쪽에 앉은 아이는 얼비치는 칠판 글씨를 보느라 애를 쓴다. 난시가 생기고 안경 낀 아이들이 늘었다. 현대 건축의 무책임한 횡포이다. 그러나 아무도 고칠 생각을 않는다. 얼마 전까지만 해도 미술 시간에 직사광선이 비추는 서양인 석고상을 열심히 그리게 하였다. 어려서부터 우리와 성정이 근본적으로 다른 아름다움만 익히도록 하였을 때 결과가 어떨지 예측하고 있는지 모르겠다. 개화 바람이 몰고 온 서양 위주의 성향이 우리를 혼란스럽게 했다. 서양에서는 직접 조명보다 간접 조명이 고급스럽다고 천장 등과 스탠드를 간접 조명으로 하는데 말이다. 혼란스런 우리 개화 의식으로 이런 때는 과연 어떻게 할지 궁금하다.

셋째, 한옥에는 인격이 있다. 한옥의 모든 규칙은 우리 몸과 직결되어 있다. 우리 몸과 맞는 조화로운 크기로 설정되어 있어서 이리저리로 비교하면서 분석할 수 있다. 한옥은 쓸모 있게 조성되었을 뿐 아니라 인간 삶의 터전으로서 살림살이를 배려하였으며 삶의 질을 향상하는 교육

방바닥에서 머름까지 높이는 어깨 넓이와 같은 1.8척으로 했다.

●수평기준선과 눈 높이

평균 신장 - 한국인은 4척이면 작은 키라 하고 6척이면 큰 키라 하면서 5척을 평균 신장으로 보았다. 평균 신장 5척(영조척 32.21cm×5 =161.05, 약 161cm)이 집 구성 기본 단위이다.

눈 높이 - 안마당에 서서 바라보았을 때 평균 신장이 지닌 눈 높이(150cm)의 수평기준선이 머름대 상단에 해당한다. 눈 높이 수평을 기준으로 하부와 상단 구조를 구분한다. 툇마루 방 앞쪽 머름드린 창틀 인방 하단 높이를 수평기준선에 일치시킨다. 어깨 넓이 3배와 같다.

어깨 넓이 - 어깨 넓이는 1.8척(32.21cm×1.8 = 57.978, 약 58cm)이며, 영조척(營造尺) 8척 주간(柱間)일 때의 머름대 위 두 짝 덧창을 설치했을 경우 그 덧창 한 짝 넓이와 일치한다. 1.8척은 방바닥에서 머름대 상단까지 높이와 같다. 머름대 높이가 정해지면 문갑 높이가 정해지고 다른 가구 높이도 정해진다.

●방 규격과 평균 신장

현재 신라 시대와 조선시대 건축 법령이 알려져 있는데 신라 시대 법령 중에는 방 넓이 규정이 명시되어 있다.

백성 집은 15척 사방 넓이, 사오두품 18척 사방, 육두품 21척, 진골 24척으로, 이 수는 3과 5가 상관된 15부터 시작된다. 이 때 3은 '天一, 地一, 人一'의 합수인 三의 의미이고 5는 신라인 평균 신장으로 볼 수 있다. 3이라는 우주의 수와 5라는 인간의 수가 상관하면서 중우주로 설정한 집을 짓는 기초 단위가 되었다고 이해하고 있다.

현대 건축이 설정한 방 넓이에 이런 철학적인 의미가 고려되었는지 알고 싶다. 집은 인격을 기르는 도량이기도 하다. 그래서 옛집엔 여러 배려가 있었다. 20세기 현대 건축에도 그런 의미가 있는지를 묻는다면 어떤 대답이 나올지는 뻔하다. 아파트라는 20세기가 남긴 전무후무한 고층 집단 주거가 면소재지까지 파급되었을 정도인데 천장 높이는 방, 거실, 주방이 모두 똑같다. 신발 벗고 들어가는 한국 살림집은 앉기도 하고 서서 움직이기도 한다. 주로 앉는 공간과 서서 활동하는 공간은 사람 몸을 고려하면 천장 높이를 달리 해 주어야 합리적인데 전혀 고려하지 않았다. 한옥은 앉아서 생활하는 방 천장 높이와 서서 움직이는 일이 많은 대청 천장 높이를 달리하였다. 생리적인 면과 정신적인 면이 고려된 구조이다. 이웃나라 살림집에도 높낮이가 다른 천장 구조를 볼 수 있다.

대청은 천정이 높고 방은 천정이 낮다.

도량이기도 하다. 20세기 개화 바람에 들뜬 현대 집에선 그런 의도가 잘 보이지 않는다.

넷째, 한옥의 난방을 들 수 있다. 한옥 구들은 매우 개성적이다. 부뚜막과 아궁이 고래와 개자리, 굴뚝을 완벽하게 구조하였다. 부엌에 부뚜막을 설치하는 방식은 고구려에서는 흔하지 않은 시설이었다. 구들 아궁이를 방안에 설치하는 것이 고구려 쪽구들 구조이기 때문이다. 후대에 부뚜막이 발전한다. 이웃나라에선 방 밖에 시설한 부뚜막 보기가 매우

부엌의 부뚜막과 아궁이

강원도 고성 지방 겹집의 부뚜막

경복궁 자경전 십장생 굴뚝, 보물 제810호

어렵다. 현대식 살림집에서도 부뚜막 보기는 드문 편이라 한옥에서나 볼 수 있다.

한옥의 대표적 특성으로 눈에 잘 띄는 것이 굴뚝이다. 고장에 따라 여러 굴뚝이 있어서 그들만 분류해도 꽤 다양하다. 이웃나라에서는 굴뚝 보기가 어렵다. 있다고 해도 아주 간단하다. 우리 굴뚝은 국가 보물로 지정된 조선조 작품이 있을 정도이다. 우리 나라에서도 새로 짓는 현대 건축에서는 굴뚝 보기가 어렵다.

고래 켜고 구들장 놓은 온돌방에는 아랫목과 윗목이 있다. 그에 따라 장유유서 예의와 질서가 있었다. 몸이 부실한 사람이 뜨끈한 아랫목에서 작시근하게 지지고 나면 거뜬해진다. 아이 낳은 산모도 아랫목에 자리

(왼쪽) 논산 윤증 선생 고택 굴뚝
(오른쪽) 서해안 초가집의 외투 입은 굴뚝

경북 지방 사랑채.
댓돌에 만든 개굴, 아궁이 옆에
배기공만 빠끔히 열렸다.

보전하고 산후 조리하면 거뜬하다. 현대 건축에서도 구들 드린 온돌방은 있지만 아랫목이 없다. 그로 인해 장유유서 위계 질서가 무너졌다고 개탄하는 소리가 높다. 회복할 방도가 있다. 파이프를 아랫목엔 촘촘히, 윗목엔 성기게 깔면 온도 차이로 아랫목과 윗목 개념이 되살아난다.

2) 한옥의 장점

현대 건축에서 생기는 공해가 한옥에는 거의 없다. 산업 사회에서는 상품 포장만도 부피가 크다. 양옥에는 아궁이가 없어 다 쓰레기로 내다 버려야 한다. 쓰레기는 공해 주범이다.

한옥 아궁이는 식물성 폐기물을 대부분 소각시킬 수 있다. 그것만으로도 많은 쓰레기를 자체 처리할 수 있다. 그런데 요즘에는 공해 물질을 배출할 수 있으므로 낙엽도 태우지 말라고 한다. 거두어 다 소각로에서 태워야 한다고 주장한다. 한옥의 아궁이는 그런 염려가 없다.

아궁이에서 지핀 불길이 방고래를 핥으며 가다가 고래 끝에 파놓은 개자리에 이르러서는 잠시 맴돈다. 고래 높이가 30센티미터 정도라면 개자리는 고래 바닥에서 60센티미터 이상 파내려 간다. 고래보다 개자리는 상대적으로 온도가 낮다. 온도가 낮으니 연기가 잠시 머물면서 냉각된다. 그 때 그을음이 다 개자리로 떨어진다. 그리고 나서야 맴돌던 연

웬만한 쓰레기는 아궁이에 태워 버린다. 최상의 소각로이기도 하다.

기가 연도를 통해 굴뚝으로 다시 향한다. 굴뚝 밑에도 개자리를 판다. 미진한 것이 여기에서 다시 떨어지면 가벼워진 연기가 굴뚝을 통해 배출된다. 맑은 연기가 운무가 되어 마을에 떠돌 때면 소나무 땐 아궁이의 향긋한 내음이 집 주변에 가득하다.

도심에서 어찌 아궁이를 만들어 나무를 지피느냐고 핀잔이다. 몇 해 전만 해도 연탄 때는 아궁이가 집집마다에 있었다. 그런 아궁이를 활용하면 된다. 분리 수거해 땔 만한 것만 골라 태워도 효과는 크다. 더구나 노

개자리에서 걸러진 맑은 연기만 굴뚝으로 배출된다.

인정이나 후생 복지 시설에 있는 노인들에게 뜨끈한 아랫목 온기를 다시 제공하는 일은 건강에도 큰 도움이 된다.

세종 때 간행된 『구황촬요(救荒撮要)』라는 의료 요법 책에도 '뜨끈한 구들은 병을 치료하는 데 아주 요긴한 시설'이라고 설치를 장려했다. 요즘도 나이 든 부인은 한증이나 '찜질방'에 가서 지져야 몸이 풀린다고 한다. 그런 원리를 아궁이를 이용하여 되살리면 일석이조이다. 어른들이 "늙어봐야 안다"고 말씀하신다.

한옥 아궁이에서 굴뚝에 이르는 시설에 과연 그런 기능이 있는지 한 번도 과학적인 조사를 한 적이 없다고 한다. 서구 것에 대하여는 그렇게 열성인 과학도들이 우리 것에는 전혀 관심 두지 않는다. 지금이라도 조사하고 시험해야 한다. 국가가 가진 자원을 어떻게 활용하여 규모 있게 운영하느냐는 관점에서도 이런 절약 방도는 중요하다. 한옥 짓는 천연 건축 자재는 공해를 일으키지 않는다. 토담집, 귀틀집, 초가집, 기와집을 막론하고 오래되어 수명이 다한 집을 헐어 내어 자재를 폐기하면 흙이 되거나 거름이 되고, 땔나무 등으로 다시 쓸 수도 있다.

시멘트는 현대 건축에서 중요한 건축 자재이다. 건물이라면 당연히 철근 콘크리트 건물이라야 한다는 생각이 지배적이다. 하지만 시멘트에는 독성이 있어 우리 몸에 해롭다. 문화재관리국에서 막대한 예산을 들여 해인사에 팔만대장경을 보전할 수 있는 '신경판고(新經板庫)'를 신축하였다. 몇 해 동안 빈 건물로 내버려두었다. 시멘트 독성이 없어진 뒤에 쓰겠다고 했지만 끝내 쓰지 못하였고 지금은 스님들 승방으로 쓰고 있다.

1910년대 일본인은 서구에서 수입한 시멘트를 대단히 신봉했다. 기적 같은 그 자재는 철도 부설하는 데도 요긴했고 터널 만드는 데에도 그만이었다. 모두 이제까지 할 수 없었던 일이었다. 동해선 부설 건축 기사가 조선총독부 명령을 받고 토함산 석굴암을 수리했다. 신라인이 쌓은 석실 석벽 뒤편 적심석을 잘게 깨트려 자갈로 쓰고 시멘트로 전체를 싸 발라 버렸다. 항상 물기를 머금은 시멘트가 독성을 내뿜었다. 시멘트의 알칼리성이 화강암 장석질을 파괴하는 통에 석불사 조각 석상들은 치명타를 입어 신라 창건 이래 천 년 세월보다 일인 중수 이후 반세기 피해가 더 컸다.

근래에 황토로 만든 침대가 몸에 좋다고 선전한다. 시멘트 독성 속에서 황토 효능에 힘입어 건강해지자는 의도가 그 선전에 들어 있는 듯하다. 황토를 얇게 바른 침대가 건강에 좋다면 황토로 지은 집이야 오죽하겠는가. 한옥은 불 날 위험이 많아 건축 허가할 수 없다는 견해가 있는데 실제로 그런지 살펴볼 필요가 있다. 통나무에 불붙이기는 매우 어렵다. 가스 배출 화학 섬유가 불에 타면서 내뿜는 독성에 질식사했다는 신문 보도를 자주 보지만 한옥에서 질식사했다는 기록은 별로 본 적이 없다. 화재 염려는 어디에나 있다. 불이 나면 어떤 집이고 불에 탄다. 목조 건축만 타는 것은 아니다. 물론 불이 붙으면 목재가 더 잘 탄다. 그러나 그 불은 끌 수 있다. 화학 물질이 집안에서 타면 소방차 도착할 겨를도 없이 퍼진다. 불에 탄 목조 건물은 재난을 당한 부분만 수리하면 다시 사용할 수 있다. 하지만 불에 탄 시멘트 건물은 다 헐어 내고 다시 지어야 한다. 그 쓰레기는 갈 곳이 마땅치 않다.

아파트는 오십 년도 안 되어 재건축해야 한다. 배관이 낡고 여기저기 자꾸 말썽이 생긴다. 대규모 고층 아파트를 헐면 쓰레기가 산더미 같다. 다시 쓸 수 없다. 공해가 이만저만 아니다. 그런데도 지을 수 있는 여건이 되어 목조 건축물 짓겠다는데 건축 허가를 내줄 수 없다고 한다면 대단한 모순이다.

지진에는 한옥처럼 목재를 짜맞추어 지은 집이 가장 내진력 있다는 사실은 이웃나라의 엄청난 지진 피해를 통하여 경험하였다. 도심의 집들이 지진에 어느 정도 대비돼 있는지 몰라도 한옥만한 건물은 흔하지 않을 것이다.

한옥은 짓는 터전을 훼손시키지 않는다. 그런데 집 지으려고 산을 뭉개고 바다를 메우고 야단이다. 그래야 고층 아파트가 들어설 수 있다는

나간 집주인을 기다리는 안방의 무쇠화로. 이글거리는 화롯불이 방안을 따뜻하게 만든다.

것이다. 야산을 이용하여 산을 뒤집어씌우는 방법도 개발될 법하나 아직은 어디 가나 그저 그 모양이다. 한옥은 터 생긴 대로 약간만 손질하면 집을 지을 수 있다. 보통 터를 깎지 않고 돋아서 쓴다. 산천 정기를 받기 위함이다.

오천 년 역사가 평탄하지만은 않았다. 수없이 많은 전쟁과 불운이 있었지만 번번이 백성이 극복하고 오늘에 이르렀다. 그런 능력이 백성들에게서 우러나오는 것은 바로 산천 정기 덕분이라고 생각한다. 고층 아파트에도 산천 정기가 닿을 수 있는지 의문이다. 산천 정기를 받지 못해 아이들이 나약하게 자라고 있다면 이야말로 민족 근기를 해치는 일이다.

이제는 멀리, 넓게, 근본적으로 보면서 민족 앞날의 목표를 논하고 설정해서 차질이 없도록 해야 마땅하다. 그 일에 걸림돌이 된다면 과감히 정리할 줄 아는 지혜가 필요하다.

3) 새시대의 한옥

우리가 새로운 한옥에 관심을 두는 까닭이 바로 여기에 있다. 우리 것을 다 알기 전에 이 땅의 문화 자료를 담고 있던 집이 다 사라져 갔다. 19세기 이전 각종 건축물이 사라질 때 알뜰히 정리했어야 할 일을 건성으로 넘겼고 준비 없이 새로운 흐름을 맞다 보니 소홀할 수밖에 없었다.

광복과 전쟁 이후 외국에서 수련한 유능한 인재가 귀국하여 선진 교육 제도로 후진을 양성하려는 급한 마음에 거두절미하고 서양 건축물 위주로 지도하다 보니 마땅히 가르쳐야 할 우리 것에 대한 과정을 생략하였다. 각급 건축학과는 한옥을 도외시하였다. 최근에 이르러 더러 '한국 건축사'를 가르치는 학교가 있으나 교양 과목 정도가 고작이다. 그 정도인데도 대학원에서 고전 건축으로 석사학위 청구 논문을 낸다. 그러니 정식으로 학과를 만들어 교육하였다면 놀라운 업적이 이루어졌을 것이다. 그런데도 아직 제대로 대접받지 못해 고전 건축으로 석사학위를 취득한 사람조차 불이익을 당하지 않으려 한국 건축에 대한 깊은 연구를 포기하는 경우가 적지 않다. 전문대학, 실업고등학교에선 아예 관심을 두지 않아 '한국 건축사' 조차 접할 기회가 없다.

한옥을 짓는 기술을 지도하는 학교나 건축과가 없는데도 한옥은 지속적으로 지어졌다. 20세기 후반에 이르면서는 새로운 한옥의 시류가 태동하려 한다. 장차 수요가 급증할 터인데 그 때 우리 교육계나 건축계가 어떻게 대처할지 모르겠다. 지켜보는 수밖에 도리가 없는 듯하다.

지적 소유권 문제로 분쟁이 있을 것이다. 건축 작품 표절 시비도 있을 수 있다. 예를 들어 "아파트 각층마다 층고를 그 높이로 설정한 것이 모방한 것이 아니냐. 그 지적소유권에 대하여 보상하라" 한다면 살고 있다는 죄 하나로 집 값 외에 지적소유권 보상금을 더 내야 하는 불행한 사태가 생길지도 모른다. 그런 일이 절대로 벌어질 수 없다고 하더라도 대비하는 것이 안전하다. 이 땅에 존재한 집이 지니고 있는 천장 높이에서 그런 층고가 생겨났고 그에 따라 현대 건축은 매우 개성적으로 발전하고 있다고 상대를 이해시킬 만큼 분명히 말하려면 식견 있는 유능한 인재를 양성해야 한다.

방법이 교육밖에 없다면 빨리 건축학과에 인재를 양성할 바탕을 마련해야 한다. 한옥을 전공하는 유능한 교수와 학생이 모일 수 있게 독립 학과를 마련하는 일이 지름길이다.

역사에 영원히 이름을 남길 분들이 한 시대의 '한국 건축'을 주도해 왔다. 그분들 노력으로 이만큼 발전했다. 이제 한 발자국만 더 분발하면 한옥의 세계가 열리게 된다. 창작력이 발휘되는 새로운 건축 세계가 전개되면서 세계 건축계에 이바지할 넓은 신천지가 열릴 계기를 마련할 수 있다고 믿는다. 그간 미뤄 두고 못하였던 일의 성취가 눈앞에 다가와 있다. 망설여선 안 된다. 한옥을 빨리 무대 위에 올려놔야 세계인에게 갈채받을 수 있다.

세계는 개성 있는 민족 문화가 자기 특성을 뽐내는 시대로 접어들고 있다. 산업 사회의 무거운 틀을 벗으며 문화 경쟁 시대로 다가서고 있는 것이다. 한국 건축계가 진흥하려면 개성 넘치는 한옥을 앞장 세워야 한다. 다른 나라는 거의 목조 건축 기법 전승이 끊길 단계에 있다. 우리는 아직 풍부한 인재가 있다. 이 점도 세계에 널리 알려야 할 과제다. 한옥이 21세기에 주류로 등장해야 할 까닭은 이것말고도 얼마든지 있다.

2. 한옥의 집터

터를 고르는 일은 생각보다 쉽지 않다. 주머니 사정과 마음에 드는 터가 맞지 않는 수도 있다. 마음에는 드는데 이미 다른 사람이 차지해 버린 경우도 있다. 이것저것 가릴 형편이 못되니 내 집이라고 지닐 수만 있어도 어디냐고 어쩔 수 없이 만족하는 경우도 있다.

하루 이틀 살 집이 아닌데 터를 골라야 하지 않겠냐는 생각이 들면 어떤 고장에서 어느 형국 터를 골라야 맞는지 찾아 나서는 일이 과제가 된다. 살 집뿐 아니라 잠시 머물다 올 만한 집을 지어도 마음이 쓰이긴 매일반이다.

마땅하다고 몇 번씩 다짐하며 꼼꼼히 살폈는데 다시 보니 흡족하지 않아 기울었던 마음을 추스리기도 한다. 여러 곳을 찾아다니고 여기저기 수소문하면서 알맞은 터가 나타나기를 고대한다. 누가 새로 터를 장만했다 하면 당장에 쫓아가 살핀다. 속으로 코방귀를 뀐다. 저런 정도라면 벌써 터를 구했을 것이라면서 애써 깎아 내린다. 그러면서도 다른 이가 그 터를 칭찬하면 공연히 심사가 난다. 아까워서다.

따지고 보면 망설이며 마음 정하지 못하는 건 결국 자기 탓이다. 발복할 명당 터를 동정하는 마음을 다 털어 버리지 못하여서이다. 『택리지(擇里志, 일명 八域志)』를 쓴 이중환(李重煥, 18세기 실학자, 지리학에 정통)은 조선 팔도의 명기(名基)를 두루 살폈는데 "대저 집터 잡는 데 으뜸은 지리(地利)이고, 다음이 생리(生利)이며, 셋째가 인심, 그 다음이 산수(山水)인데 이 중에 한 가지라도 처지면 좋은 터전이라고 할 수 없다"고 네 가지 이

(위) 경주 양동마을은 이름난 명기(名基)이다. 대대로 선비들이 긍지를 지니고 살던 터전이다.
(아래) 경복궁이 그 자리에 들어선 것은 북악산이 있었기 때문이다. 그런 광경을 근정전에서도 살릴 수 있다.

지리산 산자락의 좋은 명당터로 몇 대에 걸쳐 명예와 부귀를 누려 오고 있다.
풍수설에서는 그 집터를 '금환락지' 자리라 부른다.

로움을 거론하면서 사리론(四利論)으로 요약하였다.

'지리'가 아무리 좋아도 사람 살기에 적합하지 못하면 오래 살 곳이 못 되고, '생리'가 나무랄 데 없어도 지리 여건이 부족하면 살기엔 적합하지 못하다. '지리'와 '생리'가 다 좋아도 '인심'이 고약하면 더불어 살 만한 곳이 못되며, 다른 조건이 합당해도 인근에 볼만한 아름다운 경치가 없다면 '산수'가 부족함이니 인격 기르는 데 결함이 생긴 것이다. 뒷산이 무너질 자리면 아무리 지형이 좋아도 소용없고, 댐에 수몰될 운명이라면 오래 살 곳이 못된다. 매연이 지독한 공장 지대라면 살기 어려우며, 당장 차가 와서 부닥칠 듯 위태한 자리라면 피하는 것이 당연하다. 메말라도 나쁘고 습해도 좋지 않다. 그런 자리 모두 피해 알맞은 자리를 고르기는 매우 어렵다.

1) 배산 임수, 명기(名基)의 실상

실학에 전념한 홍만선(洪萬善 1643~1715)도 유명한 저서 『산림경제(山林經濟)』에서 마땅한 집터에 대하여 설명하였다.
"삶에 있어 집터 고르는 일은 매우 중요하다. 물과 물이 통하는 고장이면 으뜸가는 곳이라 한다. 산을 뒤에 두어 배산(背山)하고 앞으로 호수를 둔 임수(臨水)한 지형이라면 첫손을 꼽는다. 국면(局面)이 널찍해야 하며 형국에 흐트러짐이 없으면 생산한 재산이나 복덕(福德)을 잘 유지할 수 있다."
산을 등지고 앉아 물을 내려다볼 수 있는 자리면 더욱 좋다. 잠시 앉았어도 좋은 자리에 집 짓고 뿌리내렸다면 기막히게 운이 좋다. 하지만 그런 즐거움만으로 생활이 이루어지는 것은 아니다. 뒷산이 무너져 사태 나거나 흘러드는 물이 급해서 홍수가 자주 난다면 마음 놓고 살기 어렵다. 날이면 날마다 낚시꾼으로 북적대는 곳이라면 보통 일이 아니

(위) 봉화 닭실(酉谷)의 충제 고가, 배산 임수한 명당이다.
(아래) 예산의 추사고택, 넓은 터전을 바라보고 앉았다.(집 뒤 산에서 내려다본 광경)

다. 장사하려는 목적이 아니라면 피하는 것이 옳다.

대를 이어가며 살 수 없는 곳은 버려진 땅인 셈이다. 그런 터는 값이 싸다. 시세보다 싸다는 점에 현혹되어 땅을 사서 집을 지었다 낭패를 당하기 쉽다. 주변과 이웃을 잘 살펴봐야 할 까닭이다. 다니기에 불편한 고장이라면 우선 피하는 게 좋다. 큰 길에서 멀지 않아야 한다. 행정 관서나 시장도 멀지 않은 곳에 있어야 좋다. 유사시에 도움을 받으려면 가까이에 의지할 이웃이 있어야 한다. 외진 곳에 홀로 사는 일은 낭만적이긴 하나 오래 살기는 어렵다. 그렇게 따지며 터를 고르다 보면 결국 명당이 따로 있는 것이 아니라 아늑하고 부족한 것 없이 살 수 있는 곳임을 알 수 있다. 상식적인 안목으로 욕심 없이 구하면 한평생 즐기며 살 수 있는 터를 구할 수 있을 것이다.

2) 집터

현대인은 큰 산을 통째로 옮기고 그 자리에 집을 짓기도 하지만 원래는 자연 그대로를 이용하여 집 짓는 일을 제일 좋다고 여겼다. 더구나 배산하여 산기슭에 집 짓는 것이 여러 모로 유리하다는 걸 알면 구태여 막대한 공사비를 들여 경관을 해칠 까닭이 없다. 형국을 기묘하게 이용하여 집 짓고 주변을 정리하는 방법이 좋다.

산업 사회에 신물이 난 현대인이 산골짜기 한적한 곳에 집을 짓고 한때나마 아늑하게 휴식하려는 것은 찌든 세상의 때를 씻어 내려는 생존의 몸부림이며, 스트레스에서 벗어나 쇠약해진 심신에 새로운 활력을 주려는 노력이기도 하다. 살림집도 마찬가지이다. 자연을 해치지 않고 조화를 이루는 지혜를 터득하려면 집을 주변에 순응하는 조촐한 규모로 다정하게 짓는 것이 좋다. 그래야 부담이 없고 청소나 집 치장에 시간을 허비하지 않아서 좋다.

옛날엔 그러한 원칙을 지켰다. 홍만선 선생은 『산림경제』에서 지세를 말한 뒤에 '집터 고르기'를 언급하였다. 옛날과 여건이 다르니 그 견해를 고스란히 받아들이긴 어렵지만 경청하면 크게 참고가 되고 깨닫지 못한 부분을 살필 수 있는 계기가 될 것이다.

① 집터는 널찍하고 평탄하며 좌우가 넉넉해야 좋고, 명당(明堂)이 넓은 중에 토지가 기름지고 샘물이 맑고 달며 나무가 무성하면 아주 좋다. 토지가 메마르고 윤택하지 못하면 나쁘다.

② 골짜기 집터는 기슭에서 약간 떨어진 평지가 최상이다. 둘레로 산이 병풍 두르듯 집터를 감싸 주면서 앞으로 문전옥답이 질펀하게 자리잡고 있으면 농사 짓는 사람으로는 가장 좋은 형국이 된다. 골짜기 양기는 장풍(藏風)을 으뜸으로 치고 용기(龍氣)에 승득(乘得)한 것을 길하다고 하니, 부질없이 파내면서 터전을 넓힌답시고 평토하면 기맥(氣脈)을 상

강릉 선교장

하게 해서 굉장히 불리하게 된다.

나도 경험이 있다. 함부로 터를 깎다가 물줄기가 터지는 바람에 터전을 넓히기는커녕 집터를 몽땅 연못으로 만들고 말았다. 후엔 마당의 멋진 연못이 되었지만 막상 당했을 땐 대단히 난감하였고 큰 손해였다.

③ 집터는 동쪽이 높고 서쪽이 낮으면 생기가 일어나고, 서쪽이 높고 동쪽이 낮으면 부자는 되나 대단하지는 못하며, 앞이 높고 뒤가 낮으면

광주 소쇄원, 앉은 터전과 산세가 뛰어나다.

집안에 좋지 못한 일이 잦고, 뒤가 높고 앞이 낮아 시야가 트였으면 재산이 늘고 좋은 자식을 두게 된다. 사방이 높고 가운데가 낮으면 부자일지라도 결국 가난해지며, 주변이 넓고 국면(局面)이 평탄하면 무탈하게 살 수 있다.

④ 집터가 서편을 정시(正視)하거나 정북향(正北向)하면 좋지 않다. 남북이 길고 동서가 짧으면 유리하고, 동서가 길고 남북이 좁으면 불리하나

차츰 유리하게 전개된다. 오른쪽이 길고 왼쪽이 짧으면 부자가 되고, 왼쪽이 길면서 오른쪽이 좁으면 자손이 적은 편이다. 앞이 넓고 뒤가 좁으면 가난하며, 앞이 좁고 뒤가 넓으면 부귀가 동시에 찾아드는 행운을 누린다.

⑤ 끝없이 너른 들, 평야에서 집터를 고를 경우, 그나마 기운이 서린 자리를 찾으려면 조금이라도 두두룩하게 솟아오른 높은 자리를 골라야 한다. 높다고는 하지만 그 높이가 불과 한 뼘일 수도 있다. 그렇긴 해도 그만하면 의지할 수 있고, '땅에 길기(吉氣)가 있다면 터에 쫓아 일어난다'는 이득을 볼 수 있다.

⑥ 반대로 움푹 패어 있거나 갈라진 땅을 메운다거나 하면서 터를 고르면 필시 가난하게 되며 아이들이 허약해져 늘 병치레에 허덕여야 한다. 평지에 불쑥 솟아오른 곳을 택하면서 여기에 기운이 몰려 있다고 말하기도 하나 실상은 살림집 터로는 부적합하고 정신이 혼미해지는 수가 많다. 그런 곳에는 사당, 서낭당, 절이 들어서야 널리 효험이 있다.

⑦ 평지에서 의외로 물을 얻기 어려운 경우가 종종 있다. 지표수가 부족하면 지하수도 넉넉한 편이 못된다. 우물을 파도 맑고 시원한 물을 기대하기 어렵다.

⑧ 집터 왼쪽으로 물이 흐르고 오른쪽으로 잘생긴 능선이 감싸듯 버텨주며, 뒤에 알맞은 산이 있고 앞에 못이 있어 물이 괴어 있으면 기막힌 터전이라 할 수 있다.

창덕궁 후원 연경당. 서쪽에서 흘러 들어오는 물을 모아 동남쪽에 연당을 만들었다.

창덕궁 후원 연경당(演慶堂)은 연못을 파서 백호 날 쪽에서 흘러드는 명당수를 담아 두는 수고(水庫)를 만들었다. 최상의 형국을 형성하게 되었는데 약간의 인공이 천연을 도운 것이다.

3) 집터 고르는 법

집터가 좋은지 나쁜지 가늠하는 일이 집터에 대한 궁금증을 풀어 주는 데 가장 좋은 해답이 된다. 누굴 막론하고 집터가 좋아 장차 큰 덕을 볼 수 있다면 더 바랄 일이 없을 것이다.

터의 지기(地氣)를 살펴보고 싶으면 먼저 지표에 있는 부식토를 걷어 내고 생땅을 평평하게 고른 뒤에 사방 60센티미터 넓이에, 깊이도 60센티미터가 되도록 판다. 구덩이를 말끔히 정리하고 파낸 흙을 덩어리가 없도록 잘 부수고는 다시 메운다. 구덩이를 메운 뒤 다지지 않은 채 두었다가 이튿날에 살펴본다. 메운 흙이 폭삭 꺼져 있으면 지기가 없는 죽은 땅이고 불쑥 솟아 있으면 기운이 넘치는 땅이어서 사는 이의 복록이 여기서 시작된다고 하였다.

물로 하는 조사도 있다. 물은 유유하게 머물되 가득 찬 후에야 흘러내린다. 흘러내리던 물이 옆으로 새거나 터져서 딴 물길을 만들거나 스며들면 흉하고, 흐르는 물 소리가 명랑하지 못하고 처연해서 모골이 송연

송광사 계류. 물이 고였다가 넘쳐 흐른다.

하면 터가 나쁘다고 할 수 있다. 물이 흥건히 고였다가 저절로 물길이 생기면서 자연스럽게 흘러내리면 아주 좋다고 할 수 있고, 터에 물을 가득 채웠는데 바다의 조금에 맞추어 물이 흐르거나 멈추면 최상의 터전을 얻었다고 자랑해도 될 것이다.

바람 부는 방향으로도 집터를 조사할 수 있다. 집을 지었을 때 어떤 방향 바람이 가장 많이 불어올 것이냐를 조사한다. 계절에 따라 부는 방향이 다르지만 지형으로 인한 바람길이 있는 법이므로 장대 끝에 작은 깃발을 매달고 나부끼는 방향을 살핀다. 정북(正北)에서 바람이 불거나 겨울이 아닌데도 서북풍이 불거나 동쪽에서 수시로 바람이 불거나 서쪽에서 불면 불리하다고 판단해도 된다. 봄과 여름철엔 동남풍이 불고 가을과 겨울에 서북풍이 부는 게 정상인데 이를 역행하는 터라면 곧 떠나는 것이 좋다. 『산림경제』에서 금기로 치는 바람은 더 많다. 그 이론과는 좀 다르지만 서울 시내나 근교에 매연이 흘러드는 지역이 있다. 바람 골에 해당하는데, 그런 터전은 건강을 위해서라도 피하는 것이 상책이다. 여건이 불리하다고 물러설 수 없다면 유리하도록 주변을 가꾸는 수밖에 도리가 없다. 또 옛날과 달리 엄청난 중기(重機)로 환경을 개선하는 방도를 강구할 수도 있다. 그렇다고 천지개벽하는 것이 아니라 부족한 부분을 보충하거나 불리한 방향에 언덕을 만들거나 담장을 쌓아 막아 주는 정도이다.

옛날엔 샘물이 부족하면 살기가 어려웠다. 경주 양동(良洞) 마을의 경우 산기슭에 마을이 있고 우물 파는 일을 꺼려서 물긷는 하인이 길어다 주는 물로 생활했다. 지금은 상수도를 설치하여 옛날과 같이 물이 부족해 겪는 불편은 말끔히 가셨다. 불리한 환경은 여러 모로 개선할 수 있다. 환경이 유리하면 더없이 좋지만 불리하면 고치고 보충해서 유리하게 바꿀 수 있다는 점에 주목해야 한다.

4) 집터와 환경

우리 산천은 참으로 아름답다. 정말 아기자기하고 신비하다. 아무리 찬탄해도 끝이 없다. 외국에 나갈 기회가 적었을 적만 해도 다른 나라 산천이 어떤지 자세히 눈여겨볼 겨를이 없었지만 이제 일년에도 몇 번씩 여러 나라를 다니며 보니 우리 산천만큼 산자수명(山紫水明)한 곳이 흔하지 않은 것을 알게 되었다. 그래서 국내 명산과 이름난 고장을 다닐 때마다 그 아름다움에 현혹되고 매료된다.

우리 산은 외국의 산처럼 엄청나게 커서 접근할 엄두를 내지 못할 외경(畏敬)의 존재가 아니다. 설산(雪山)처럼 고고하지도 않고, 뾰족하며 날카로워 발도 붙일 수 없는 험악한 몰골도 아니다. 언제 터질지 모를 위태한 화산이 도사리고 있는 것도 아니고, 사태가 나서 마을을 뒤덮어 버리는 난폭한 산이 있는 것도 아니다. 안존하고, 다정하고, 소담하고, 정겹고, 부족한 것이 있어 소원을 말하면 들어주는 할머니 같은 산이 곳곳에 있다. 아이를 낳지 못하는 딱한 처지의 아낙이 산에 들어가 지성으로 빌면 아이를 점지해 준다. 입산해서 수도하면 어느덧 도인이 된다.

죽으면 산으로 다시 돌아긴다. 풀숲에 있는 무덤에 성묘 갔다오는 줄 알면서도 어디 다녀오냐고 물으면 "산소(山所)에 갔다온다"고 대답한다. 죽으면 산으로 돌아간다는 의식이 투철한 것이다.

산에 임자가 있어 소원을 들어준다고 여겼고 그 주인을 산신(山神)이라

한국의 산은 유순하고 포용력이 있다.

불렀다. 산신은 태고 적에 나라를 연 단군으로부터 시작되었을 것이라 말하는 이도 있다. 아주 일찍부터 산의 주인으로서 우리 삶에 풍요로움과 신비함과 인격을 기를 도량을 제공하고 있다고 주장하기도 한다.

산의 신비는 금강산의 아름다움에만 있는 것이 아니다. 설악산은 겨울 모습이 장엄하고, 가을 속리산은 단풍으로 더욱 근엄하며, 지리산은 봄 기운이 무르익는 맛으로 칭송받고, 여름 계룡산은 용추의 신비한 주력

무언가 빌면 들어줄 듯 믿음이 가는 곳이 한국의 산이다.

으로 사람을 매료시킨다. 태백산은 할아버지 산신의 권한으로 주변을 압도하고, 제주 한라산 본당할매가 거느리고 달려 온 여러 여신과 나라 잘되기에 힘을 쏟는다. 강화 마니산과 황해도 구월산에는 천제(天祭)를 떠받드는 서낭단이 있고 백두산에는 모두를 다스리는 신단수(神檀樹)가 있다.

산하는 단순한 산천이 아니다. 의미가 있고 유기적으로 조직되어 있다. 바라다보이는 외모만 아름다운 것이 아니라 내면에 더 감동적인 아름다움이 가득하다. 외국의 산에서 감동과 아름다움을 느끼지 못하는 것은 그쪽 문화에 젖어들지 못한 데서 오는 이방인의 소외된 의식 때문인지도 모른다. 그런 관점에서는 한국인이니까 우리 산하를 아름답다고 주장하는 것이라고 말할 수 있다. 십분 납득할 수 있는 견해이다. 대번에 아니라고 우겨야 할 까닭도 없다.

외국에서 와 우리 나라에 한동안 머물다 가는 사람 가운데는 산이 너무 많아 답답하다는 이도 있다. 그들 몸에 밴 체질과 의식에서 나오는 평판이다. 다른 나라보다 우리 산천이 아름답다는 것도 우리 몸에 배어 있는 잠재 의식이 발동해서라 할 수 있다. 하지만 외국인 가운데도 한국 산천이 아름답다고 말하는 이도 많다.

한 외국 여인과 경주 가던 길에 건천이란 고장에서 신라 시대의 부산성(富山城) 아래에 있는 선덕여왕 지기삼사(知幾三事, 선덕여왕 직관력과 연관된 세 가지 역사적인 사건)와 연관된 여근곡(女根谷)을 보게 되었다. 몹시 놀라워했다. 선덕여왕의 직관으로 매복한 백제 군사를 섬멸한 이야기를 듣고는 감탄을 금치 못하였다. "어머니의 여근에서 탄생한 인간이 죽어 저 세상으로 갈 때 저 대지의 여근을 통하면 틀림없이 저승으로 바로 갈 수 있다"고 했더니 우리말을 잘하는 그 여인은 "그럼 나도 이 다음 죽을 때 여기 와야겠다"고 했다.

조상들은 산천에 흠집 내는 일을 극도로 삼갔다. 현대인처럼 무참하게 파헤치고 염치없이 깨트리고 터무니없이 부수고 아무데나 뚫고 여기저기 가라앉히는 일은 없었다. 산천이 전에 없이 혼란스럽다.

사람이 살 집은 온전한 터에 지어야 한다. 사는 사람이 산천 정기를 타

경주 건천의 여근곡

고나서 뛰어난 인물이 되려면 집터의 지기(地氣)를 손상해서는 안 된다. 터를 평평하게 고른다고 산자락 파헤치는 일을 해서는 옹골진 산천 정기를 받을 수 없다. 경사진 터에서는 여건을 십분 이용하여 집을 짓는다. 집을 여러 채 짓는다면 건물 기능과 격조에 따라 높낮이를 조정하면서 쓸모 있게 지었다. 그런 예는 얼마든지 볼 수 있다. 특히 산곡간(山谷間)의 잘생긴 집은 대부분 이런 원칙을 따른다.

지형의 높낮이에 맞춰 집을 지었다.

집터는 환경을 존중해야 한다. 집이 환경을 파괴하면 반드시 뒤끝이 좋지 않다. 까딱하면 무너지는 축대도 그런 경우에 속한다. 집은 사람이 쾌적하게 사는 것을 목표로 짓는다. 그런데 집으로 인해 사람이 상했다면 잘못된 일이다.

오늘의 한옥은 살려고 적당히 짓는 집이어서는 안 된다. 21세기 문화인의 긍지가 담긴 집이 아니라면 새로운 한옥이란 명칭을 쓰지 말아야 한다. 새로운 한옥은 미래지향적이어야 한다. 산업 사회의 획일적인 형태

지형에 따라 집을 배치했다.

에서 벗어나 개성적인 집을 짓는 것이 중요하다.

삼십 년이 넘는 세월 동안 우리 나라에 있는 수많은 집을 보고 다녔다. 줄잡아 수만 채를 보았을 터인데 똑같은 집은 한 채도 없었다. 한옥은 그만큼 개성적이다. 우리가 짓는 새로운 한옥도 이런 전통을 계승하는 것이 올바른 일이다.

3. 한옥의 구조

집을 지으려면 어떤 집을 지을 것인지 분명히 해야 한다. 한옥에는 처마가 있어야 제격이다. 그러나 처마 깊이는 1미터만 넘으면 건평으로 계산한다. 기둥 안통 평면은 50평인데 처마 넓이로 80평이 넘으면 한도를 초과했다고 막중한 세금을 물린다. 목조 건축으로 신축하는 일을 허가하지 않는 수도 있다. 지역에 따라서는 건축 허가를 내주지 않기도 하므로 잘 알아보고 해야 차질이 없다.

정규 대학 건축과에서는 아직도 본격적으로 한옥을 가르치지 않는다. 시험 보아 자격증을 받는 건축사(建築士)는 한옥을 터득할 기회가 없으므로 한옥 설계에는 부적격이다. 건축과에서 더러 '한국건축사(韓國建築史)'를 가르치지만 한옥 법식, 기법, 건축 구조에 대한 수련이 없으므로 통상적인 건설 회사에는 전문가가 없다고 해도 실례가 되지 않을 것이다.

문체부에 등록된 문화재 보수 업체가 있고 사단법인 한국문화재보수기술자협회(02-743-6418)가 있다. 이들과 인간문화재계의 전승 장인(傳承匠人)이 한옥을 건설하거나 보수한다. 그 중에 '木壽' 같은 이가 있어 한 몫을 거든다.

20세기에 대유행한 아파트를 비롯한 현대식 집단 주거에서도 한국인은 구들 드린 온돌방을 채택했다. 구들이 없는 집이 거의 없을 정도이다. 한옥의 대표적 특성 중 하나가 구들인데 20세기 현대식 주택도 어쩔 수 없이 이를 수용하였다. 마루가 없어 반쪽이긴 해도 역시 한옥 계열 살림집이라 할 수 있다. 서구식을 지향하는 현대 건축이 대부분 한옥을

처마가 깊은 한옥, 한옥은 처마가 있어야 제격이다.

한옥의 구들 드린 온돌방

무시하는 경향이 있어 공과대학에서조차 한옥을 가볍게 취급하며 한국 건축과를 만들고 후진을 양성할 준비를 하지 않는다. 그럼에도 수요자가 요구하는 집에는 한옥 구들 설치를 묵인하는 추세이다. 모순이 있다면 바로잡아야 한다. 방향과 목표를 정당하게 설정해야 한다. 21세기 한옥 추구와 실용화, 대중화는 바로 그런 요망에 바탕을 둔다.

현대 건축을 서양 건축이라 부르는 사람도 있다. 양식이 한식과 다르듯

양옥은 아직 이 땅에 정착된 한옥이 아니다. 21세기 한옥은 양옥이 아니어야 한다. 그렇다면 한옥을 지을 수 있는 건축가가 있어야 한다. 그런데 아직 우리 학교에서는 전문인을 배출하지 않고 있다.

1) 집 지을 준비

어떤 집을 지을 것인가 다시 한 번 신중히 검토한 후에 설계해야 차질이 없다. 한옥에는 토벽집, 토담집, 움집, 다락집, 막살집 등 여러 유형이 있다. 우리가 주변에서 볼 수 있는 19세기 목조 건축만 한옥으로 규정하고 그런 집 짓기를 갈망할 까닭은 없다. 얼마든지 다양한 집을 지을 수 있다.

조선왕조 때만 해도 목조, 흙으로 지은 집, 풀을 써서 지은 뜸집이 있었고 나무와 흙을 섞어 벽체를 이루는 귀틀집과 움집도 있었다. 고려조 이전엔 벽돌집과 돌로 지은 건물도 있었다.

목조 건물만 고집할 까닭이 없다. 다양한 건축 자재를 마음대로 쓸 수 있는 오늘날의 여건이 이로울 수도 있다. 건축 자재를 한정시키면 오히려 집을 위축시킬 수도 있다. 건축 자재에 한계를 둘 필요가 없다. 과거의 집을 본뜨는 것이 아니라 오늘 내가 살 한옥을 짓는 것이므로 삶에 유익한 여러 가지를 골고루 사용하는 지혜를 발휘할 수도 있다.

한규설 대감 댁, 사고석과 전돌로 벽체를 쌓았다. 이를 온담이라 부른다.

울릉도 나리동 투망집

비싼 목재를 써서 호사스럽게 짓기보다는 값이 덜 드는 토담집을 짓는 것도 좋은 방도이다. 목조라야 직성이 풀린다면 귀틀집을 짓는 방안도 있다. 서까래 굵기 통나무로 벽체를 구성하되 나무 사이에 돌을 박고, 흙을 발라 나무와 흙의 이점을 모두 누릴 수도 있다.

흙벽돌을 만들어 벽체를 구조하는 방법에서 백제인은 블록(Block)처럼 가운데에 구멍을 뚫은 상자형전(箱子形塼)을 구어 사용하였다. 바깥면에 아름다운 무늬가 있어 멋지고 아름다운 벽체를 조성할 수도 있다.

벽돌집도 고려할 만하다. 고려조 이전 벽돌집은 치장이 아름다웠다. 전

토담집

돌각담으로 지은 제주도 집

탑에서 볼 수 있는 장식이 채택되기도 했다. 꽃담으로 장식하는 조선조 방법도 새로운 맛을 냈다. 그런 구조물에서도 처마와 지붕은 얼마든지 한옥답게 구성할 수 있으므로 그 점은 염려할 필요가 없다. 중요한 것은 내부 구조이다. 방 크기가 알맞고 기가 고르게 순환할 수 있는 공간이 설정되야 한다. 천장 높낮이를 달리해 가면서 앉거나 서서 움직일 때 기가 위축되지 않게 배려해야 한다.

천장 높낮이에 따른 낙차를 이용해 수장 공간을 만들고 요긴한 장소에 알맞은 벽장과 다락을 만들어 보관하는 일에 지장 없게 하는 일도 중요하다. 멋지게 살림할 수 있게 가꾸면 오늘에 알맞은 내 집이 장만되었다고 할 만하다.

2) 한옥의 설계도

다산(茶山) 정약용(丁若鏞) 선생은 『목민심서(牧民心書)』에서 "자기가 지을 집의 그림을 그리고 슬며시 내보이며 짓는 값을 물어 여럿 중에 제일 합당하면 불러다 짓게 한다" 하였다. 여기서 '그림'은 집 설계도를 의미한다. 궁실을 건축하고 준공보고서를 만들어 간행한 것이 각종 『의궤(儀軌)』이다. 보고서 첫머리에 지은 건물 도면이 실려 있다. 정다산의 '그림'에 해당한다.

집 '그림'은 현대 건축처럼 평면, 입면, 단면 등을 따로따로 그리는 것이 아니라 입면을 그리되 좌우 15도 각도에서 투시한 광경으로 표현한다. 그것으로 입면과 측면을 유기적으로 볼 수 있게 하였다. 눈의 높이를 수평 기준으로 잡고 아래로 내려다보이는 부분은 조감법으로, 올려다보이는 부분은 부감법으로 그려 한 눈에 집의 형상을 다 볼 수 있게 하였다.

배치도와 평면도를 따로 그리기도 한다. 현존하는 경복궁 배치를 그린 『북궐도형(北闕圖形)』이나 창덕궁과 창경궁을 그린 『동궐도형(東闕圖形)』

을 통해 당시 도면을 볼 수 있다. 이들은 우리에게 알려진 산수화 형식의 '동궐도'와는 다른 도면으로 계화법에 따라 먹선(墨線)으로 그렸다.

일터에서는 집 규모에 따라 '양판'이라 부르는 현장 설계도를 도편수가 그린다. 그 도면에 의지해 수만 개 재목을 다듬고 마련한다. 도면이 엄정하지 못하면 도편수로서 자질이 모자란다는 점을 스스로 폭로하는 것이므로 아주 신중하게 그린다. 특히 가구(架構)에 유의하여 자세히 그려 일하는 여러 목수에게 주지시켜야 차질이 없다.

제대로 훈련되지 못한 무식한 목수는 "도면은 무슨 도면이냐"고 묻는 이에게 핀잔을 준다. 1920년대 집 장수 소속 목수는 거의 그 수준이다. 이윤을 추구하는 장사꾼이 제값을 치르면서 올바른 목수를 불러다 쓸리 없다. 시골에서 어깨 넘어 배운 기초 훈련이 부족한 목수들은 일만 탐을 내지 좋은 집 짓기에는 역부족이었다.

그 바람에 훈련된 기문(技門)의 대목(大木)까지도 다 그럴 것이라 생각한다. 하지만 지금까지 그렇게 타락한 대목은 없었다. 엄격한 훈련과 통제 아래 수련한 대목은 대이어 전수되는 법식(法式)과 기법(技法)에 따라 법도 있게 조영(造營)하는 일을 기본으로 하였다. 이 기맥(技脈)은 지금도 이어지고 있다.

21세기 새로운 한옥을 짓는 이는 자격이 충분한 '대목'에 의뢰해야 한다. 집 장수 목수에게 휘둘렸다간 그 집은 산으로 가든지 바다로 가 버리고 만다.

새 집을 지으려면 반드시 설계를 해야 한다. 집을 직접 짓든지 남의 손을 빌리든지 기본이 되는 도면이 있어야 한다. 물론 건축 허가를 받기 위해서라도 도면은 필수이다. 그러나 허가받은 도면과 자기가 지을 집은 똑같지 않아도 된다고 생각하는 사람이 있다. 그것은 오산이다. 집이 되어 가는 과정을 파악하고 공정이 어느 정도 진행되었는지, 내가 원하는 방향으로 진행되는지 알려면 엄정한 도면이 있어야 한다.

건축 설계 사무소에서 퇴짜를 맞고 여기저기 헤매고 다녔지만 '한옥의 도면'을 그려 준다고 나서는 곳이 없더라는 하소연을 듣는다. 우리 대학에는 한국 건축을 가르치는 학과가 없다. 교양 과목으로 가르칠 뿐, 도면을 그리는 훈련을 다부지게 시키는 과정이 없다. 인재가 없고, 전문가가 없으니 주문에 맞게 선뜻 그려 주는 건축 설계 사무소가 있을 리 만무하다. 그렇다고 허가방에 가서 당치도 않은 그림을 그려 봐야

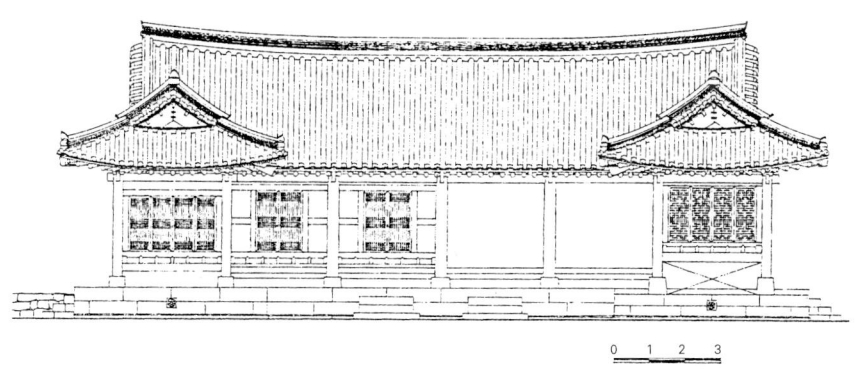

향산 윤용숙 여사가 지은 ㄷ자형 살림집 정면 설계도(태창건축 설계)

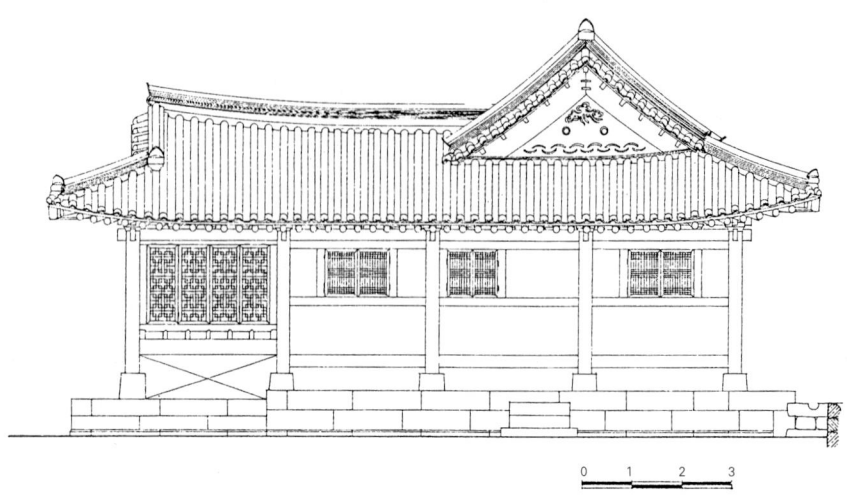

ㄷ자형 살림집 동쪽 모습 구조도

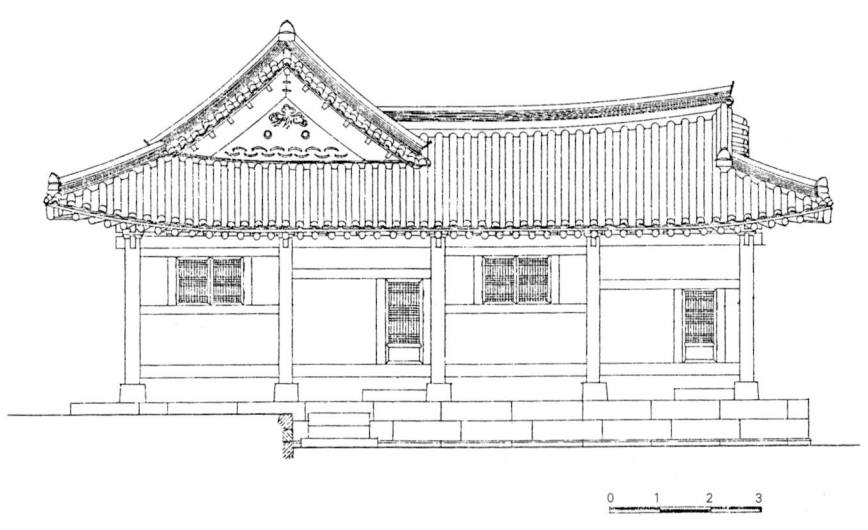

ㄷ자형 살림집 서쪽 모습 구조도

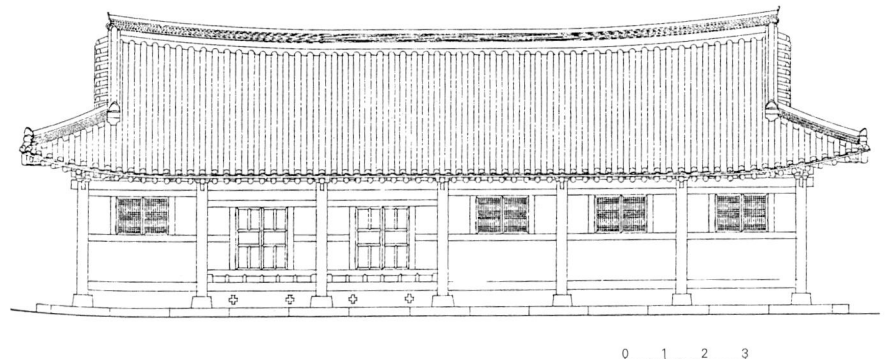

ㄷ자형 살림집 뒤쪽 구조도

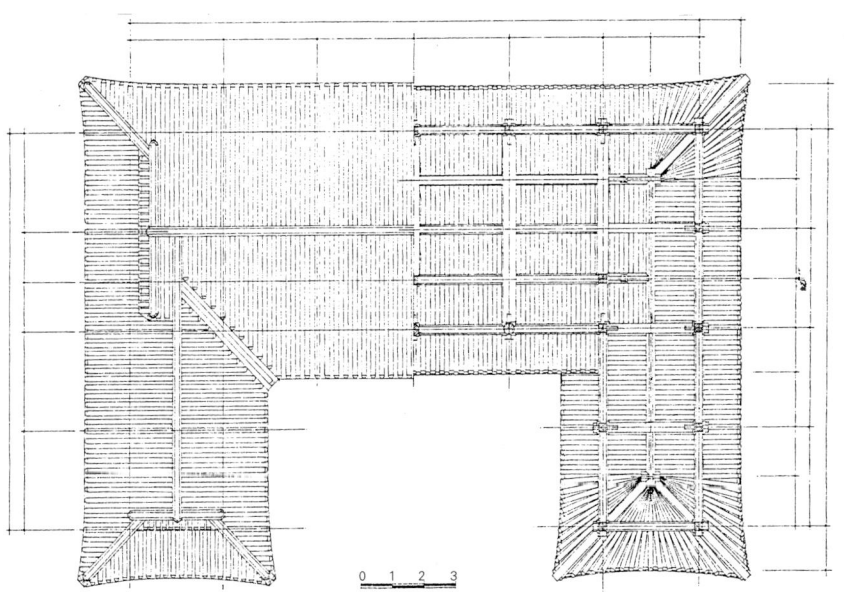

ㄷ자형 살림집 천장과 지붕 구조도

소용이 없다. 한옥을 이해하는 건축가가 그린 도면이 아니기 때문이다. 목조 건축을 전공하는 설계 사무소가 따로 있다. 국가가 인정하는 자격증을 갖은 전문인이 모여 있는 곳이다. 그곳에서는 꿈에 그리던 집을 충실하게 도면으로 그려 준다. 『어머니가 지은 한옥』이란 책을 쓴 향산(香山) 윤용숙(尹用淑) 여사도 그런 도면으로 훌륭한 집을 지었다. 책에서 집 짓는 과정을 통하여 보고 듣고 느낀 바를 정감 있게 서술하면서 한옥이 되어 가는 과정을 뜻깊게 즐길 수 있었다고 했다. 집 도면을 참고하도록 실어 보았다.

한옥 살림집 평면은 아주 다양하다. 지역에 따라 다르기도 하지만 같은 지역에서도 천차만별이다. 안동 임하댐 건설로 집이 물에 잠기게 되자 조사가 진행되었다. '木壽'도 참여했는데 그 때 도면으로 정리한 것을 예로 제시해 보았다.

안채와 그 주변 여러 건물이 경내에 있다. 21세기 한옥도 이런 유형을 바탕으로 새롭게 구상하는 방법과 이들 자료를 토대로 오늘에 필요한 시설을 첨가하는 방안을 생각해 볼 수 있다.

한옥은 보통 기능에 따라 지은 여러 채 건물이 울타리 안에 모여 있다. 반면 일본 집은 커다란 집 한 채 안에서 모든 일을 할 수 있게 짓는 것이 보통이다. 이 방식은 서구식 살림집과 비슷하다.

자기 의사에 합당한 새로운 방안이 강구되면 설계를 의뢰하면서 구조가 무리 없는지도 확인해야 한다. 작성한 평면에 따라 목조로 지을 것인지, 토담집으로 지을 것인지, 귀틀집으로 지을 것인지 결정하는데 시행하는 데도 결정적인 정보를 제공받을 수 있는 단계이다.
다음은 안동 임하(臨河)댐 수몰 지구 살림집 배치와 평면 유형도이다.

① 개방형 집

一자형의 집을 개방형 살림집이라 부르기도 한다. 따뜻한 남방 평야 지대에서 흔히 채택하는 유형이다. 一자형에서 ㄱ자형으로 변하는 등 평면 구성이 아주 다양하다.

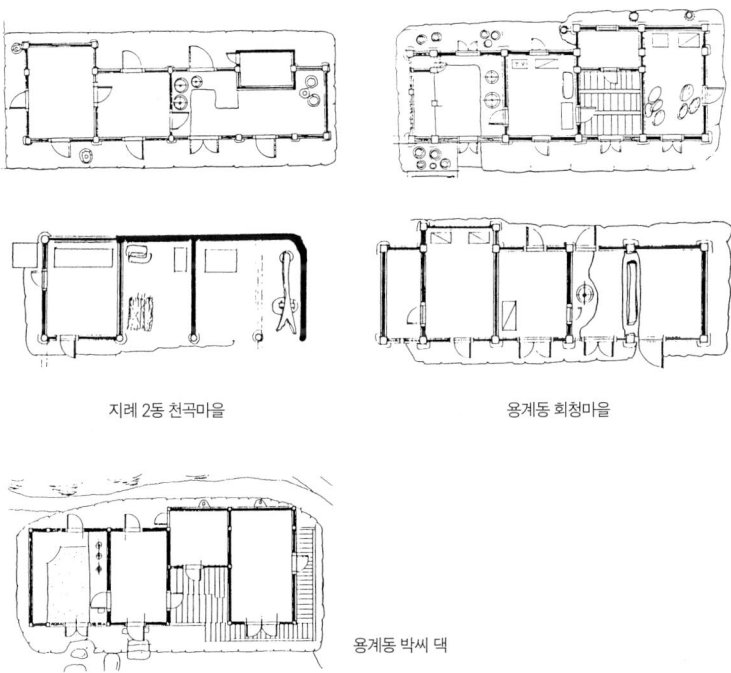

지례 2동 천곡마을   용계동 회청마을

용계동 박씨 댁

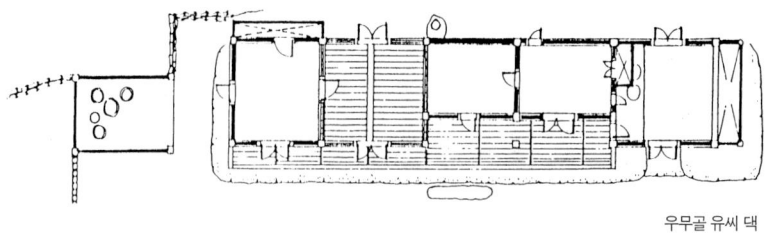

우무골 유씨 댁

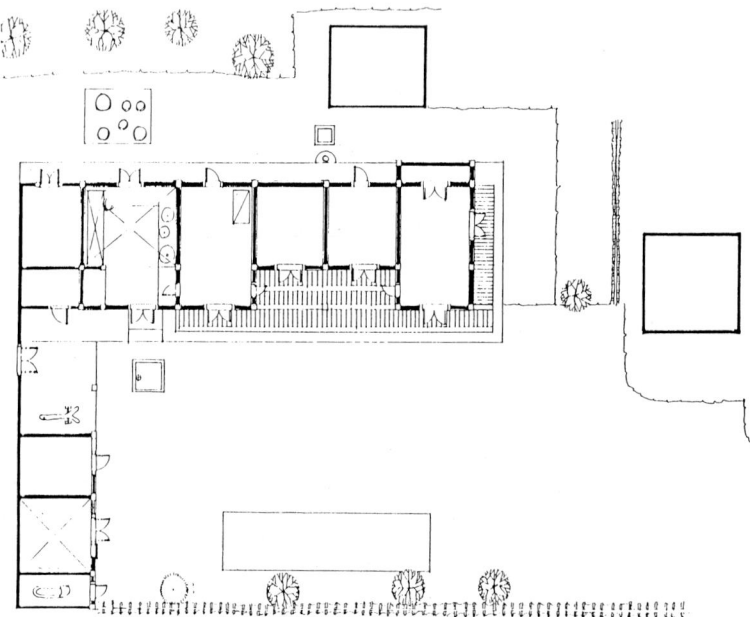

갈전 2동 김씨 댁

② 겹집형 집

겹집 평면 중에는 '집단주거'라는 현대 아파트와 유사한 배치법이 있다. 특히 ㅁ자형으로 꽉 짜인 평면은 매우 닮았다. 누군가 아파트가 어디서 온 것이냐고 묻는다면 "옛날부터 이 땅에 있어 왔던 살림집 평면을 현대인이 살 수 있게 발전시킨 것입니다" 하고 대답하면 '전통을 계승하는 집을 짓지 못했다'는 평가는 듣지 않아도 될 것이다.

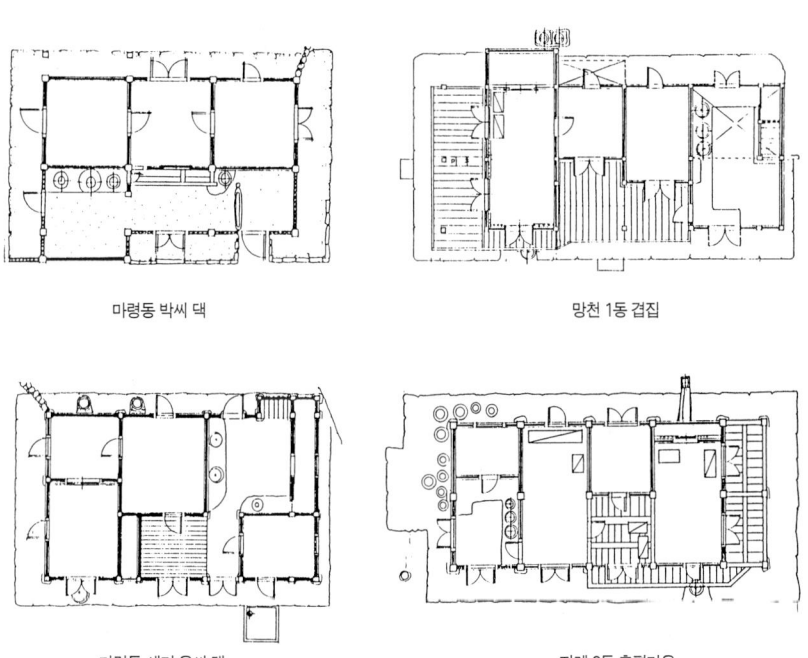

마령동 박씨 댁   망천 1동 겹집

마령동 새터 유씨 댁   지례 2동 후평마을

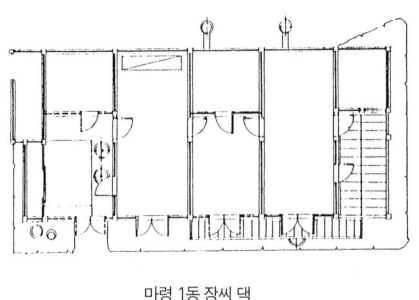

마령 1동 장씨 댁

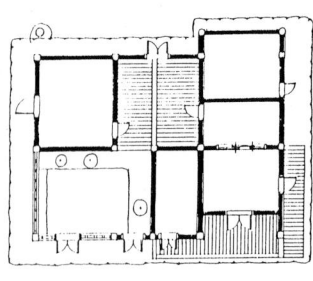

마령 2동 문씨 댁

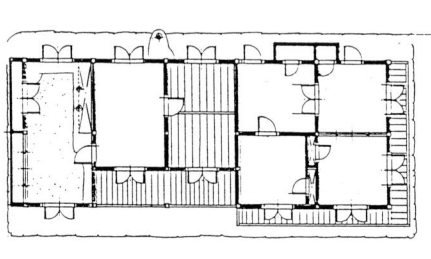

수곡 2동 권씨 댁

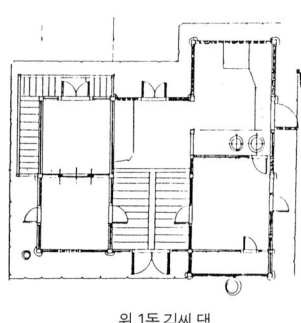

위 1동 김씨 댁

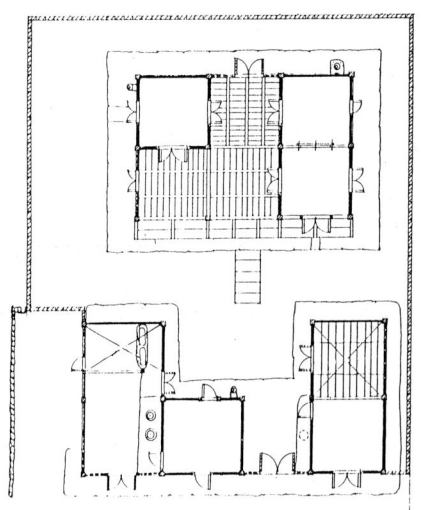

마령 2동 모선재

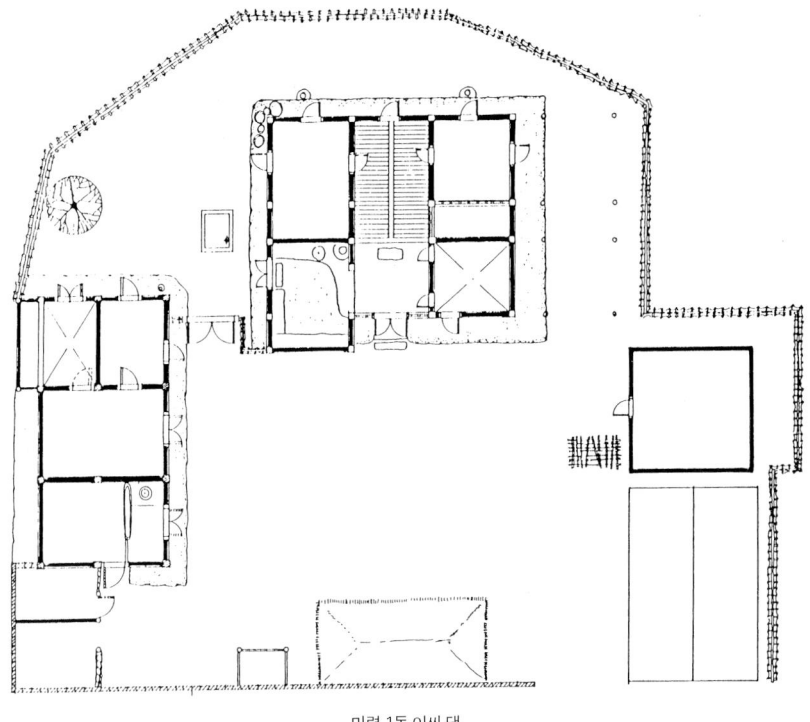

마령 1동 이씨 댁

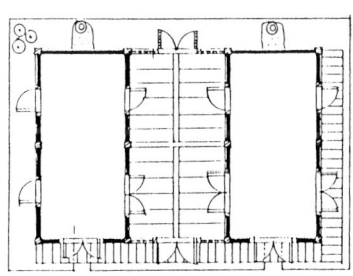

마령 1동 박씨 댁

한옥의 구조 · 81

③ ㅁ자형 집

ㅁ자형 중에서 '트인 ㅁ자형 집'이라 하는 이 유형은 폐쇄적 구조가 특징이다. 도시, 산골짜기, 섬이나 바닷가에도 분포했다. 외세(外勢)나 외기(外氣)를 막아서 집안의 평온을 지키는 데 목표를 두었다.

같은 ㅁ자형이라도 정침의 방과 대청, 퇴의 배치와 조성에 창의력을 발휘해서 똑같은 집이 없다. 중앙은 반듯한 마당으로 열린 공간이다.

21세기 한옥에서는 마당을 완벽하게 실내 공간으로 끌어들일 수 있으므로 번뜩이는 창의력을 발휘해 활용하기 좋은 집으로 조성할 수 있다.

ㅁ자형 정침 평면도는 몇 가지 유형으로 나뉜다. 기본은 대청 서편에 안방이 자리잡고 동향하거나 안방이 대청을 차지하면서 남향한 방이다. 대청이 그만큼 위축된다. 동향한 안방의 대청 맞은편에는 건넌방이

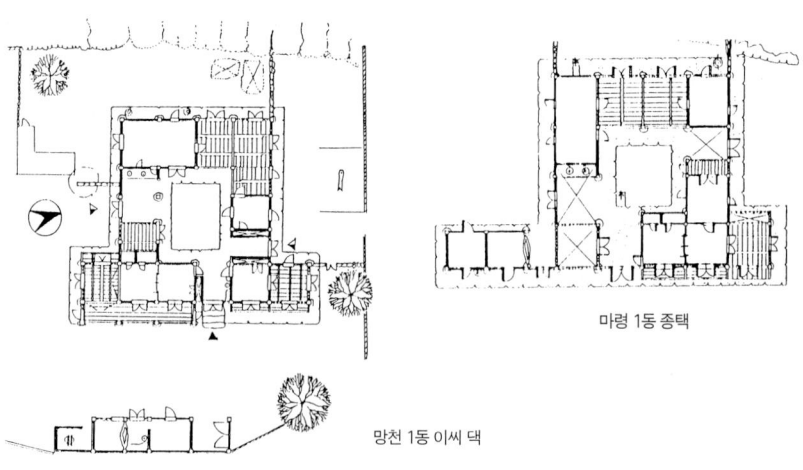

마령 1동 종택

망천 1동 이씨 댁

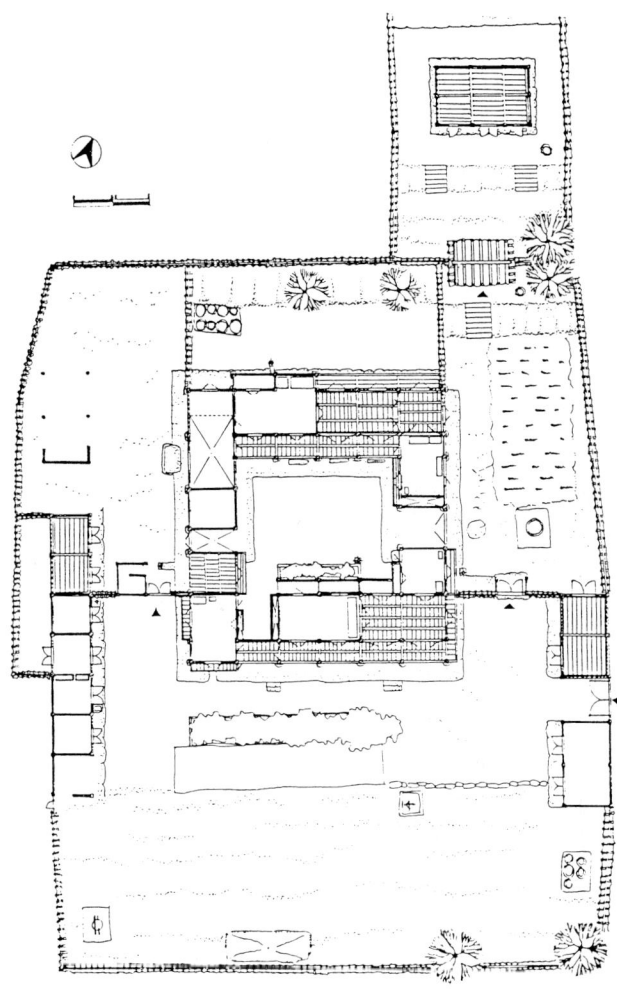

수곡동 종택

● 현대의 발달된 기술로 가운데 마당이 비를 맞지 않게 하는 여러 구조를 고려할 수 있다. 멕시코시 국립인류학박물관 가운데 마당을 버섯 같은 구조로 오묘하게 처리한 예도 참고가 된다.

수곡 2동 유씨 댁

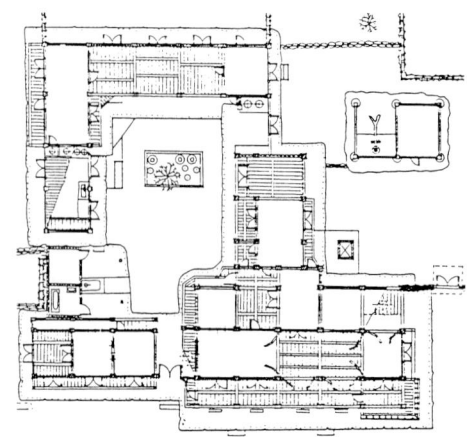

천곡동 오류헌

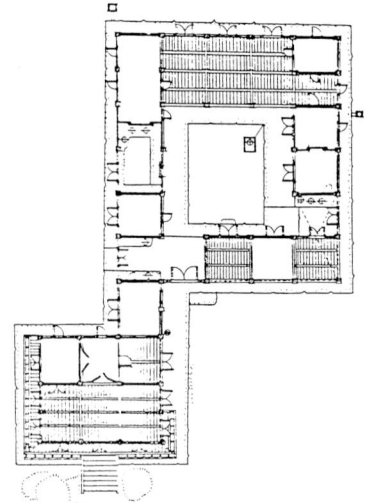

이우당

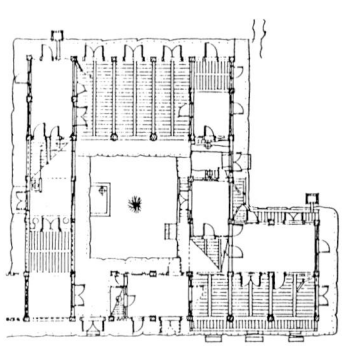

수곡동 유씨 댁

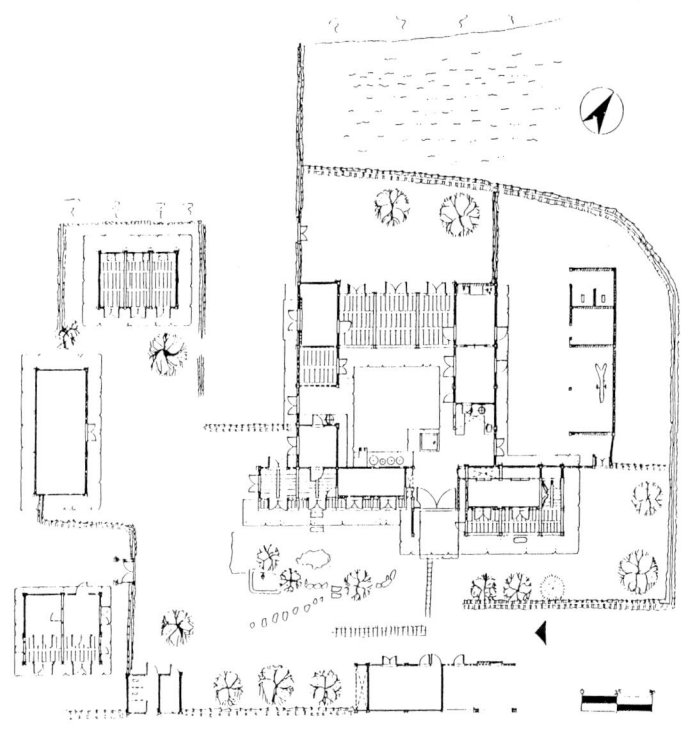

원지례 김씨 댁

있다. 더러는 건넌방 대신 마루방을 만들기도 하고, 고방으로 사용하기도 한다. 서울 지역 집 장수 집에서는 보기 드문 일이 아니다.

건넌방을 아래채에 조성하기도 한다. ㅁ자집에서 개인 공간을 확실하게 보장한 경우이다. 어머니와 며느리가 나누어 살 때 그만큼 처신이 자유롭다. 예의를 존중하는 구조이므로 21세기 한옥에서도 시험할 가치가 충분하다.

3) 새로운 한옥 평면 성향

좁은 면적에 단출하게 집을 지어야 하는 형편이나 있던 집을 개조하면서 개선할 만한 평면에 대해 한 번 생각해 보자.

얼마 전에 찾아온 기자가 자기가 만들고 있다면서 건축 전문지인 『건축세계』를 두고 갔다. 현대인이 몸담고 살 고층아파트 개개의 단위 평면도면이 크기별로 제시되어 있었다. 이들 유형이 대표적인 거라고 말하기는 어렵더라도 상당히 호응을 얻은 유형이라는 설명이다.

집에 들어가는 출입구가 있다. 주방과 식당이 자리잡고 있는 곳으로 바로 들어서거나 거실에 연결되어 있다. 거실로 연계되는 유형은 그래도 평면에 여유가 있는 쪽이고 좀더 좁은 구성은 식당으로 바로 통한다.

13, 15평형에서는 주방과 식당을 지나 안으로 들어가면서 거실과 침실로 나뉜다. 안방인 셈이다. 현관 옆 작은 방과 함께 구들 드린 온돌방으로 만들었다. 18, 25평형은 거실과 안방이 상대적으로 넓고 현관 옆에 방 하나가 더 있다. 방이 셋인 구조이다.

"이런 평면은 어디에서 온 것일까?"

궁금하면 물어 봐야 한다. 모를 때 묻는 것만큼 좋은 일은 없다. 여러 사람에게 물어 보았다. 6·25 이후 부흥 주택 이래로 그런 유형 평면이 유행하던 것 아니냐는 말을 듣기도 했다. 블록으로 복구하며 임시로 집을 짓다 보니 간단한 칸막이로 분할하였고 그럭저럭 맞추어 살다 보니 자기도 모르게 습관화해서 오늘에 이르게 된 것 아니겠느냐고 말씀하는 분도 계셨다. 우리 나라 초기 아파트라 할 수 있는 조선총독부 관리가 살던 종로구 창성동 5층 집단주거 건물의 평면도 이와 비슷하다고 하면서 일본집이 집단화하면서 생겨나기 시작한 유형과도 연관이 있다고 말하는 이도 있다.

"우리가 살고 있는 아파트는 어느 나라 집입니까?"

어느 모임에서 한옥에 대해 이야기하고 있는데 어떤 나이 먹은 이가 느닷없이 물었다. 솔직히 말해서 거기에 대한 지식이 별로 없다. 아직도 의문이 풀리지 않아 여러 경로로 알아보고 있는 중이다. 그렇다고 질문을 무시할 수도 없어 궁여지책으로 대답하였다.

"우리 나라에는 옛날부터 이런 구성의 평면이 있었답니다. 저도 가끔 여러분을 모시고 갑니다만 강원도나 경상도, 충청도 깊은 산곡간에 가면 '겹집'이라 부르는 살림집이 있죠. 그 평면은 남쪽 고온다습한 지역의 매우 개방적인 一자형집 평면과는 다르답니다. 겹집은 방이 두 줄 박이로 들어선 집입니다. 그런 집 중에서도 '까치구멍집'이라 부르는 겹집 평면은 현대식과 아주 유사합니다. 그런 평면을 현대인이 살 수 있도록 발전시킨 것이 바로 아파트가 아니겠습니까."

아직도 내 대답이 현대 건축에 이바지하면서 아파트 발전에 기여한 분의 견해와 맞는지 알아보지 못했다. 견해가 약간 다르더라도 '얼마나 급하면 저런 대답을 하였을까' 하고 양해해 주길 부탁드린다. 참 그 때

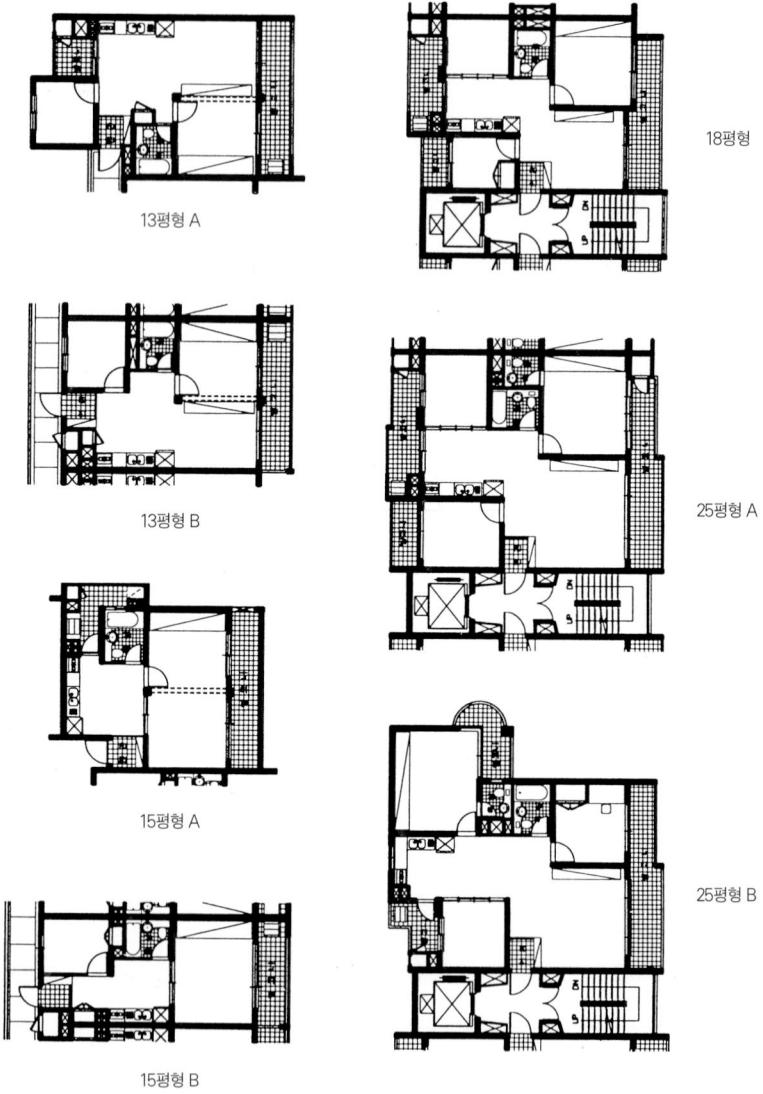

『건축 세계』에 실린 단위 세대 평면도

이런 말을 덧붙였다.

"현대 아파트는 터가 좁아 평지에 늘어놓을 집을 층층이 높게 쌓아올린 형상이지요. 고층 건물 전체가 선생이 쓰시는 집 한 채는 아닙니다. 선생님이 살고 계신 집만을 단위로 보고 문제를 전개하셔야 합니다. '19세기 이전에 저런 고층 건물이 어디 있었어. 그러니 당연히 오늘 추세에 따른 현대 건축물일 뿐이지' 하는 지적도 할 수 있지요. 고층 건물이 19세기 이전에 서양에도 없었다는 사실과 고층이라야 꼭 현대적이란 생각은 잘못된 것이라고 말씀드릴 수 있어요. 미래에도 고층 건물은 있을 수 있으니까 '현대 건축' 이라고 못박아야 할 까닭이 없는 것이고요. 오늘의 건축은 그 땐 흘러간 과거 건물이거나 이미 이 세상에 존재하지 않는 건물일 수도 있지요. 중요한 것은 선생이 살고 계신 집이 정체 불명의 집은 아니라는 거지요. 늘 말씀드리듯이 한옥의 특성 중 하나가 구들 드린 온돌방입니다. 선생 댁에 온돌방이 있는 한 오늘의 한옥에 살고 계시다고 할 수 있죠."

이런 견해가 용납되는지 아직 잘 모르므로 기탄 없는 지적이 있으면 정정할 생각이다.

앞에서 이미 본 '안동 임하댐 수몰 지구 조사' 살림집 평면 유형 중 '겹집형 집' 부분을 다시 봐 주기 바란다. 열한 가지 예가 제시되어 있다. 마령 1동 박씨 댁이 평면으로는 가장 간략하다. 앞의 쪽마루에 출입구가 있고 중앙 거실에 해당하는 마루 깐 대청이 있으며 좌우로 방이 나뉘어 있다. 예전에는 방이나 다른 공간이 지니는 기능이 단순한 편이어서 복잡하게 나눌 필요가 없었다. 현대인은 이런 평면을 기본으로 삼아 여러 모로 변형시키면 자유 자재로 용도를 창출할 수 있다. 이는 '새로운 한옥의 평면 탐색'이나 '평면 계획안 마련'이라 할 수 있다.

능력에 따라 우선 이 평면을 전개시켜 볼 수 있다. 가운데 대청을 얼마만큼 넓힐지, 좌우 공간을 기능별로 나누어 어떻게 적절히 활용할 수 있는지를 생각할 수 있다. 또 마루를 늘리고 방 수를 줄이거나 반대로 마루를 더 늘리면서 차단벽 수를 줄이는 수도 있다.

마령 2동 모선재는 마루를 늘려 변형한 예라고 볼 수 있다. 마루를 현대 용어로 '거실'이라 한다면 『건축 세계』의 15평형 기본 구상이나 다름없는 평면이다. 마령 2동 문씨 댁이나 위 1동 김씨 댁은 25평형과 비슷하거나 더 세분화되어 있다. 나머지 자료도 분석해서 활용하면 얼마든지 변형하고 발전시킬 수 있다.

겹집에는 부속 건물이 있어 사용 면적이 더 넓었다. 아파트가 옛날 집보다 당연히 넓다고 생각한다면 오산이다. 옛집 규모가 지금보다 넓다. 'ㅁ자형 집'도 잠깐 참고하면 유익하다. 제시된 자료 배치는 여러 건물을 밀집시켜 가며 조성하였는데도 전체 윤곽으로 보면 겹집을 확대한 듯이 보인다. 우리가 지을 새로운 한옥은 집 크기에 상관없이 이런 평면을 적절하게 활용하여 발전시키면 새로운 형태를 많이 만들 수 있다.

집의 향유 공간은 문화 의식에 정비례한다는 말이 있다. 우리가 예전보다 좁은 공간에서 살고 있으므로 문화가 낙후된 것일 수 있다. 문명 세계의 이로움을 만끽하는 것이 반드시 문화 생활이라 할 수 있는지는 지금 논의할 것이 아니지만, 옛집보다 월등히 발전한 집에 살고 있다는 생각은 망상일 수도 있다.

우리 나라에 현존하는 살림집 중에 가장 오래된 것으로 추정하여 주목받는 건물이 있다. 사적 제109호로 지정된 충남 아산(牙山)에 있는 '맹씨행단(孟氏杏壇)'이다. 조선조 초기 청렴한 관리의 사표가 된 고불(古佛) 맹사성(孟思誠 1360~1388)이 살던 집이다. 맹 정승은 고려 말에 유명한 최영

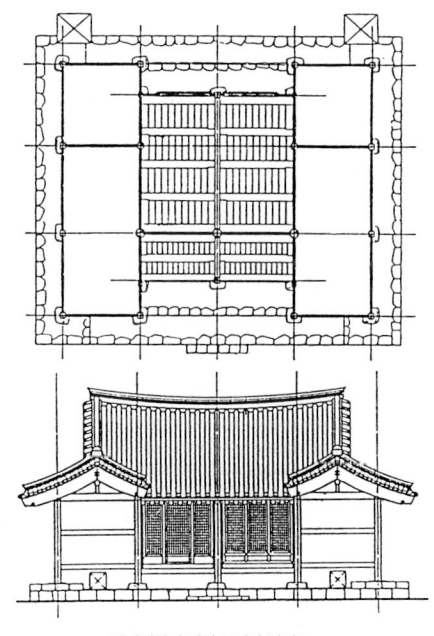

맹씨행단의 평면 구성과 입면도

아산 맹씨행단, 사적 109호이다.

(崔瑩 1316~1388) 장군의 손주 사위이다. 최 장군은 이웃에 사는 고불의 됨됨이에 반하여 손주 사위로 삼고 살던 집을 물려주었다. 즉 현존하는 맹씨행단은 고려 말 최 장군이 살던 집이었을 가능성이 높다. 지금은 한 채만 달랑 남아 있다. 안채나 사랑채였으리라 추측하는데 고려 말 살림집의 모습을 지닌 건물이라는 점에서 학계에서는 대단히 중요하게 생각하고 있다.

건물 평면 구성이나 구조가 독특하다. 평면 윤곽이 H자형이고 정면에서 보이는 맞배지붕이 좌우로 형성되어 있는 점도 특이하다. 마당에서 올라설 죽담도 낮은 외벌대이다. 정면 두 칸으로 된 앞퇴에 올라서면 대청으로 들어가는 분합문이 있는데 세 짝이며 가운데 문짝만 여닫게 되었다. 앞퇴에서 바로 방으로 들어갈 수 있는 문이 있어 편리하고 옆에 눈꼽채기창이 하나 있다. 조선조 살림집에서 보기 어려운 구성이다. 네 칸 대청이 앞에서 뒷벽에 이르기까지 관통하듯이 우물마루로 설치되었고 좌우로 세 칸씩 구들 드린 방이 자리잡고 있다. 현존하는 칸막이가 원형 같지 않다는 의문이 있어 주목된다.

세세한 문제보다는 이런 방식으로 살림집을 구성하는 방법도 있다는 점에 관심을 두면 오늘의 한옥을 짓는 데 귀중한 참고 자료가 될 것이다. 이런 구조라면 꼭 목조 건물이 아니어도 얼마든지 활용할 수 있다. 토담집이나 귀틀집, 벽돌집이어도 구애될 까닭이 없다. 평면이 거의 정방형이므로 적절히 공간을 분할하면 21세기 살림집에도 충분히 적용할 수 있을 것이다.

건물 외형도 아주 단순한 형태가 아니므로 약간만 변화를 주어도 독특한 모습을 만들어 낼 수 있다. 2층 건물을 짓는다 해도 새로운 맛을 내면서 내부를 쓸모 있게 조성할 수 있을 것이다. 2층도 짓기에 따라서 감각 있는 한옥으로 완성시킬 수 있다.

옛것을 오늘날 활용하는 예는 비단 이뿐이 아니다. 각자 생각에 따라 달라질 수 있으므로 충분히 자료를 수집하면 남과 다른 특출한 내 집을 지을 수 있을 것이다.

4. 한옥의 종류

설계를 시작하기 전에 어떤 재료로 집 지을 것인가도 생각해 두어야 한다. 재료에 따라 집 짓는 방식이 달라져서이다. 오천 년 동안 어떤 집이 있었는지 알아두는 일도 크게 도움이 된다. 집은 지역에 따라서 다르게 발전하였다. 그러니 한마디로 말하기는 어렵다. 그러나 유형은 나눌 수 있으므로 참고하는 데는 지장이 없다.

흔히 '한옥' 하면 지금도 주위에서 볼 수 있는 기둥 세우고 벽치고 지붕을 이은 목조 건물만 떠올린다. 전통을 계승하는 집이라면 이 계열 작품만 손꼽는다. 그러나 역대에 토담집, 벽돌집, 돌집, 띠집, 귀틀집, 막살집, 움집이 널리 존재하였고 명품을 남겼다.

종래 살림집에 2층 건물이 있을 리 없다고 말하는 이에게 2층집이 있었다는 사실을 분명히 해두어야겠다. 2층집도, 다락집도 있었으며 사다리를 이용하여 출입하는 집, 벼랑을 파고 들어가 사는 집도 있었다. 춘천 교동 혈거(穴居) 유적은 선사 시대 예를 남긴 것이고, 조선을 건국한 이성계의 선대가 도혈이거(陶穴而居)하였다는 집은 고려 말 모습이다. 움집은 19세기까지 있었는데 직조나 가죽을 다루는 공방으로 쓰였고, 김치광이나 저장고로도 쓰였다.

막연하고 어설픈 잘못된 상식에 구애되면 자유로워야 할 21세기 한옥에 제한을 줄 수 있다. 자유롭게 창안하려면 간략하게나마 어떤 유형 집이 있었는지 알아두어야 도움이 된다.

1) 움집

도구가 없던 때에 단단한 땅을 파는 일은 쉽지 않았을 것이다. 곡괭이 같은 도구가 있었더라면 훨씬 깊숙하게 팔 수 있었겠지만 삽도 없는 시절에 돌이나 나무 삭쟁이로 땅을 파는 일은 포크레인 옆에서 삽질하는 것과 마찬가지였다.

대략 1미터나 1.5미터 가량 땅을 판다. 둥근형도, 타원형도 아니고 그렇다고 네모나지도 않은 형태로 파낸다. 드나들기 쉽게 한쪽에 입구를 내고 발 디딜 수 있게 턱을 만든다. 구덩이 둘레에 작은 구멍을 홈처럼 파고 굵은 나무 삭쟁이를 박아 넣는다. 비스듬히 세우면 그 끝이 중앙에 모이는데 끝을 끈으로 단단히 묶으면 둥근 천막 같은 공간이 만들어진다. 칡 등의 끈으로 나무 사이를 잘 뜨면 사이가 메워지고 거기에 의지하여 풀이나 새 같은 것으로 이엉을 잇거나 짐승 가죽으로 덮으면 비바람을 피할 수 있는 집이 된다.

인구가 늘고 힘이 집중되는 시기가 되면 촌장 집이나 공공용 건물은 규모가 커진다. 그만큼 건축 인력을 동원하기 쉬운 것이다. 이 때쯤이면 기둥 세우고 도리를 건너지르고 서까래를 촘촘히 설치하면서 벽체와 천장을 구분하게 된다.

북방에서는 중앙 화덕 둘레에 돌을 설치하여 남은 열을 모으는 정도에서 벗어나 바닥을 가로지르는 고래를 켜고 구들을 설치하는 지혜를 발

(위) 영암 선사시대 주거지에 움집을 다시 지어 보았다. / (아래) 암사동 선사시대 주거지 움집터. 화덕을 중심으로 움집을 만들었다.

충남 한산의 움집. 모시를 짜기 위해 지은 집으로 모시는 습기를 보존하려면 움집에서 짜야 한다.

휘했다. 온돌의 시초로, 불을 다루는 기술을 향상시키고 추운 겨울에 따뜻하게 살 수 있는 난방 개념을 도입하는 계기를 마련한다.

움집은 칸막이 없이 출입구가 한곳에 있어서 원추형 집인 '오가리'나 물소 가죽으로 만드는 '티피'처럼 집안에 지정석 제도가 엄격했다. 구조적으로는 차츰 화덕이 중앙에서 한쪽으로 옮겨지면서 불을 이용한 가내 공업이 이루어지고, 한편에는 수장할 수 있는 공간이 설치되어 저장이라는 원시 경제 활동이 이루어진다. 땅에 묻은 기둥 밑이 쉬 썩자

나무에 의지해 지은 다락집

구덩이에 돌을 넣어 습기를 피하는 방안도 고안해서 목재 부식을 막았다. 움집에서 인류 문화가 싹트기 시작한 것이다.

남쪽 지방은 고온다습하다. 장마철이면 무덥고 끈끈하다. 여기에 움집은 맞지 않다. 땅에서 올라오는 습기가 몸에 해롭고 지하에 들어가 앉아 있으니 통풍이 원활하지 못해 답답하고 무덥다. 지하에서 벗어날 궁리를 하였다. 큰 나무에 의지해 짓던 오두막집이 되살아났다.

땅에 기둥뿌리를 묻고 거기에 의지해 집을 짓는 지혜를 발휘하였다. 지

병산서원 만대루, 지표에서 높게 떨어진 마루를 볼 수 있다.

표에서 뚝 떨어진 곳에 살림 공간이 마련되었다. 높게 살려고 깐 나무 판자를 '마루'라 부르게 되었다. 마루는 높다는 의미이다. '용마루'나 '영마루'가 그와 같은 의미를 지닌 단어이다.

움집은 땅 밑에 터전이 있어 집이 없어져도 잔형을 남기는데, 땅 위로 '마루'가 있는 집은 없어지면 형체를 남기지 않아 원초형을 찾기가 매우 어렵다. 다행히 부산 동래 장대(將臺)터에서 땅에 기둥 박고 세웠던 집터가 나와 비로소 한 예를 볼 수 있게 되었다.

2) 토담집

움집이 불편하다고 느끼게 되자 인류는 지상으로 탈출을 시도한다. 최초의 지상 건물이 어떤 유형이었다는 정설이 없다. 지역마다 다를 수밖에 없으므로 포괄해서 어떤 모습이었다고 말하기는 힘들다.

우리 나라도 마찬가지이다. 남쪽에서는 오두막집이 이미 지상에 노출되어 있었으므로 움집의 지상 노출은 지역적으로 한정될 수밖에 없다. 북방에서도 구들 시설이 필수였다면 벽체도 든든하고 두툼해야 겨울을 날 수 있었을 것이다. 고구려 터전에서 발굴되는 구들 시설이 있는 건물 벽체가 상당히 완고한 것으로 보아 지상에 노출된 최초의 집은 벽이 두꺼웠으리라 생각한다. 시골에 남아 있는 벽이 두꺼운 원초적인 토담집이 이런 유형의 초기 흔적을 보이는 것이 아닐까 한다. 대단히 완고하게 생겼고 개중에는 마루가 없는 원초형 토담집도 있다.

① 사다리가 있는 토담집

미국 뉴멕시코주 산타페시(市)에 갔다. 시내 대규모 공공 건물이 토착민 집을 닮았다. 흙으로 지은 고승 건물을 보면서 옛것을 저렇게 응용할 수도 있구나 하며 감탄하였다. 우리 도시에서도 저런 분위기를 맛볼 날이 있겠지 하는 기대감도 들었다. 하지만 요즘 신라의 고도인 경주가 변모해 가는 모습을 보면 쉽게 이루어질 것 같지는 않다. 현대 건축가

안동 하회 토담집. 마루가 없는 원초형이다.

가 견문이 넓지 못한 행정가나 정치가와 만나 오늘의 서울이나 경주처럼 조화롭지 못한 도시가 탄생했다.

산타페시 교외에 있는 마을 타오스에 갔다. 마을은 실개천을 사이에 두고 나뉘어 있는데 한편은 단층집만 모여 있고 다른 한쪽에 다층 살림집이 모여 있다. 산타페시 공공 건물은 이들을 본따 지었다. 토담집엔 단층과 다층을 막론하고 집집에 사다리가 하나씩 걸쳐 있다.

원주민의 토담집 담벼락은 아주 두껍다. 흙벽돌을 찍어 말려 쌓고 안팎으로 진흙을 두껍게 바른 위에 진흙물을 되게 타서 맥질하였다. 그것이 골격이다. 벽에 굵은 나무를 가로질러 천장을 구성하고 거기에 의지하여 지붕을 만들었는데 비가 적은 고장이므로 평지붕을 하였다.

굵은 나무를 비슷한 간격으로 가로지르면서 고미천장처럼 구성하고는 고미혀 사이에 엄지손가락보다 굵은 산자로 발 엮듯이 촘촘히 늘어놓았는데 고미혀와 엇비스듬히 설치하여 빗살무늬 같았다. 고미혀 다음 칸에서는 빗살 각도를 먼저와 반대로 하여서 천장을 올려다보면 삿자리(갈대를 엮어서 만든 자리)가 연상되었다.

고미혀는 굵기가 일정하지 않고 그 끝이 담벼락 밖으로 돌출되었는데도 가지런히 자르지 않고 그냥 내버려두었다. 원초적인 맛이 짙다. 이런 고미혀와 산자 반자는 투루판, 티벳, 인도 등지에서 볼 수 있고 황하 하남과 하북의 사다리 걸린 토담집에서도 발견된다. 같은 계열 집이 여러 지역에 분포해 있는데 하남과 하북 지역 한족 살림집에서는 볼 수 없고 소수 민족의 살림집에서나 찾을 수 있다. 우리 토담집에서도 건너지른 나무 끝이 담벼락 밖으로 돌출되어 있다. 역시 평천장한 부분인데 서까래 건 천장 아래 따로 조성한 더그매에서 그런 구조를 볼 수 있다. 건너지른 나무는 간격이 일정한 고미혀인데, 고미혀 사이에는 산자를 엮어 틈을 메웠다. 이 방식도 타오스 토담집과 다를 바 없다.

타오스의 평지붕 토담집은 출입구가 지붕 중앙에 있어서 밖에서 사다리를 타고 올라가 출입한다. 지금은 개량해 여느 집처럼 출입구가 벽체에 있는데도 용도가 폐기된 사다리가 여전히 집집마다 설치되어 있다.

사다리 걸린 집은 우리 나라와 앞에서 열거한 여러 지역, 네팔 등지에 분포되어 있다. 좋은 진흙이 나오는 고장에서 즐겨 짓던 집이 토담집이다. 북방 민족이 사는 지역에 널리 분포해 있는데 타오스에 사는 토착민 궁둥이에도 푸른 반점이 있으므로 우리와 마찬가지로 북방 민족 문화 기반을 공유한 것으로 평가하고 있다.

토착민은 지역 기후나 풍토상 시원하고 아늑한 토담집이 아니고는 살

전남 나주 철야 마을 토담집, 벽을 두껍게 지었다.

기 어려웠을 것이다. 짧은 견학이었지만 낮에 돌아다니다 보면 허리띠로 졸라맨 부분에 허옇게 소금 버캐가 끼어 깜짝 놀랐다. 거침없이 내리쬐는 뙤약볕에 솟아난 땀이 흐를 새 없이 증발하면서 생긴 현상이다. 서역 지방에서도 경험했는데 대낮의 뜨거운 뙤약볕 아래서 체감 온도는 40도가 넘는 듯했다. 사진기의 삼각다리가 뜨거워 놔 버리고 싶을 정도였다. 그런 불볕 더위인데도 일단 집에 들어가면 살 것 같다. 뙤약볕을 막아 그늘을 만들면서 동굴같이 시원한 것이 토담집이다. 해가 떨어지면 기온이 뚝 떨어지는데 체감 온도를 떨어뜨리는 추위를 견디기

신강 위그루 지역 토담집, 사다리를 걸어 놓았다.

에도 토담집만한 것이 없다. 그런데도 토담집에 구들을 드렸다. 거기도 역시 겨울철엔 추워서 밤에 난방할 필요성이 절실하였나 보다.

1970년도 초반에 전북 정읍군 원마석이란 마을에 갔을 때 새로 짓는 토담집을 보고 함께 일하였다. 실제로 지어 본 것이다.

정읍에서 경험하고 여러 사람에게 권하였다. 경기도 가평 수곡에 자리 잡은 지곡서당의 임창순(任昌淳) 선생님 댁에 고건축 전문가인 정세훈(丁世勳) 형이 그런 지식을 바탕으로 토담집을 지었는데 지금은 고인이 되신 임 선생님께서 "겨울에 그렇게 따뜻하고 여름이면 시원하더라"는 수인사를 여러 번 하셨다. 대단히 흡족해하면서 "시멘트벽은 겨울에 등골이 서늘한데 흙벽은 오히려 따스한 느낌이더라"고 감탄하셨다.

② 흙만으로 지은 토담집

정읍의 토담집을 어떻게 지었느냐고 몹시 궁금하다고 했다.

"거푸집을 써서 벽체를 만드는 간단한 방법입니다."

간단한 대답으로 성이 차지 않나 보다. 전북 정읍 원마석에서 경험한 토담집 만들던 얘기를 할밖에 없겠다.

넓고 든든한 널빤지를 두 틀 마련한다. 따로 널빤지 구하기가 어려우면 동리 여러 집 중에서 알맞은 문짝 둘을 떼어다 쓰기도 한다. 두 문짝을 길게 눕힌 다음 사이를 두고 설치한다. 문짝 사이 간격이 담벼락 두께가 된다. 제일 아랫부분을 넓게 하고 그 위로 차츰 좁혀 들어갈 작정을

거푸집을 치고 토담을 만들고 있다.

하고 간격을 잡아야 무난하다. 두 문짝 사이 좌우 끝 마구리를 막고 기초한 돌 위에 설치하고는 말뚝을 박아 고정시킨다.

거푸집에 진흙과 백토를 섞어 이긴 것을 쏟아 넣으면서 서까래 같은 굵은 공이를 들고 여럿이 달려들어 구성진 가락을 매기면서 자근자근 착실하게 방아를 찧는다. 본래 지닌 물기가 전부 배어 나오면서 흙은 점점 질척거린다. 그 위로 다시 흙을 붓고는 또 다진다. 거푸집 키에 이르기까지 여러 번 한다.

요즘 사람은 흙을 다룰 줄 모른다. 여럿이 덤벼들어 방아 찧어 줄 사람도 없다. 가족끼리 거푸집 설치하고 토담[토병(土塀)이라고도 한대]을 만들려면 흙은 조합해서 쓰는 것이 좋은데 보통은 진흙 : 석비레 : 석회=1 : 1 : 1의 비례로 한다. 이런 흙을 '삼화토'라 하는데 단단히 찧어 밀착시키면 굳으면서 단단해지며, 아주 굳은 후에는 곡괭이로 파내도 끄떡없을 정도이다.

거푸집을 위로 치켜 가며 계속하면 원하는 높이의 벽체가 완성된다. 아래가 조금 넓고 위로 가면서 조금씩 좁아지므로 굳기 전에 접합 부분 턱을 깎아내 준다. 턱이 있어야 거푸집을 설치하기 쉽지만 작업이 끝난 뒤엔 필요 없으므로 깎아 없애야 담벼락 표면이 매끄럽다.

처음부터 같은 두께로 축조하는 방법도 있다. 이 땐 거푸집을 한 단 끌어올렸을 때 흘러내리지 않도록 단단히 조치하는 것을 잊지 말아야 하고, 이음에서 줄이 생기면 얼른 마르기 전에 제 몸의 흙으로 정리해 주어야 정돈되어 보인다.

곰살궂은 사람이면 즐거움을 맛볼 수도 있다. 오래된 문짝은 세월 풍상 속에서 나무 살결이 패어 나가고 딱딱한 섬유질의 나무 결, 목리(木理)만 남는 수가 많다. 이를 기술적으로 잘 이용하면 담벼락에 천연 나무 결무늬가 알알이 드러나 뜻밖의 소득을 얻게 된다.

토담집은 전국 곳곳에 있다. 민속 마을로 유명한 안동 하회마을에서도 볼 수 있다. 골목에 축조되어 있는 담장이 대부분 토담에 속하는 '토병'이다. 토병에 기와로 지붕을 만들었지만 아랫도리는 드러나 비가 들이

안동 하회마을의 토담

치면 속수무책이다. 그런데도 끄떡없이 버티는 걸 보면 토담집이 절대로 약하지 않음을 알 수 있다. 하회마을의 나이 먹은 초가 가운데 오래된 토담집이 있는 것을 보아도 수명이 시멘트 집에 뒤지지 않는다는 걸 알 수 있다.

토담집은 원시 시대 이래 선래되어 왔으며 살림집에서 고급 사워 건축에 이르기까지 다양하게 사용되었다고도 할 수 있다. 최근 고구려 건축가들이 조영한 것으로 밝혀진 일본 나라에 있는 법륭사 바깥 담장도 이런 토담인데 하회에서 보는 담장보다 훨씬 고급스럽다.

③ 흙과 돌로 지은 토담집

진흙은 매우 차지다. 점력이 강하다는 의미이다. 진흙이 마르면 상당히 견고하다. 그 점을 이용하여 집을 짓는다. 진흙을 물에 이겨 얇게 바르면 마르면서 자작자작 터져 몰골이 흉해지지만 여물을 넣어서 점력을 중화시키면 덜 트고 잘 굳는다. 일단 굳으면 웬만한 물기는 견뎌낸다.

남도에는 좋은 진흙이 풍부하다. 그래서 진흙으로 지은 집이 허다하다. 습기도 많고 비도 자주 내리는데 진흙은 물기에 약하므로 보완이 필요하다. 굴림백토를 쓰면서 산에서 주어 온 아이들 머리통만한 돌멩이를 함께 쓰면 좋다.

먼저 진흙을 이겨 덩어리를 만들고는 마당에 깐 석비레(백토, 마사) 위로 굴린다. 굴리면서 덩어리를 다시 주물러 이기면 백토가 진흙에 고물 묻듯하면서 점력을 떨어뜨린다. 몇 번 백토에 굴리면서 다시 이겨 덩어리를 만들면 굴림백토가 된다.

돌을 한 켜 줄지어 늘어놓는다. 담벼락을 세울 자리에 정돈시켜 놓고는 굴림백토를 두 주먹에 들 만한 크기로 만들어, 늘어놓은 돌에 얹으면서 꾹꾹 눌러 준다. 돌 틈으로 들어가면서 빈 공간을 메운 흙 위에 다시 돌을 놓고 흙을 한 켜 얹으면 담벼락이 높아진다. 거듭하면 원하는 높이로 쌓을 수 있다. 이처럼 굴림백토를 돌에 박아 넣으면 훌륭한 결과를 얻는다.

아주 드물기는 하지만 갯가에서는 굴, 조개 껍질 가루를 섞어 쓰기도 한다. 굴 껍질이 석회와 같아서 마른 뒤에는 물기를 흡수하지 않아 방수 효과를 높여 준다. 굴이나 조개 껍질로 만든 회를 '여회'라 부른다. 토담집 구조법으로 곳간을 지어도 유리하다. 습기를 막을 뿐 아니라 쥐가 뚫고 들어가기가 아주 어렵다. 그런 곳간을 '토고(土庫)'라고 부른다. 토담집에도 문과 창을 마음대로 낼 수 있다. 벽돌집 지을 때처럼 간단하게 할 수 있다. 문짝을 달기 위해 문지방, 문벽선, 인방으로 구성된 '문얼굴'이나 창틀을 설계에 따라 설치하고 토담을 쌓는다. 문이 크고

대구 박황씨 댁 토고, 돌과 흙으로 지었다.

한옥의 종류 · 111

우람하면 심방목을 설치하고 따로 문얼굴을 만드는 수도 있다. 그렇게 하면 문을 세게 닫아도 충격이 덜하다.

지붕 구조법도 별다를 것 없다. 높이가 정해지면 완성된 사방 벽의 토담 위로 반듯하고 굵은 재목을 한 줄 두른다. 평면에 따라 직사각형 윤곽이 형성되는데 그런 재목을 '멍에'라 부른다. 이 멍에가 지붕 구조의 바탕이 된다.

토담집 사방 귀퉁이에 기둥을 세우기도 하는데 그 기둥이 멍에와 결구

하회 초가, 토담에 설치한 널문이다.

되면 가구하는 데 유리할 뿐 아니라 태풍 부는 날 지붕이 들썩거릴 때 멍에를 잡아 주는 구실도 한다.

멍에를 기반으로 삼은 토담집에서는 토벽집이라면 기둥이 섰을 자리를 가늠하고 그 위치에 보를 건다. 기둥이 생략된 대신에 멍에가 생겼고, 그에 의지하고 기둥간살이 넓이에 따라 보를 건너질렀다고 생각하면

하회 초가. 토담 위로 평천장하고 평천장 위로 더그매를 꾸몄다.

하회 초가, 토담집 지붕 구조. 지붕에는 여러 초재(草材)가 쓰인다.

차질이 없다.

보가 걸리면 지붕 구조의 '가구(架構)'가 시작된다. 그 '보 머리'에 도리를 건너지르면 '주도리'가 된다. 오량집이나 삼량집 가구는 여느 한옥 짓는 방법을 그대로 따르면 된다. 형편이 여의치 못해 주도리를 생략해야 한다면 멍에나무를 주도리로 대신할 수도 있고 서까래를 걸어도 된다. 이 때는 보머리가 멍에를 타고 앉아야 하므로 특별한 배려가 있어야 한다. 지붕은 맞배여도 좋으나 빗물을 고려하여 우진각이나 팔작으로 하는 것이 유리하며 되도록 가벼운 소재로 덮어 마감하면 번듯하다. 세월이 지나 토담집 담벼락이 더러워지면 다시 손질해야 하는데 현대식 건물처럼 칠을 해주면 아름다워진다. 이 때에도 칠을 만들어 쓴다. 칠은 진흙물이다. 진흙을 퍼다 큼직한 그릇에 담고 물을 가득 붓는다. 주걱으로 휘휘 저으면 흙탕물이 생긴다. 그 물을 다른 그릇에 붓는다. 그릇이 가득해지면 하룻밤을 재운다. 이튿날 보면 흙탕물은 맑아졌고 바닥에 고운 분말 앙금이 있다. 이 앙금을 떠다 다시 알맞은 농도로 물에 풀어 다박솔로 담벼락에 문지르면 분바른 듯 말쑥해진다. 씻겨 내릴까 걱정되면 차좁쌀 삶은 물에 풀어 쓰면 좋다. 이를 '맥질'한다고 한다.

④ 흙집 예찬

21세기 도시를 벗어난 고장에 짓는 집은 토담집이면 어떨까 한다. 엄청난 목재를 써서 짓기보다는 그윽한 산천에 소담한 토담집을 짓고 살면 어떠냐는 제안이다. 경비도 훨씬 절감된다. 가족이 공동으로 작업하든가 친구나 이웃이 품앗이해도 좋다. 내부는 현대 설비를 무리 없이 다 갖출 수 있으므로 토담집이라 불편할 것이란 지레 짐작은 금물이다.

사람이 처음 채택한 건축 자재가 흙이다. 혈거나 움집도 흙이 주요 자재이다. 생전에 토담집에 살던 이가 죽었을 때 저승의 집으로 만드는 것 중 하나가 토분(土墳)이다. 유택(幽宅)인데 역시 흙이 주제(主題)이다. 죽어서 흙 속에 살다가 환생하여 이생에서도 흙집에 산다는 것은 그 삶이 진솔하다는 의미가 있다. 우리뿐 아니라 많은 민족이 흙으로 집을 짓고 있으나 그 중에서도 우리가 진솔한 편에 드는 것은 흙을 존중해서이다.

흙에도 생명이 있다고 보았다. 생성 순리가 있고 그로 인하여 일어나는 사단(事端)이 있다고 여겼다. 사단에는 이치가 있고 그 이치는 정체(停滯)에 안존하지 않고 흐르는 순환에서 연마되는 것인데 그 순환의 맥이 바로 흙의 흐름에 있다고 보았다. 그 맥에 기가 통한다고 여겼고 그 기는 단군이 홍익인간을 외친 백두산에서 왔다고 정의하였다. 발원지로부터 공급되는 기를 받아 삶을 시작하는 아이는 산천정기를 타고난다고 믿었다. 그뿐이 아니다. 1999년에 이화여대 색채디자인연구소에서는 한국 색채를 정돈하기 위한 연구를 하였다. 한옥을 통하여 본 전래의 색채를 탐구하는 일이다. '木壽'도 한몫 끼였다. 조정현 연구소장은 도예과 교수로 미술조형대학장을 겸임하는 분이어서 흙에 관심이 많았다. 집의 백토를 조사해 달라고 하였다.

연구소 측정기는 측정 대상에 밀착시키고 측정하면 당장에 그 부위 색상을 분석하여 수치로 나타내 준다. 측정기로 전국 여러 곳에서 백토 깐 마당을 조사하였다. 결과를 보고 깜짝 놀랐다.

백토를 산에서 파면 아직 싱싱하다 그 때 측정한 색조가 19살 처녀 살색과 같다는 것이다. 측정기에 똑같은 수치로 나타난다고 연구원들도 신기해하였다. 흙을 깐 지 몇 년 된 마당을 측정한 수치는 중년 여인의 피부색과 같다고 하였다. 경복궁 뒷마당 후미진 곳의 맥빠진 백토는 색이 죽은 사람의 살색과 같다는 것이다. 놀라운 일이다.

흙은 매체이지만 그 자체이기도 해서 흙이 있는 대지는 생성 모체가 된다고 생각하였다. 흙에서 사는 것, 흙으로 만든 집에 사는 것은 흙에서 태어나 죽어 흙으로 되돌아가는 순간까지 함께 크고, 나이 먹고, 늙어 간다는 순환의 의미가 들어 있는 것이다. 집 따로 나 따로가 아니라는 사실을 직감하게 된다. 즉 집은 우리 육신이나 다름없고 그 육신 속에 마음이 안주하면서 삶을 영위했던 것이라 하겠다.

흙집을 소우주인 인간을 포용하는 중우주의 발달된 공간이라기보다는 소우주인 인간이 탄생하고 연명하는 수유(授乳)의 장소로 이해했다. 그래서 흙집은 장엄함이 필요하지 않다. 다른 재료로 지은 집은 한결같이 장식적이지만 흙집은 흙이 지닌 관성 자체가 존중되는 것에 만족했다고 할 수 있다. 그래서 거들먹거려야 할 까닭이 없다. 집이 인간을 기른다면 흙집은 진솔한 인간을 기르는 일에 만족하였다. 우리가 사는 흙집이 그랬다.

질이 좋은 진흙이 우리 강토에 풍부하다는 점도 흙집을 짓는 데 좋은 여건이다. 질이라 부르는 이 진흙은 집 짓는 데뿐 아니라 그릇 만드는 데도 요긴하였다. 흙집에 앉아 질그릇을 쓰며 살던 시대가 있었다. 양질의 흙이 없는 고장에서는 생각조차 어려운 혜택을 누렸다.

흙집은 전국 곳곳에 있다. 짓는 데 필요한 질 좋은 진흙이 도처에 있어서이다. 안동 임하(臨河)에도 토담집이 많았다. 하지만 댐을 막아 수몰되었다. 수몰될 지역 집을 조사라도 해야 한다는 소리가 높자 수자원공사에서 비용을 댔다. 조사하는 일에 '木壽'도 한몫 끼였다. 다른 지역과 마찬가지로 학문 자료로서 옮겨야 마땅할 집과 포기할 집을 선별하였다. 토담집은 옮겨 봐야 원형 보존이 어려워 대부분 옮기기를 포기했다. 그래서 많은 자료가 소실되었다.

집 형상을 간단하게나마 실측하여 자료로 남겼다. 그 중 일부를 여기 옮겨 보았다. 이런 유형의 토담집이 있었다는 점을 알게 하려는 의도이다. 부속 건물까지 계산하면 건평이 적지 않음을 알 수 있다. 다음은 안동 임하댐 수몰 지구 토담집 배치와 평면 유형도이다.

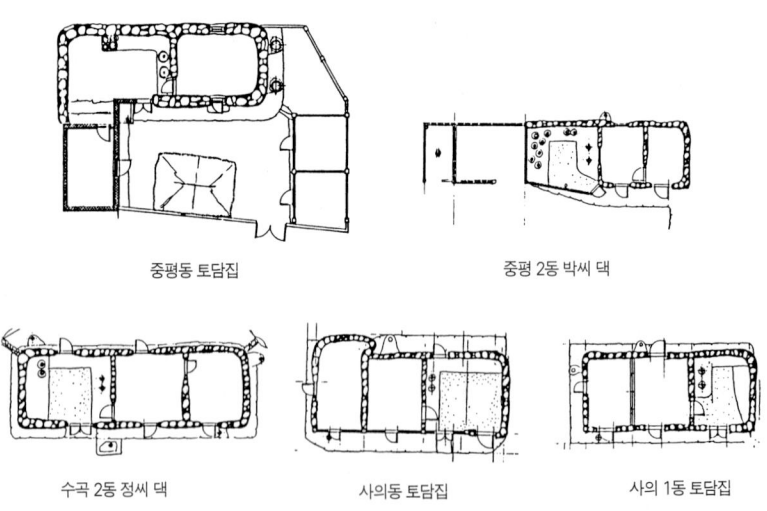

중평동 토담집 　　　중평 2동 박씨 댁

수곡 2동 정씨 댁 　　사의동 토담집 　　사의 1동 토담집

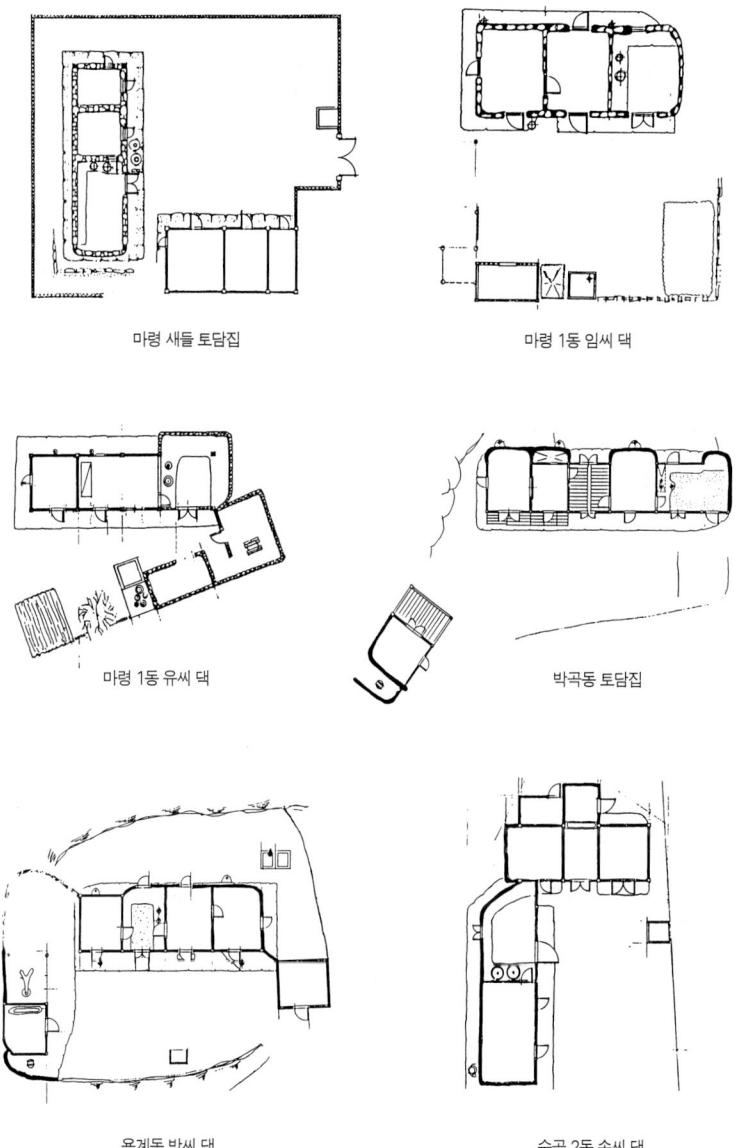

마령 새들 토담집   마령 1동 임씨 댁

마령 1동 유씨 댁   박곡동 토담집

용계동 박씨 댁   수곡 2동 손씨 댁

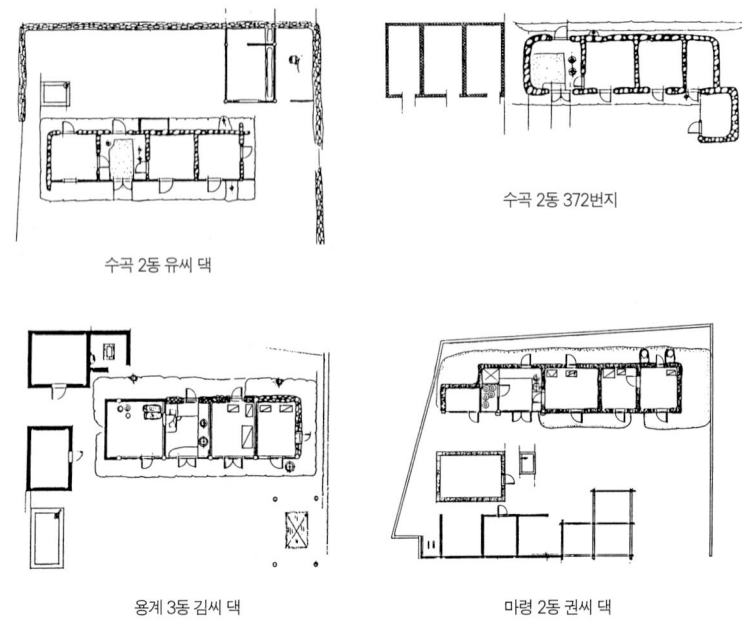

수곡 2동 372번지

수곡 2동 유씨 댁

용계 3동 김씨 댁

마령 2동 권씨 댁

3) 귀틀집

지름 20센티미터 가량, 굵기는 서까래만한 통나무로 벽체를 이루면서 짓는 집을 귀틀집이라 부른다. 통나무를 일으켜 세워 이맞추어 나란히 세우는 방식과 옆으로 뉘어 차곡차곡 쌓아 올리는 방법이 있는데 우리나라에 현존하는 귀틀집은 대부분 통나무를 뉘어 썼다. 백두산 유역 압록강 북부 지역에서 통나무를 세워 가며 지은 귀틀집을 보았는데 한족(漢族)이 아닌 소수 민족 살림집이었다.

우리 나라에서는 귀틀집이 일찍부터 발전하였다. 3세기경 문물을 기록한 『삼국지(三國志)』에 삼한 시대 변한(弁韓)과 진한(辰韓)에 대한 기록이 있다. 두 나라에는 합해 24개 국이 있으며 그 중 큰 나라에는 사오천 채 집이 있고 그 집은 '통나무를 포개어 쌓아 만든 집'이 대부분이었다고 하였다. 『삼국지』를 편수한 이가 여행을 통하여 직접 보고 기록한 것 같지는 않고 정보를 듣고 기록한 듯한데 '통나무 집' 형상이 자기네 나라 감옥 구조와 닮았다고 했다. 중국에서는 탈옥하지 못하게 튼튼히 지어야 할 감옥을 통나무로 '포개어 쌓는' 건물로 지었던 모양이다. 그만큼 중원 지역에서는 목재 구하기가 어려웠던 것이다. 중국 문화 발상지인 황하 유역은 B.C 1세기 전후로 갑자기 사막화하면서 무성하였던 원시림이 황폐하였다고 한다. 그러니 질 좋은 나무 구하기가 어려워 목조 건물이 발달할 수 없었고 더구나 '통나무 포갠' 집이 보급되었을 리 없

지금은 볼 수 없게 된 주천면 법흥리 귀틀집

다. 꼭 필요한 특수 건물에만 그런 귀틀집을 짓는 것이 고작이었으리라 해석된다.

변한과 진한은 산림이 우거진 지역이다. 지금의 태백산, 소백산과 그 주변 일대 무성한 원시림 지대이다. 귀틀집은 그런 원시림을 바탕으로 지어진 집으로 독특한 특성을 지녔다. 고조선과 부여, 고구려의 강역이었던 백두산과 장백산맥, 흥안령산맥 일대에서는 지금도 귀틀집을 볼 수 있다. 대부분 원시림이 풍부한 지역에 널리 분포하였고 오늘에 이르고 있다고 생각한다.

천산산맥 일대에서도 귀틀집을 보았는데 이 고장에서는 겨울철에만 귀틀집에 살고 여름에는 산 위 목초 지대로 올라가 이동식 살림집에서 짐승을 키우며 산다.

울릉도 귀틀집에서는 귀틀과 판벽을 함께 쓰기도 했다.
나리동 외에 대하 등에 귀틀집이 있었으나 지금은 없어졌다.

흥안령산맥에서 본 귀틀집. 나무 사이에 흙을 발랐다.

인도 북부 히마찰의 히말라야 산 속 귀틀집. 대규모이며 나무 사이에 돌을 박아 넣었다.
통나무를 네모나게 다듬어 사용한 것이 특색 있다.

한옥의 종류 · 123

옛날에도 여름과 겨울에 집을 달리 짓고 사는 종족이 있었다. 그 중 하나가 숙신족(肅愼族)인데 『진서(晉書, 열전 제67)』에서 '숙신씨 (일명 挹婁, 불함산 북쪽에 살았다)는 심산 궁곡에 살고 있으며 길이 험하여 수레는 불통이다. 여름에는 오두막집 짓고 살며(巢居), 겨울에는 움집에 산다'고 하였다. 생활에 따른 집의 분화였다고 하겠다.

귀틀집을 지을 때 통나무를 귀에서 서로 교차시킨다. 구조할 때 교차하는 부분을 도끼로 다듬어 안장을 만들어 통나무가 구르지 않게 반턱을 다듬을 뿐이어서 통나무와 통나무 사이가 뜨게 된다. 그 간격에 흙을 발라 마감한다. 나무와 흙이 공존하는 특수 구조법을 이용하는 것이다. 히말라야 깊은 산 속의 귀틀집에서는 통나무 사이에 돌을 박아 벽체를 반듯하고 완고하게 조성한다. 나무도 둥근 통나무 대신에 네모나게 다듬은 통나무를 뉘어서 쌓았다.

북해에 가까운 야쿠치아 사하공화국 수도에서 본 귀틀집은 둥근 통나무를 틈새 없이 쌓아 올려 미국에서 보던 톰 아저씨 통나무집과 거의 비슷하며, 우리 나라에서 잠깐 유행하였던 수입 통나무집과도 흡사하다. 수입 통나무집은 뉴질랜드가 본산이라 하므로 이 유형의 귀틀집도 상당히 넓은 지역에 퍼진 듯하다.

① 귀틀집의 구성

백두산 기슭을 지나 발해 시대 벽돌로 쌓은 전탑을 보러 가는 도중 어느 마을에서 고졸(古拙)한 집을 볼 수 있었다. 만족(滿族)이라 통칭하는 여진족과 조선족이 어울려 사는 마을이라고 한다. 마을을 구경하다가 전에 울릉도 나리동에서 보았던 귀틀집과 비슷한 살림집을 발견했다. 아주 고졸했다. 백두산 기슭에는 '임장(林場)'이라 부르는 목재를 벌목하는 곳이 곳곳에 있다. 좋은 재목이 많이 나온다 하는데 지나온 역에서는 그런 재목을 화차에 싣고 있었다. 외지로 팔려 나갈 나무가 산더미처럼 쌓여 있었다. 귀틀집은 그런 임장 부근 마을에서 흔히 볼 수 있는 살림집이었다.

도구가 크게 발달하지 못했던 시대에도 지을 수 있었다. 다른 유형의 목조는 고급 도구로 훈련된 기술인이 짓지만 귀틀집은 도끼만 있어도 어렵지 않게 지을 수 있는 소박한 살림집이다.

② 귀틀집 조성

벌목한 나무의 가지를 치고 유별나게 굵은 밑동을 잘라 내서 심하게 돌출한 부분만 날려 버리면 알맞은 재목이 된다. 귀틀집은 통나무를 뉘어 놓고 긴 쪽과 짧은 담벼락 길이를 가늠해서 마름하고는 귀퉁이에서 십자형(+)으로 교차할 부분을 가공한다. 양쪽 손가락을 깍지 끼듯이 어긋매끼는 방법으로 교차시킨다. 이 구조법에 따라 구조하는 건물을 일본인은 '아제구라(校倉造)'라고 한다. 『왜명류초(倭名類抄)』 등 옛 문헌을 참고하고 원래 없던 건물을 고구려에서 수입하면서 구조한 형상에 따라

백두산 일대의 귀틀집. 귀틀로 방을 드리고 밖에 따로 공간을 형성한 재미있는 집인데 지은 지 얼마 되지 않았다. 역시 방에다 쪽구들을 시설하였다.

지은 이름으로 알려져 있다. 이에 대해서는 뒤에 '부경(桴京)'에서 다시 논의할 것이다.

주민이 혼자서 귀틀집 짓고 있는 모습을 몇 해 전 백두산 기슭에서 본 적이 있다. 통나무를 뉘어 방 넓이를 정하고는 앞 중앙에 출입할 문의 문골을 드리고 벽체를 구성하기 시작한다. 귀퉁이 십자형(+) 짜임에서는 둥근 나무가 들어가 앉도록 도끼로 다듬어 내린다. 먼저 위쪽에서 다듬고 이어 나무를 한바퀴 돌려 밑바닥이 하늘을 향하게 하고는 다시 그만큼 다듬는다. 양쪽 편에서 도끼로 약간만 다듬어 주어도 가운데가 움푹하게 패는 안장을 만들 수 있다. 적당한 깊이가 되면 교차시킬 나무에 다듬은 부분을 걸친다. 귀틀 한 켜가 이루어지고 다시 안장 위에

주민이 새로 귀틀집을 짓고 있다. 훈련된 목수 같지는 않고 손수 자기 집을 짓는 듯했다.

교차시킬 재목을 올려놓으면 다음 단계가 시작된다.

이 지역에서는 주로 낙엽송을 목재로 쓰고 있어 나무껍질을 벗기지 않은 채 쓰나 우리처럼 소나무를 좋아하는 사람들이 귀틀집 짓는다면 겉껍질을 벗겨야 벌레가 먹지 않는다.

산판에서 나무가 도착하면 껍질 벗기는 일부터 서둘러야 한다. 벌레가 먹지 않을 뿐 아니라 장마통에 퍼렇게 청태가 먹는 것도 예방할 수 있다. 겉껍질을 벗기면 하얀 살이 드러나는데 곧 찐득한 즙이 제 몸에서 나오면서 한 겹 피막한다. 방충과 방부 효과가 있어 목재를 철저히 보호해 준다.

나무는 자라면서 밑동이 굵어지고 올라갈수록 가늘어지는 것이 보통이다. 그 점을 잘 이용하여 안장은 밑동 쪽에다 만들고, 교차시킬 나무 가는 윗머리 쪽을 안장에 올려놓으면 십자형(+)으로 짜인다. 그럭저럭 수평을 이루는 가지런한 벽체가 되기는 하는데 나무와 나무 사이에 공격이 생긴다. 그 틈새에 삼화토를 바르면 된다. 이처럼 귀틀집은 나무와 흙이 합해진 데 의미가 있으므로 흙이 없는 통나무집은 톰 아저씨 집 같은 서양에서나 찾을 일이다. 요즈음 수입해다 짓고 있는 흙이 들어가지 않은 집은 귀틀집 대열에 참여할 자격이 없다.

귀틀집은 한 칸 짓고 사이를 두고 다시 한 칸 짓고 그 사이에 벽을 쳐서 세 칸이 되게 하는 방식을 택하기도 하고 발해(渤海)에서처럼 스물네 개 주초석 위에 단숨에 한 건물을 장중하게 짓기도 한다. 그런 예는 경기도 광주 춘궁리 초기 백제 시대 건물 터전과 일본 정창원(正倉院)에서도 발견된다.

고구려와 마찬가지로 북방에서도 대규모 귀틀집을 짓는데 중층 이상 높은 집을 짓기도 한다. 고구려 귀틀집은 규모도 대단하여서 한(漢)나라에선 정한루(井韓樓)라 부르며 그 장대함을 찬탄하였다고 옛 문헌에 기록되어 있다.

현존하는 압록강, 두만강 일대 산곡간 마을의 귀틀집 중에는 전에 지리산 일대에서 보았던 집과 닮은 것이 있는가 하면 지금도 울릉도에서 볼 수 있는 귀틀집과 매우 닮은 것도 있다. 우리가 지금 북한 지방 예를 모르고 있어 그렇지 산곡간 마을 귀틀집도 이와 비슷하였으리라 추측한다. 비록 지금은 남의 강역에 있지만 고구려나 발해가 남긴 문화 터전에 옛 제도의 자취를 남긴 귀틀집이 현존한다는 사실은 고맙고 대견한 일이라 할 수 있다.

③ 귀틀로 지은 곳간 부경(桴京)

통나무로 지은 곳간이 있다. 압록강과 두만강가 특히 백두산 유역 원시림이 무성한 고구려 옛 강역, 숙신(肅愼)의 원 터전으로 고구려에 통합되었던 흥안령산맥 지역, 발해 강역에서는 지금도 한족 문화 지대에서 볼 수 없는 귀틀 곳간이 마을의 집집에 있고, 꾸준히 새로운 귀틀 곳간을 만들고 있다.

고구려에서는 그런 귀틀 곳간을 '부경'이라 했다고 한족(漢族)이 기록한 역사책에 적혀 있다. 고구려 문물을 기록한『삼국지(三國志, 조조의 위나라를 설명하고 그 주변 국가에 대하여도 언급하고 있는데 「동이전(東夷傳)」이란 항목에 고구려에 대한 얘기가 기록되어 있다)』에 고구려에는 공공의 큰 창고가 없는 대신 '집집마다 작은 곳간이 있는데 부경(桴京)이라 부른다(家家有小倉桴名曰桴京)'고 되어 있다.

부경의 부(桴)자는 뗏목을 엮었다는 의미이다. 경(京)은 곳간 중에서 다리가 달린, 우리로 치면 뒤주에 해당하는 것이다. 즉 '부경'은 '뗏목처럼 통나무로 엮어 만든 다리가 달린 곳간'이란 의미이다.

'부경'은 유비, 조조, 손권의 삼국에서는 볼 수 없던 곳간으로 고구려인

옛 고구려 지역에는 집집마다 부경이 있다.

이 부르는 명칭을 한족이 자기식으로 한자로 적어 표기한 단어라고 해석하고 있다. 그들은 '다리가 달린 귀틀집 형식의 뒤주인 곳간'을 부경으로 설명하고는 이어 '그런 형태 건물이라면 한족(漢族)이 짓는 감옥과 유사하다'고 하였다.

부경은 통나무로 지은 귀틀 곳간이다. 고구려 문화의 한 흐름인 쪽구들 드린 온돌방이 널리 분포하는 것처럼 귀틀의 '다리 달린 곳간'도 널리 자리잡고 있다.

일본 동대사 경내 신사 소속의 단창(單倉)형 부경

부경이 있는 울타리 안 살림집도 귀틀집인 경우가 있다. 백두산 일대를 다니다 본 어느 마을에서는 지금도 귀틀집을 짓고 있었다. 마을 사람이 혼자 통나무 사이에 앉아 투덕투덕 다듬으면서 한 켜씩 쌓았다. 흥안령 동청마을의 어느 집에서는 이제 막 부경을 완성하고 임시로 사다리 걸고 올라가는 연습을 했다. 현대 부경이 탄생한 것이다.

고구려가 일본에 수출한 부경이 이름난 절에 남아 있다. 그 중 대표적인 것이 동대사에 있는 정창원(正倉院)과 단창(單倉)의 소규모 곳간이다.

십여 년 간 한 해도 거르지 않고 매년 선생님 오백여 명과 일본에 가서 한민족이 남긴 문화 흔적을 찾는 문화 탐방에 참여하였는데, 주로 하카다와 후쿠오카, 오사카, 나라, 아스카 지역을 순방하였다.

나라 동대사(東大寺)에서는 고구려계 건축물인 부경과 만날 수 있다. 사슴이 거니는 나라 공원에 있는 동대사는 순례자가 너무 많아 늘 시끌벅적하다. 대부분 대불전에 참배하곤 다 보았다고 돌아서는 것이 보통이다. 우리처럼 동대사를 개창한 백제 출신 스님 양변(良弁) 대종정을 모신 삼월당(三月堂) 동편 마당에 따로 자리잡은 부경을 보고 가는 사람은 드물다.

여기 부경은 단간(單間)짜리 단창(單倉)이다. 바로 이웃에도 석탑과 함께 있는 단창이 하나 더 있어서 두루 살펴보기 좋다. 단창은 동대사 경내에 있는 신사에 소속된 중요문화재로 상당히 오래전에 건축된 건물이라고 기록되어 있다.

열두 개 짧은 기둥이 자연석인 주초석 위에 섰는데 그 위로 마루를 깔고 귀틀 벽체를 구조하여 부경을 완성하였다. 네 벽을 이룬 귀틀 구조는 재목 단면이 이등변삼각형 모양을 하고 있어 완공된 모습이 깔끔하고 세련되었다. 국가에서 훈련한 유능한 대목을 시켜 정성스럽게 건조하면 저런 모습이겠거니 하는 생각과 고구려의 부잣집 부경은 저보다 더 멋진 모습이었을 거라는 생각이 들었다. 정면 중앙에 문을 내고 출입하게 했는데 사다리는 필요할 때만 설치했다가 용무가 끝나면 철거

일본 동대사 창건 당시 모형

하게 되어 있다.

서까래가 둥근 연목이어서 신궁을 비롯한 주변 건물 서까래가 전부 통나무를 켜서 만든 네모난 각목(椈木)인 점과 대비된다. 그것만으로도 한국적인 성향을 지녔다 할 수 있다. 지붕은 기와 이은 우진각이다.

동대사 대불전 뒤편에 거대한 건물 터전이 남아 있는데 거기가 강당 자리이다. 중건하지 않아 빈터로 남아 있는데 대불전 안에 만들어 놓은 창건 당시 사찰 모형을 보면 당당한 규모였다. 강당 서북편으로 다시 한 구역이 있는데 담장을 둘러 폐쇄하였다. 거기에 절의 귀한 보물을

일본 나라 법륭사의 강봉장(綱封藏)

두었던 정창원(正倉院)이 있다.

정창원은 임금님 칙령이 있어야 문을 여닫을 수 있었다. 워낙 귀한 보물이 많아 통제한 것이다. 그런 창고가 옛날엔 여러 곳에 있어서 정창원이 보통 명사로 쓰였으나 차츰 스러지고 동대사에만 남게 되자 애지중지하면서 고유 명사로 만들고 신라에서 보내 준 수많은 보물을 보존했다.

정창원은 쌍창으로 조영된 부경이다. 고구려 고분 벽화에도 쌍창 부경이 묘사되어 있는데 압록강 연안 마선구(麻線溝)에 있는 제1호분 벽화 쌍창 앞에는 수레로 보이는 것이 그려져 있어 많은 물화를 실어다 보관하였음을 암시하고 있다. 벽화에 불과하지만 정창원과 맥을 같이 하는 쌍창 구조라는 데서 고구려의 가가유소창(家家有小倉)의 작은 곳간이란 것도 저만한 규모의 부경이었을 수도 있다고 짐작해 본다. 결국 우리는 정창원이라는 부경을 통하여 고구려 벽화의 실상을 탐색해 낼 수 있는 것이다. 대단한 성과라고 할 수 있다.

고구려 벽화에는 귀틀 구조와 다른 다락형 곳간이 묘사되어 있다. 구조로 보아 부경은 아니고 기둥 세우고 토벽을 친 평범한 토벽집형 구조물인 '다락 곳간'으로 보이나 정창원과 같은 계열의 쌍창 구조이고 마루 밑 기둥 높이도 거의 같다는 점에서 '부경형 다락 곳간'이라 부를 수도 있다. 같은 유형의 실물이 고구려인이 건축한 나라의 법륭사에도 남아 있다. 백제관음상을 보존하려고 공사하고 있는 성령원 옆 강봉장(綱封藏)이 그것인데 이 곳간을 여닫으려면 주지 스님 허락이 있어야 했다. 정창원과 마찬가지로 고구려계 건축물이라 해도 좋을 만한 유형이다. 우리 선조께서 왜나라에 문물을 묻어 둔 보람이 있어 지금 우리가 귀한 고구려 자료를 꺼내 볼 수 있는 행운을 누리고 있다.

⑤ 매혹적인 귀틀집

새마을 운동이 본격화하기 이전에는 산곡간에서 귀틀집 보기가 쉬웠다. 이제는 태백산이나 울릉도에 가야 겨우 볼 수 있다. 너와를 이은 귀

울릉도 나리동. 너와를 이은 투망집을 볼 수 있다. 귀틀은 안쪽에 따로 구조되어 있다.

틀집의 전형적 모습은 이제 얼마 가지 않을 것 같다.

다행인 점도 있다. 산림녹화 정책으로 푸르게 자란 소나무가 서까래 정도 굵기가 되었다. 그 정도 나무라면 귀틀집 짓기엔 안성맞춤이다. 1997년에 보탑사(寶搭寺)에 산신각을 신축하면서 작은 규모의 귀틀집으로 지었다. 밑에 기둥을 세운 부경형 모습이 되었다. 아마 고구려 신전 가운데 이런 유형이 있었을 것으로 추정하므로 옛 모습 재현이라 할 수도 있겠다.

껍질 벗긴 소나무를 옹이만 다듬고 구부러지고 휜 대로 그냥 쓰면서 벽

진천 보탑사 산신각, 귀틀로 멋을 부렸다.

체를 이루었다. 굵기도 하고 가늘기도 한 나무 생김새도 자연스럽게 그냥 두었다. 완성하고 보니 오히려 보기에 좋았다. 나무 틈새는 흙을 발라 메웠다. 언뜻 보면 어설퍼 보이지만 구수한 맛이 역력하다.

터를 반듯하게 고르지 않고 생긴 대로 두고는 그 경사진 터에 집을 맞추었다. 다리를 길고 짧게 조절하면 경사진 곳에서도 얼마든지 수평을 맞출 수 있다. 마루는 통나무를 반으로 쪼개어 장마루로 깔았다. 지붕은 두께가 얇은 판석을 너와로 이었다. 청주 지역에서 볼 수 있는 돌너와집을 따랐다.

지금까지 외국에서 보고 다닌 예로 보면 귀틀집도 건축 규모가 대단하다. 북방 추운 살림 지대에서는 단층말고도 2층 이상 건물이 많고 대규모 공공 건물도 있다. 평면도 정방형, 장방형뿐 아니라 ㄱ자형부터 8각 등 다각형까지 자유롭게 조영되었다. 그런 다양성을 감안하면 21세기 한옥으로 활용하기 알맞다. 단지 우리 목재 수급에 한계가 있어 토담집만큼 널리 보급하기는 어려울지 몰라도 나무와 흙이라는 천연 자재로 짓는 집이라는 의미에선 환상적인 이점을 지니고 있다. 히말라야에서 본 귀틀집처럼 더러 퇴를 두고 장식할 수도 있으므로 귀틀집이라고 한정된 모습이어야 한다는 법은 없을 것이다.

집은 휴식을 통한 양성(養性)에도 의미가 있다. 숲에 들어가 산림욕을 하는 것도 나무에서 양성 효과를 얻으려는 것이다. 귀틀집은 비록 나무로서 수명은 다했지만 재목이 지니고 있는 나무 여력으로 자연에서 얻을 수 있는 양성 효과를 기대할 수 있다.

목재와 더불어 흙이라는 천연 재료를 더한다는 점에서 다른 나라 통나무집과 다른 특성과 매력이 있다. 외국산 재목을 말쑥하게 다듬어 조립한 요즘의 통나무집은 자재에서도 귀틀집보다 천연 재료 한 가지가 부족하다.

통나무 사이 간격에 바른 흙이 잘 말라 단단해지면 실내에서 한지로 흙만을 싸 발라 도배하기를 권한다. 집이 완성된 후 세월이 흐를수록 재목은 그 색조가 변한다. 생으로 짠 들기름을 먹이면 노란색이 조금씩 붉은 기를 더해 가며 건강한 색이 된다. 홍송(紅松)이니 적송(赤松)이니 하는 이름에 걸맞은 아름다운 색이 된다. 더 나이가 들면 차츰 검은 계열의 분위기 있는 색으로 바뀐다. 한지를 바르고 관찰하면 한지와 나무색이 '어쩌면 저렇게 잘 어울릴까' 하는 감탄이 저절로 나온다.

다시 말쑥하게 도배할 때는 먼저 것을 떼어내지 말고 덧바르는 것이 좋다. 나무와 흙의 팽창 정도가 다르더라도 종이가 완충 구실을 하므로 틈이 나고 외풍이 스며드는 걸 막아 준다. 다 살아 숨쉬는 천연 요소인 것이다.

2부 **한옥짓기**

설계 / 시공 / 재목 / 기둥 / 가구 / 처마 / 지붕 / 합각 /
수장 / 벽체 / 난방 / 마루 깔기 / 난간 / 문과 창 / 도배 /
댓돌 / 입택 / 대문 / 마당 가꾸기

정읍 김동수씨가옥 대문의 거북벗장

안동 의성김씨 내앞종택
◀ 안채와 사랑채 사이의 작은 마당
▲ 안마당과 아래채

◀강릉 선교장 대문간에서 안채로 들어오는 일각문들
▼강릉 선교장 안채
▼하회 양진당 사랑채에서 내다본 대문간채

회덕 동춘당 내외담

◂상주 양진당의 살창
▾보은 선병국가옥의 사랑채 누마루
▾하회 남촌댁의 들창과 미닫이문

◀봉화 국운헌의 거북등무늬 창살
▼청도 운강고택 샛담의 길상무늬

▶경주 독락당 계정
▼경주 독락당의 담장과 살창

◀하회 남촌댁과 앞집의 토담
▼하회마을 초가의 사립문

▲곡성 군지촌정사 아궁이
▲아산 성씨댁 후원과 장독대
◀대전 남간정사 대청 뒤의 약수터

1. 설계

어떤 집 지을 것인지 결심하였으면 마음을 정하고 구체적 작업을 시작한다. 흔히 "간단히 짓는 시골집에 무슨 마련이 필요하냐, 적당히 지으면 되지" 한다.

건축주는 그런 생각을 버려야 한다. 그런 의미에서 집 지을 사람이 꿈에 그리던 집의 모습을 그림으로 정리해 보라거나, 모눈종이에 간략하게나마 설계해 보라고 하면 "그런 것까지 뭐 필요하냐"고 달갑지 않게 여긴다. 그러면 "헛간 한 채를 자기 손으로 짓더라도 지식인이고 문화인이라면 자기 생각을 구체적으로 정리한 것을 결과물로 만들어야 하는 것 아니냐?" 하고 되묻는다. '그림으로 그린 결과물은 바로 우리 집의 기틀이며 기준이 될 내용이 담겨 있는 것 아니냐'는 생각이다.

결과물이 그림이라면 신식 용어로 '설계도'라 해도 좋을 것이다. 그러니까 마음이 담긴 우리 집 지을 설계를 본격적으로 착수해야 한다. 설계가 집 짓는 근본이기 때문이다. 토담집을 짓건, 귀틀집을 짓건 설계가 있어야 의지하고 궁리해 가며 작업할 수 있다. 가족과 의논하려 해도 말만으로는 구체화하기 어렵다. 식견이 다른 가족 구성원의 의견을 종합하여 결정하는 것이 오늘날 가장이 해야 할 일이라면 가족과 대화하기 위해서라도 '설계도'는 있어야 한다.

사람 생각은 수시로 바뀐다. 완벽하기 어렵고 늘 미련이 남는다. 내 집 짓는 일은 더욱 그렇다. 다른 집 구경할 때마다 '아! 저렇게 하는 수도 있는 것을' 하는 후회가 생기고 '저렇게 좋은 방법이 있는 것을' 하는 아쉬움이 북받치기도 한다. 궁리가 많고 기대가 큰 자기 집일수록 그런 일이 거듭되게 마련이다. 전에는 무심히 지나치던 것이 왜 그렇게 눈에 뜨이는지, 집 한 채 짓고 나면 건축 전문가가 다 된 듯이, 새로 집 지을 이웃에게 조언을 하고 성공과 실패담도 들려준다. 이 때 '설계도'는 자기 식견을 남에게 자랑하는 자기 집 지은 '표창장'이기도 하고 '감사패'이기도 하다. 집 짓는 일은 언제나 즐겁게 시작하는 것이 좋다. 출발이 유쾌하면 결과가 좋을 것은 뻔한 일이다.

향산(香山) 윤용숙(尹用叔) 여사의 『어머니가 지은 한옥』을 보면 안동 하회 '심원정사(尋源精舍)'도 집 짓는 공정은 전문가를 만나 설계하는 일부터 시작되었다. 집 지은 소나무 재목을 찬탄한 '소나무 예찬'을 비롯하여 살고 싶은 집, 상량식 일기초, 주초, 집 치장, 복문 등 공사 중에 터득하고 경험한 얘기를 물 흐르듯이 서술하여서 읽고 있으면 공사 과정이 눈에 보이는 듯하다. 중간 중간에 나오는 성공과 실패담도 경청할 만하다. 공사 사진은 물론이고 공사하기 전에 설계하고 관청에 드나들며 허가받던 일이며 전문가 자문과 도편수를 비롯한 장인과의 인간적인 접촉, 송광사 스님과의 인연으로 석물 설치하던 다정한 얘기도 실려 있고 스스로 새로운 기술을 발전시켜 자칭 전문위원이 된 재미있는 얘깃거리도 있다. 집이 완성되자 따로 준공 도면을 그려 싣는 정성을 보여 주었다. 책을 본 사람들이 한옥 짓는 데 그런 도면이 작성되는 줄 미처 몰랐다고 했다. 한옥 짓는데 도면을 그리다니 놀랍다는 반응과 옛날에도 설계도가 있었느냐는 물음도 있었다. 오늘날 한옥은 비과학적이라는 생각이 지배적이어서 설계도가 있을 리 만무하다고 느끼던 터라『어머니가 지은 한옥』을 보고 많이 놀란 듯하다.

『어머니가 지은 한옥』에 실려 있는 도면은 현대 설계인이 수련한 기법으로 작성한 현대식 작도법에 의한 것이므로 옛날엔 지금과 같은 도면이 있을 리 없다. 분명히 지금과 같은 '설계도면'은 없었다. 옛날식 도면이 있을 뿐이다. 그런 건축 도면은 조선시대 공사 준공보고서인『영건도감의궤(營建都監儀軌)』에서 볼 수 있으며, 준공보고서를 대표하는 정조(正祖)의『화성성역의궤(華城城役儀軌)』에도 멋진 도면이 여러 장 실려 있다. 개인이 조영한 살림집 도면이 전해 오는 예를 아직 찾지 못했지만 1962년 서울 남대문 중수공사에 참여한 당시 70여 세였던 노대목(老大木)들 말씀으로는 분명히 살림집 짓는 '그림'이 있다고 하였다. "양반이 그런 것 없이 자기 집 지었겠느냐"고 오히려 묻는 '木壽'를 나무라셨다.

궁리만 거듭하며 승강이할 것이 아니라 일단 생각을 정리해 기본 틀을 정하고, 그것을 그림으로 그려 보면 집 전체 윤곽이 한눈에 들어온다. 어설픈 대로 모눈송이(방안지)에 연필로 그림을 그려 보면 그간 궁리가 무르익어서 제법 그럴듯하게 보일 것이다. 전문가에 의뢰하기 전에 먼저 자기 스스로 마음의 집을 그려 보는 것이 일의 시작이다.

전문가가 그린 도면은 너무 평면적일 뿐 아니라 상당한 지식이 없으면 보기도 어렵다. 여러 장으로 도면에 나누어 그린 후 그것을 합해 건물 한 채로 이해하는 것도 여간 어렵지 않다. 하긴 건축가들도 그 점을 알고 있어서 훈련되지 않은 건축 발주자를 위해 쉽게 이해하도록 투시도를 그리거나 축소 모형을 만들어 제시한다. 마찬가지로 스스로 그릴 때는 건물 윤곽, 기능, 형상을 다 함께 볼 수 있게끔 어설픈 대로 입체적으로 그리는 것이 좋다. 가족과 의논하는 데 매우 유익한 자료가 된다.

갑자기 투시도법이 손에 익을 리 없지만 사진 찍을 때 들여다보는 광경이라 생각하면서 입체감 나게 그리면 남에게 내보일 만큼은 못 되어도 혼자 보기에는 지장이 없을 것이다. 일단 그림이 마무리되면 이 부분에는 이런 시설이 들어서고 여기는 이렇게 해야겠구나 하는 생각이 든다. 한 번 정리하면 생각이 이어지면서 마음에 드는 재미있는 그림을 완성할 수 있는데 무던히 고생하면 더욱 보람 있는 성과를 거둘 수 있다.

자세히 봐 둘 것을, 영 소질이 없다는 생각에 어깨너머 들여다본 적이 없으니 어찌 해야 좋을지 모르겠다, 생각은 있으나 막연해서 어떻게 그려야 할까 걱정만 앞서고 갈피 잡히지 않으면 옛날 사람은 어떤 그림을 그렸나 잠깐 참고해 봐도 좋다. 참고 자료로는 실경 산수화나 옛날 책갈피에 들어 있는 옛날 집 짓던 그림, 관아 건물을 그린 병풍 등이 있다. 조선조 왕실에서 간행한 『의궤(儀軌)』에 실려 있는 건축 도면을 볼 수 있다면 더 이상 좋은 것이 없다.

그림이 완성되어 그만하면 됐다 싶을 때 알 만한 사람과 의논하는 일도 중요하다. 경험은 언제나 경청할 만하다. 전문가와 상담하는 방법도 있다. 주인 의도가 분명하면 서로 의견을 말하기가 아주 쉽다. 자기 주장을 관철하려는 의지를 가져야 한다. 양식 있는 전문가는 집주인 식견을 절대로 무시하지 않는다. 옛말에 주인 생각이 70이면 기술인 조언은 30이라고 하였다. 주인이 짓고 싶은 집에 기술적 문제가 있는지만 검토해 주면 기술인으로 소임은 다한 것이라 할 수 있다. 주변에 경험자도 없고 전문가를 만날 방법도 모르면 관계 자료나 책을 사다 읽으면서 정리하면 도움이 된다.

농촌에서는 군청에 비치된 표준 도면만으로 건축 행정 결정이 쉽게 마무리된다. 자기가 그린 그림 중 표준 도면과 가장 닮은 것으로 재정리해 본다. 수정하고 보완하면서 필요한 부분을 넣어 나가면 자기가 바라는 형상이 된다. 아무 방도가 없어 막연하던 것보다 훨씬 의지할 만하다. 군청 건축계 사람들과 의논하기도 좋고 허가 내는 일도 쉬워질 수 있다. 이런 일도 집 짓는 일의 한 부분이 된다.

기본이 있다는 것이 얼마나 유리한가를 실감하게 된다. 기본 그림이 없으면 자신의 의도를 분명하게 반영하지 못한다. 그림은 집 지을 궁리한 결과이기도 하지만 스스로와의 약속이기도 하다. 그간 짓고 헐었던 수많은 집 궁리를 일단 마무리하고 이제 본격적으로 시작할 기틀을 마련하는 스스로의 다짐도 된다.

● 옛날 집 짓는 그림

다산(茶山) 정약용(丁若鏞) 선생이 각 고을 기관장들에게 권고하는 여러 사항 중에 집 짓는 일 궁리도 들어 있다.

"관아에 필요한 집을 지어야겠다. 시켜서 그림을 그리게 하고는 소매 속에 넣고 있다가 한양에 가는 인편에 부쳐서 경장(京匠, 서울을 중심으로 활동하고 있는 목수)에게 얼마 들여야 지을 수 있는지 알아오게 한 뒤에 비로소 관아 소속의 편수(片手, 邊首)에게 묻는다. 적정하면 시키고 아니면 경공의 의견을 말하면서 지시하면 차질이 없다. 자칫 그런 일을 빌미로 백성들에게 누를 끼쳐서는 나쁘다." [『목민심서(牧民心書)』에 실린 귀뜀]

이 글에서도 조선시대에 '마련된 그림'을 통해 집 형상을 서로 파악할 수 있었음을 알 수 있는데 그런 그림을 간가도(間架圖)라 불렀다.

1) 옛 설계도

"좀 이상해요. 꼭 어린애들 그림 같네요."

"어설퍼서 원, 이것도 도면이라 할 수 있겠습니까?"

"역시 서구식 도면이 합리적이군요. 저런 그림으로 어떻게 집을 지을 수 있었을까요?"

1830년에 완성된 경희궁 공사 준공보고서인 『서궐영건도감의궤(西闕營建都監儀軌)』에 실린 융복전(隆福殿), 회상전(會祥殿), 집경당(集慶堂), 흥정당(興政堂)의 준공 도면을 보는 현대 전문가의 견해이다.

건축학도에게 보여 주었더니 몇몇은 관심을 보이지만 나머지는 이것도 건축 도면이라 할 수 있겠느냐면서 의문을 품는다. 한 번도 이런 그림을 접하지 못했다는 것이 솔직한 고백인데 학교에 이런 그림 가르치는 교과가 없기 때문이다.

한국 건축부터 가르친 후 다른 나라 건축을 배우게 해야 할 터인데도 우리 건축학과에서는 대부분 서양 건축만 현대 건축이란 이름으로 가르칠 뿐 우리 건축에 대해서는 별달리 배려하지 않고 있다. 그러니 그런 준공 도면을 볼 기회가 학생들에게 없었다.

"건축에 조예가 깊으신 임금님도 계셨겠지만 그렇지 못한 분도 계셨겠지요. 그런 분이라면 의궤 준공도 같은 투시도법 그림이 훨씬 이해하기 쉬웠을 것입니다."

"그야 그렇죠. 지금도 다 알아보고 건축 도면을 교정하는 건축주가 흔하겠습니까?"

"현대 건축에서 투시도를 그리거나 모형 만드는 일도 임금님 앞 그림과 같은 것 아닐까요."

"아까 스스로 그리신 투시도형 그림과 비교해 보실까요. 어떻습니까? 그렇게 그리니 한 장으로 집 모양이 다 드러나 보이죠? 평면도는 이미 설정한 뒤니까 선생의 집 그림은 외모와 그 구조를 보는 데 목적이 있죠. 의궤의 '융복전' 준공도에 제가 붉게 친 기준선을 보시죠. 수직과 수평 기준선입니다. 수평 기준선은 건축주의 눈 높이랍니다. 수평에서 아래 그림을 자세히 들여다보면 어떤 집을 지으려 하는지 쉽게 알아볼 수 있도록 차근차근 그렸다. 주춧돌 사이에 벽돌로 고멕이하겠다는 상세한 내용까지 표시하고 있어 임금님도 쉽게 어떤 집이 되겠구나 알 수 있을 정도이다. 선(線)은 내가 그었다. 눈높이를 기준으로 삼은 작도 의도를 해석해 본 것이다.

隆福殿

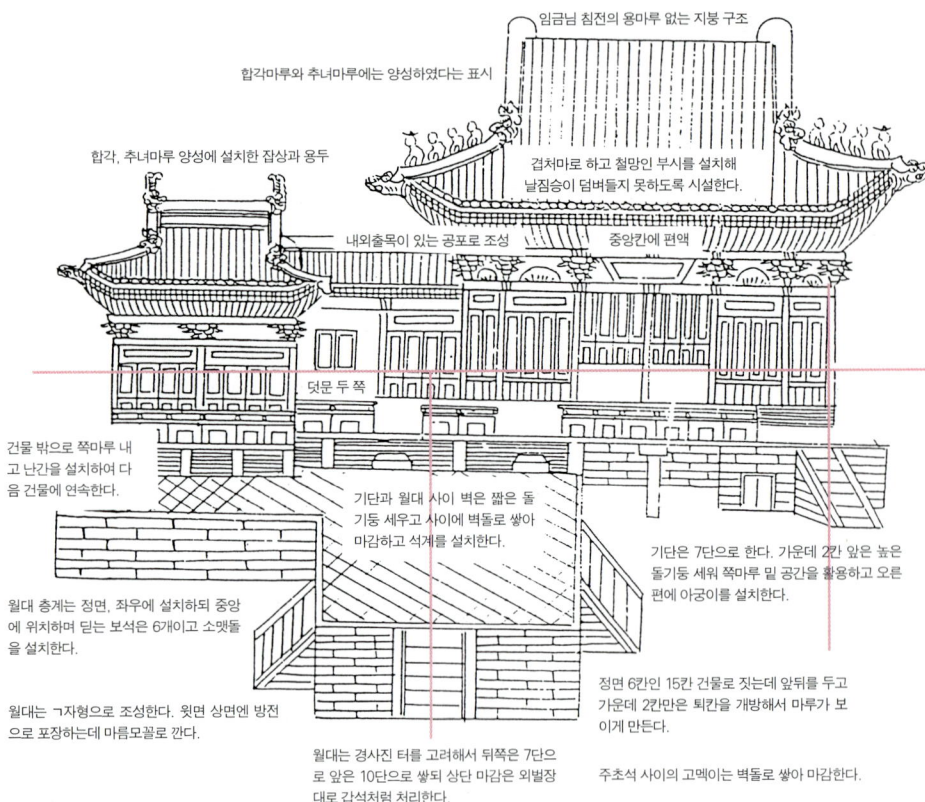

정면 기둥간살이엔 가운데칸과 좌우협칸엔 4분합 달고 좌우퇴칸엔 2분합을, 분합 위로는 교창을 설치한다.

임금님 침전의 용마루 없는 지붕 구조

합각마루와 추녀마루에는 양성하였다는 표시

겹처마로 하고 철망인 부시를 설치해 날짐승이 덤벼들지 못하도록 시설한다.

합각, 추녀마루 양성에 설치한 잡상과 용두

내외출목이 있는 공포로 조성

중앙칸에 편액

건물 밖으로 쪽마루 내고 난간을 설치하여 다음 건물에 연속한다.

덧문 두 쪽

기단과 월대 사이 벽은 짧은 돌기둥 세우고 사이에 벽돌로 쌓아 마감하고 석계를 설치한다.

기단은 7단으로 한다. 가운데 2칸 앞은 높은 돌기둥 세워 쪽마루 밑 공간을 활용하고 오른편에 아궁이를 설치한다.

월대 층계는 정면, 좌우에 설치하되 중앙에 위치하며 딛는 보석은 6개이고 소맷돌을 설치한다.

정면 6칸인 15칸 건물로 짓는데 앞뒤를 두고 가운데 2칸만은 퇴칸을 개방해서 마루가 보이게 만든다.

월대는 ㄱ자형으로 조성한다. 윗면 상면엔 방전으로 포장하는데 마름모꼴로 깐다.

주초석 사이의 고멕이는 벽돌로 쌓아 마감한다.

월대는 경사진 터를 고려해서 뒤쪽은 7단으로 앞은 10단으로 쌓되 상단 마감은 외별장 대로 갑석처럼 처리한다.

*붉은 선은 눈 높이 기준선임(올려보고 내려본 모습을 그렸다.)

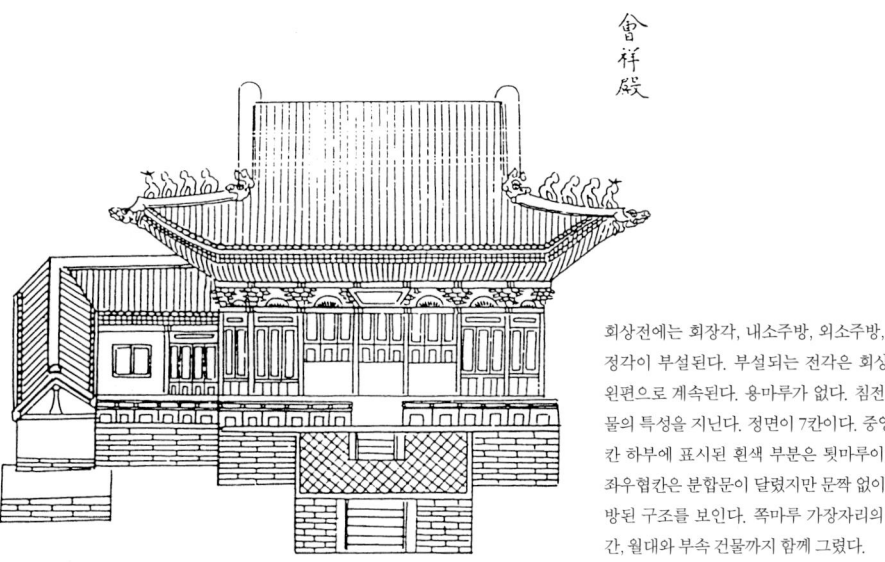

會祥殿

회상전에는 회장각, 내소주방, 외소주방, 규정각이 부설된다. 부설되는 전각은 회상전 왼편으로 계속된다. 용마루가 없다. 침전 건물의 특성을 지닌다. 정면이 7칸이다. 중앙 3칸 하부에 표시된 흰색 부분은 툇마루이다. 좌우협칸은 분합문이 달렸지만 문짝 없이 개방된 구조를 보인다. 쪽마루 가장자리의 난간, 월대와 부속 건물까지 함께 그렸다.

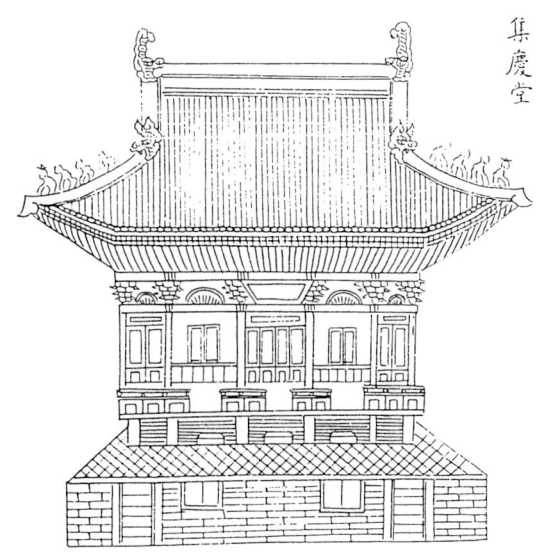

集慶堂

정면 5칸에서 어칸이 마루, 좌우협칸이 방, 좌우 퇴칸이 마루인 구조이다. 툇마루 밖으로 쪽마루를 설치하고 난간을 설비하였으며, 기단 앞쪽에 놀로 만든 월내를 만들고 전면에 돌층계 두 틀을 구성하였다. 윗바닥엔 네모난 방전을 마름모꼴로 깔아 포장하였다. 기둥은 원주이고 공포는 다포이며, 어칸에 편액을 걸고 단청하였다. 처마는 겹처마, 지붕은 팔작이며 양성하였고, 여러 부속 기와로 장엄과 치장을 하였다.

설계 · 153

내려다보이는 툇마루 아래 장면과 눈 기준선에서 위로 올려다보이는 광경을 그대로 그린 것이 이 그림의 근본 취지입니다."
"눈이 보는 광경을 기준선으로 해서 그렸단 말이죠? 그렇다면 그렇게 어설프다고 단정지어 말할 수 없는 것 아닌지요."

2) 파리 '고암서방' 을 짓던 이야기

프랑스 파리 근교, 센(Seine) 강이 내려다보이는 언덕 위에 '고암서방(顧菴書房)' 이라는 그림 같은 한옥을 한 채 지었다. 지금 그 집은 널리 알려진 꽤 유명한 작품이 되었다.

현장에 가서 터를 살펴보는 일부터 시작했다. 터가 정해지자 귀국해서 설계 초안을 잡았다. 고암(顧菴) 이응로(李應魯) 화백이 살던 충남 예산 지역의 개방성이 강한 ㄱ자형 소담한 집을 염두에 두었는데 현역 화가인 미망인 박인경(朴仁景) 여사는 27평 정도면 족하다고 하였다. 건축가도 그만하면 건축 허가에 무리가 없다고 하였다. 프랑스의 건축 허가는 상당히 까다롭다.

초안이 완성되자 태창건축(泰昌建築) 박태수(朴泰壽) 소장에게 설계도 작성을 의뢰하였다. 운문사(雲門寺) 대웅보전, 보탑사(寶塔寺) 삼층목탑, 선산 동호재(東湖齋), 하회 심원정사(尋源精舍) 등의 도면도 박 소장이 맡아

● 경희궁 융복전 건축용 자재의 규격, 수량

목재(15칸 신축하는 데 쓰는 각종 목재와 문짝 수량이
　　『서궐영건도감의궤』에 기록되어 있다.)

고주 12개, 평주 20개, 대량 3개, 퇴량 16개, 종량 5개, 창방 48개, 굴도리 48개, 장혀 49개, 익공 78개, 보아지 16개, 동자주 10개, 행공 42개, 화반 98개, 대공 5좌, 추녀 4개, 소루 282개, 사래 4개, 대 주두 42개, 산방 8개, 소 주두 32개, 부연 212개, 부연 개판 212립, 박공 4립, 선자 개판 92립, 풍판 32립, 솔대 36개, 사목 20개, 목기 40개, 산자판 4립, 장연 100개, 선자연 92개, 중단연 74개, 단연 74개, 상단연 37개, 초 재 평교대 32개, 신방 2개, 종심목 4개, 추녀종심목 4개, 누리개 4개, 인 중방 머름대 119개, 사창벽선 24개, 분합장자 쌍창벽선 84개, 장귀틀 3개, 청판 230립, 귀틀 38개, 머름대 소동자 133개, 머름청판 116립, 반자소란 648립, 반자 대란 97개, 반자 청판 72립, 사창 8짝, 세살청판 분합 24짝, 쌍창 8짝, 세만살단 분합 44짝, 연창 장지 12짝, 완자 밀장지 26짝, 장지 12짝, 흑창 6짝, 영창 9짝, 갑창 6짝, 장영창 44짝, 장갑창 1짝, 상하대 34짝, 상하 횡장자 34짝, 상하지방 14짝, 기둥대 27개, 벽선 14개, 반자 90짝. (닷집) 신방 2개, 기둥 4개, 도리 4개, 서까래 32개,

철물(회상전에 사용된 철물 포함)

두 자 다섯 치 못 4개, 두 자 못 77개, 한 자 다섯 치 못 76개, 한 자 두 치 못 449개, 한 자 못 285개, 아홉 치 광두정 338개, 여덟 치 광두정 811개, 일곱 치 광두정 372개, 다섯 치 광두정 606개, 여섯 치 광두정 1,107개, 일곱 치 못 217개, 네 치 광두정 1,021개, 여섯 치 못 109개, 세 치 광두정 3,653개, 다섯 치 못 361개, 일곱 치 광두정 515개, 네 치 못 49개, 두 치 오 푼 못 860개, 세 치 오 푼 못 58개, 한 치 못 3,788개, 두 치 못 373개, 여덟 치 걸못 4개, 여섯 치 걸못 4개, 다섯 치 걸못 4개, 보강철물 26개, 고패견마철물 32개, 보강철물 8개, 기둥 띠철 24개, 연철고리 44개, 지네철 2개, 풍판못 68개, 별대돌저귀 176부, 행자 띄철 4개, 큰 돌저귀 114개, 큰 원산 2개, 내삼 배목과 못 36부, 감자비 2개, 큰 시결쇠 배목 168개, 중 돌저귀 2부, 큰 고리 배목 55개, 중 사결쇠 배목 2개, 큰 고리 바탕쇠 24개, 중 도구리 1개, 큰 자두리쇠 36개, 중 국화정 2타, 큰 국화정 246타, 짧은 박이 쇠못 2개, 긴 박이 쇠못 4개, 중 광두정 151개, 사슬고리 16개, 아궁이 문지두리 2짝, 여섯 치 길이 못 277개, 수통 걸이쇠 7개, 다섯 치 길이 못 41개, 여덟 치 길이 못 8개, 일곱 치 길이 못 18개, 네 치 길이 못 72개, 세 치 길이 못 30개.

파리 고암서방 신축 광경

대지는 언덕 위에 있고 남향하였다. 언덕 정상에 사적으로 지정된 2차 대전 때 망루 건물이 있다. 원래는 화가가 지은 건물이다. 바로 그 아래가 집터로 잡혔다. 낭떠러지에 따로 터를 이어서 집을 짓는 것이다. 기존의 지형을 변경하지 않으면서도 남향한 탈없는 집을 지을 수 있는 배산 임수 여건을 마련한 것이다. 조물주와 인간의 합작을 즐겨하는 우리 조상의 심성을 발휘해 보았다.

주었다. 박 소장은 당시 대한건축사협회에 전통건축분과를 창설해 운영하고 있었다.

설계도를 보냈더니 얼마 후에 허가났으니 재목을 다듬어도 좋다는 전갈이 왔다. 오랫동안 고대하던 일이 본격적으로 시작된다 생각하니 마음이 놓였다.

인간문화재 제74호 이광규(李光奎) 대목장의 도제자 신응수(申鷹秀)와 조희환(曺喜煥) 두 사람이 현역 대표급 도편수로 맹활약 중이다. 이광규 선생의 대를 이어 인간문화재가 된 대목장 신응수 씨와는 70년대 불국사 중창불사 시절부터 친분이 있다. 여러 건물 창건이나 보수 작업을 같이 했으며 안동 하회 심원정사(尋源精舍) 창건 때도 함께 작업하였다.

고암서방(顧菴書房)은 조희환 대목에게 의뢰하였다. 송광사 대웅보전 창건 이래 운문사 대웅보전과 충북 진천 보탑사(寶塔寺) 삼층목탑 짓는 일, 선산 일선리 동호재(東湖齋) 신축 공사도 함께 하여서 호흡이 잘 맞았다.

프랑스에서 연락이 왔다. 그 사이 터가 바뀌었다는 것이다. 남향한 알맞은 자리가 있어 새롭게 확보했으니 어서 와서 보고 터를 확정하라고 했다. 당장 달려가 보니 내려다보이는 경관이 기가 막혔다. 건축 심의에서도 까다롭게 굴지 않아도 좋을 입지 여건을 갖고 있다는 설명이다. 그러나 남향한 자리는 낭떠러지여서 언덕에 터를 덧달아 만들어야 할 형편이다. 우리 말로 "선반 매야 집이 들어선다"는 전설적인 방안이 채택되었다. 그렇게 하면 기존 지형을 변형시키지 않은 채로 센 강을 내려다보는 언덕에 배산임수하는 분위기를 조성할 수 있다. 매우 조심스럽고 어려운 일이기는 하나 자연과 어울리는 우리 심성에서 본다면 명당 형국을 만드는 의미가 되니 한 번 해볼 만한 일이었다. 건축주나 프랑스 건축가도 그렇게 할 수 있다면 좋겠다고 했다.

지형이 그러니 앞마당에서 툇마루로 들어서긴 다 틀렸다. 앞마당이 허공이기 때문이다. 결국 출입구를 뒤에 두어야 집에 들어갈 수 있겠는데 이런 여건이라면 이미 설계되고 치목이 진행 중인 집과 맞지 않았다. 난감해하는 프랑스 건축가에게 '뒤집으면 된다'고 안심시켰다. '뒤집는다'는 말을 처음엔 못 알아들었다. 한옥은 왼쪽을 오른쪽으로 보내도 크게 문제되지 않고 때에 따라서는 이쪽에서 저쪽으로 옮길 수도 있다고 했더니 까무러칠 뻔하며 핼쑥해진 얼굴로 뚫어지게 바라본다. 이 친구는 이후로 여러 번 기절할 뻔했고 일이 끝날 때쯤에는 한국 건축에 대해 어느 정도 이해하는 눈치였다.

계획한 집의 평면 구성은 홑집으로 ㄱ자형이다. 안방 두 칸은 아랫방 윗방 나란하고 윗방 위로 좁은 퇴가 있어 ㄱ자 꺾인 부분으로 통하게 되는데 거기에 부엌과 화장실을 설비하고 뒤꼍으로 나갈 수 있게 문을 만든다.

몸채에서는 안방 다음이 우물마루 깐 대청 두 칸인데 앞퇴가 있고 고주에 문얼굴 드리고 네 짝 분합문을 단다. 분합 위에 교창이 있다. 대청 다음이 한 칸 반짜리 건넌방이고, 앞쪽으로 쪽마루 설치하고 난간을 시설하는 구조이다. 뒤쪽으로 출입하게 되자 부엌으로 계획했던 공간을 현관으로 개조하여 신발 벗고 올라갈 수 있게 하였고 화장실로 사용하려던 넓은 공간 일부를 줄여 간이 주방을 따로 만들어 완벽하게 개조하였다. 다음에 제시한 평면도가 당초 계획했던 것이다. 여기에 따라 치목해서 시공하려던 것인데 진입하는 도로를 감안하여 안방이 동쪽으로, 건넌방이 서쪽으로 가도록 자리를 바꾸게 되었다. 그래서 '뒤집는다'는 말이 생겼다.

바꾸는 일은 그리 어렵지 않다. 중량보의 접합용 장부 구멍을 반대로 다시 마름해야 하는 정도 보완이 필요할 뿐이다. 해보지 않은 이들은 매우 어렵게 여긴다. 더구나 서양식 개념으로 훈련된 사람은 완전히 다시 지어야 하지 않을까 싶어 걱정을 태산같이 한다.

목조 건축 장점 가운데 하나가 수시로 교정할 수 있다는 것이다. 전체적인 윤곽을 바꾸면 큰 변동이 생기지만 일부 변경은 조정할 수 있다. 고암서방 경우는 내부 일부를 변경하는 일이므로 집 방향을 바꾼다든지 좌우를 뒤집는다든지 하는 일은 크게 문제될 것이 없다. 그래서 쉽게 '뒤집는다'고 큰소리쳤던 것이다.

귀국하자 새로운 구상에 따라 교정하는 일을 끝내고는 목재 하나 하나를 한지로 풀먹여 발라 포장해서 컨테이너에 넣어 배편으로 보냈다. 긴 시간 항해하는 중에 무더운 적도를 지나므로 목재가 뒤틀리면 어쩌나 싶어 걱정이 태산 같았는데 나중에 풀어 보니 기우였다. 목재가 얌전하게 건조되어 있어서 한지를 예찬하며 안심하였다. 하지만 시공에 앞서 한지 벗겨 내는 데 꽤 애를 먹었다.

우리 나라 소나무도 칭찬받을 만하다. 마른 뒤에 자작자작 갈라지니 안심할 수 없지 않느냐고 말하는 이가 있으나 걱정할 만큼 약한 것은 아니며 보기에 흉할 뿐이다. 다른 나라 소나무를 수입해다 써 보면 입을 딱 벌린 듯이 갈라지는 것도 있고 십수 년 만에 진이 빠져 주저앉는 수도 있다. 거기에 비교하면 이 땅에서 자란 나무는 수명이 수백 년에 이른다.

집 평면은 아주 간단하고 규모도 아담하여 특출하다고는 말할 수 없으나 한국적 맛이 물씬 풍겨야 한다는 생각에서 안방 벽장, 반침, 분합문과 미닫이, 미세기문 그리고 건넌방 밖에 쪽마루를 만들고 난간을 설치하여 내루(內樓)와 같은 분위기를 조성했다.

앞퇴 대청 분합문은 열어서 들어올리면 동시에 앞이 탁 트이는 전형적인 방법을 따랐다. 마루는 우물마루로 하고, 대청은 연등천장, 방은 종이 바른 평반자로 하였다. 한지를 두 겹으로 도배하고, 방바닥은 각장판을 바른 다음 치자 들인 물을 먹이고 콩댐하였다.

방안에 대들보와 충량과 보아지가 노출되어 있다. 도배하면서 이들을 다 싸 발랐다. 열심히 도배하는 내 꼴을 지켜보던 프랑스 여성 화가가 "포장 미술의 최고 경지를 여기서 본다. 신 선생은 건축가로서뿐 아니라 포장 미술가로도 한몫을 한다"고 감탄했다. 한지가 지닌 은은하고

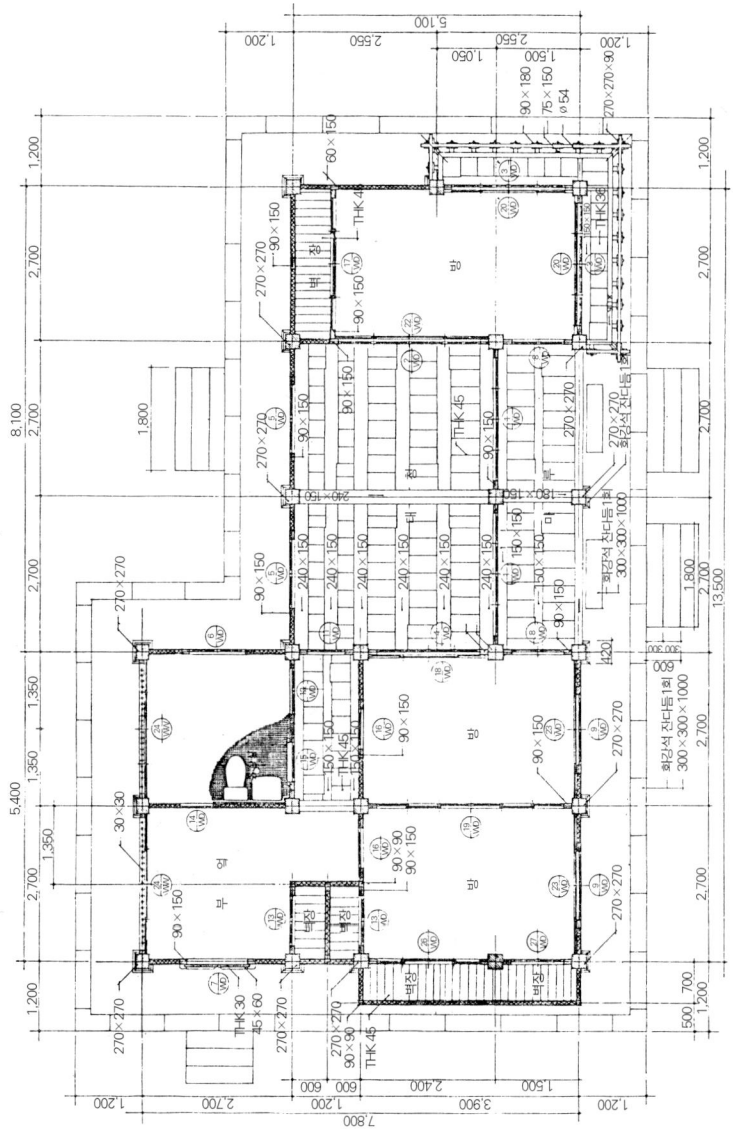

파리 고암서방 평면도

매혹적인 재질과 색조에 흠뻑 빠져 내가 나누어 준 한지를 쓰다듬으며 매우 고마워했다.

'이응로 화백의 독특한 그림 분위기와 똑같은 한옥'이라 찬탄하고 이제야 동양, 특히 한국 미술이 어떤 바탕에서 발전하였는지를 알 수 있다면서 자기 주변 사람은 물론이고 학생들에게도 이 귀한 체험을 열심히 알리겠다고 약속하였다.

3) 설계의 기본

설계를 하려면 법식과 기법을 알아야 한다. 당연한 일이다. 숙달을 통해 점점 완숙한 수준에 도달한다. 명인은 다 그런 단계를 거쳐 성숙하였다. 살림집은 살림하는 집이다. 살림살이를 두고 살림해 보지 않은 무경험자가 살림집을 설계한다면 격이 맞지 않는다.

초가집을 헐고 지은 속칭 새마을 집이라 하는 농촌의 현대식 집에는 처마 밑에 농사 연모는커녕 부지깽이 하나 세울 여유가 없다. 논에서 묻힌 진흙발로 실내를 드나들 수밖에 없게 하였다. 과연 그런 집이 농사꾼의 집이냐는 의문이다. 지켜보기에 그런 집을 설계한 인물은 농사꾼의 아들이 아닐 것이니 농사를 어떻게 짓는 것인지 알 턱이 없다. 그래서 짐작으로 설계하고 시공하였다면, 또 그런 집에서 살림살이해 본 경험이 없다면 그런 자질의 사람에게 집을 짓도록 한 정책 입안자나 시행자는 과오를 솔직히 인정해야 한다. 결과적으로 내 집 버리고 남의 집 본뜨는 쓸개 빠진 사태가 벌어진 셈이기 때문이다.

여러 세대가 몰려 사는 고층 집을 설계한 사람들은 종래 광이나 벽장, 곳간에 있던 조상이 사용하던 세전지물(世傳之物)인 문화 유산을 다 내다 버리도록 만든 장본인이라는 점에서 부끄러워해야 한다. 그 많은 유산을 버린 뒤 우리 문화를 무엇으로 유지해서 문화 민족의 긍지를 지키려 하였는지에 대하여 명백하게 답해야 한다.

오늘날 문화 부재 시대를 초래한 장본인이 그런 집을 짓는 동안 사회 기강이 무너졌다는 비평을 받을 때 나서서 대답할 수 있어야 한다. 그들이 나서서 해명하고 책임지지 않는다면 살림집 지을 자격이 없다고 스스로 고백하는 것이라고 밖에 말할 수 없다.

현장 경험 없이 목조 건축을 설계하면 그 집을 제대로 지을 수 없다. 살림집 지을 수 없는 사람들이 끼여들 수 없다. 새로운 한옥을 짓자는 생각은 그런 사람을 불신하면서 시작된 것이므로 충분한 경험을 쌓은 이들의 진실한 무대가 되도록 해야 한다.

법식과 기법을 터득하지 못한 사람을 숙련될 때까지 옆에서 도와 주면 그것만으로도 민족 문화 발전에 기여하는 일이 될 것이다.

2. 시공

기둥 세우고 벽치는 집에서도 대들보 위 가구(架構)는 토담집이나 귀틀집과 다를 바 없다. 같은 원리를 적용하기 때문이다. 과거 토담집이나 귀틀집 가구는 소략한 편이다. 21세기 새로운 한옥에선 목조 건축과 같은 멋진 가구와 지붕을 구성할 수 있다. 그러려면 고급스러운 목조 건축 원리를 터득해야 유리하다. 파리 '고암서방'을 건축한 방법을 예로 들면서 살펴보는 것도 방법이다.

'고암서방'은 장차 미술관을 찾는 이들에게 한국 문화를 알리는 공간으로 이용할 계획이다. 예를 들면 선비가 주제인 특별전에서는 선비가 방에서 그림 그리고 글씨 쓰는 모습을 보여 주고, 여인들이 일하는 모습이 주제인 특별전은 가구 들여놓고 화로에 인두 꽂고 앉아 다소곳이 일하는 안존한 여인의 멋을 보여 주는 것이다. 그러려면 건물 내부가 아름답고 격조 높으며 인간미 넘쳐야 한다. 집 규모가 크지 않아 아늑하다는 점을 십분 발휘하기로 작정하였다. 그런 바탕에서 한옥이 지니는 멋을 연출하면 아름답다는 평을 듣게 될 것이라 생각했다.

멋지게 연출하는 기본 방안은 전래하는 법식(法式)을 전승한 기법(技法)으로 정성스럽게 구조하는 데 있다. 지금까지 경험으로는 건축에 관심 있는 사람이라면 못을 쓰지 않는 고전적 방법으로 지은 목조 건축물에 매료되는 것이 보통이다. 원칙에 따라 시공하였는데 시공 도면을 여기에 제시했다. 초심자가 이해하기 어려울까봐 도면마다 해설을 곁들여 가며 살펴보겠다.

1) 목조 건축의 법식

도면을 일터에서 그리면 '양판'이라 부른다. 도편수가 나무판에 먹칼로 그리는 것이 보통이다. 솜씨에 따라 다르지만 유능한 도편수는 말쑥하게 그려서 보기가 쉽다. 일하는 사람이 다 봐야 하므로 자기 혼자만 알아볼 수 있는 것은 불합격이다. 작고한 인간문화재 이광규옹은 솜씨가 뛰어나 멋지게 그리곤 하였다. 서울 남대문 중수 공사(1962~1963년도) 이래로 그분 따라 국내외 건축물 짓는 일에 많이 참여했는데 언제나 우리의 논은 양판 그리는 데부터 시작했다.

양판에는 법식에 따라 지어야 할 집의 기본이 표현된다. 서까래 물매와 추녀, 선자서까래 구성, 서까래 물매에 따른 '자꺾음장예' 계산과 표시, 자꺾음장예에 부합하는 대들보 이상 부위의 구조가 그림에 담긴다. 세세한 부분은 생략하는 것이 보통이다.

공포 형상이나 포작 형태, 무늬 베풀어 치장하는 부분은 따로 마련하는데 조계산 송광사 제8차 중창불사에서는 대웅보전을 비롯한 신축 건물 세부 구성과 치장할 모양을 실물 크기로 현장에서 내가 그렸다. 지유(指誘) 구실을 한 셈인데 남대문 중수 공사 이래로 축적된 수련이 이광규 선생의 인증을 받은 셈이다.

파리 고암서방은 양판에서 오량(五樑)집으로 하기로 정하였다. 이광규옹의 제자인 조희환 도편수가 양판을 그렸다. 오량이 가구(架構)된 모습을

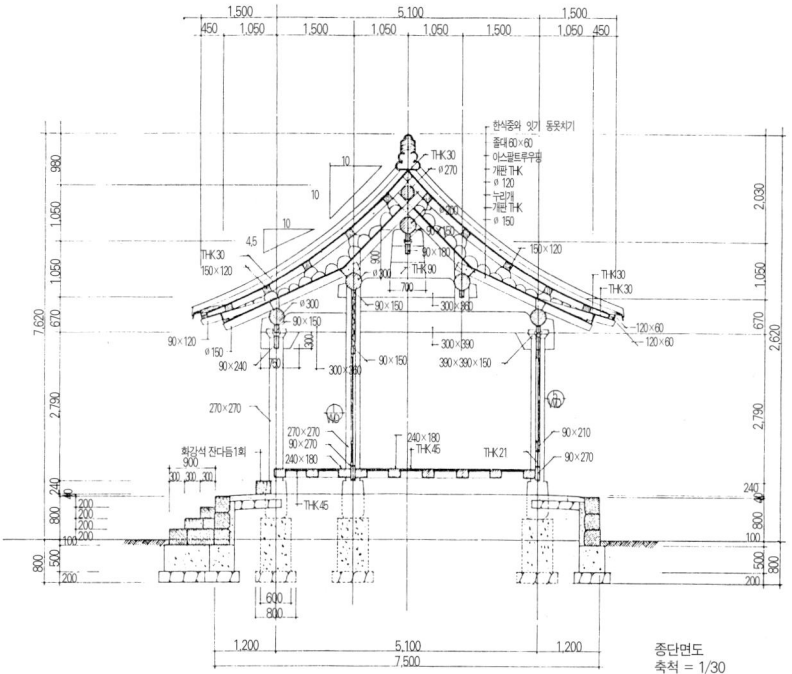

대청과 앞퇴, 기둥 위로 구조된 가구(架構)를 볼 수 있게 그린 단면도
측면에서 보면 두 칸집이나 대청에서는 앞퇴와 구분하기 위해 고주가 앞으로 나와 있어
얼른 보면 간반(間半) 규모의 집으로 생각하기 쉽다. 천장은 연등이다.

●주의할 일

시장에서는 목재를 길이 6척, 9척, 12척을 기준으로 해서 팔고 있디. 12칙 길이의 넓이 1촌 사방의 것을 목재 단위로 하고 얼마나 넓으냐에 따라 재적을 계산해서 돈을 받는 것이 보통이나 나무 켤 때 톱날이 지나가면서 톱밥으로 사라진 부분을 소비자에게 부담시키므로 사 온 나무 치수가 정확하기 어렵다는 점을 미리 알아두어야 한다.

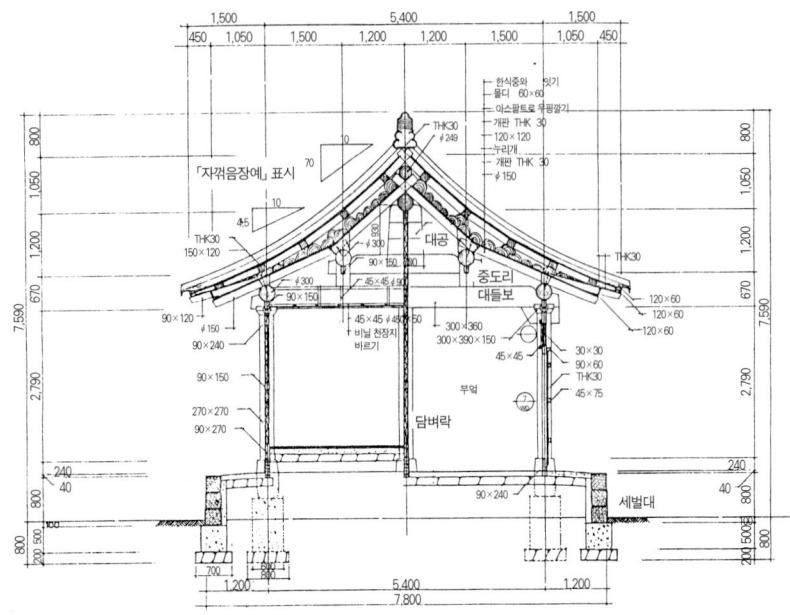

부엌과 화장실 단면도

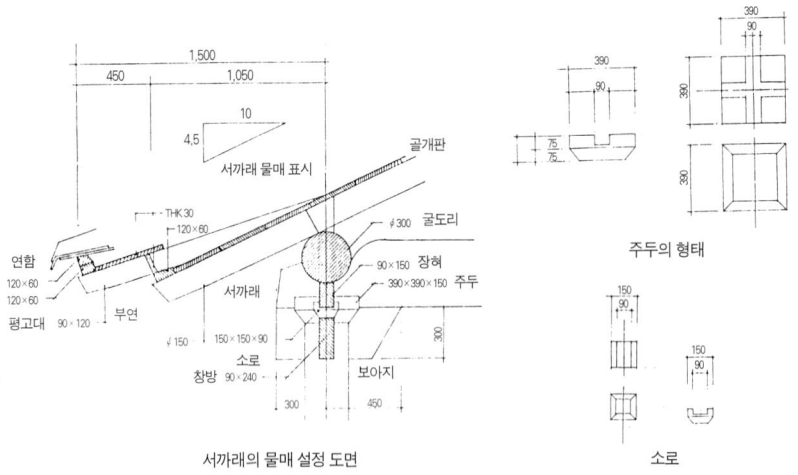

서까래의 물매 설정 도면

주두의 형태

소로

● 자꺾음장예

'자꺾음장예'라는 용어는 매우 발음하기 어렵다. 대들보를 수평기준선으로 보았을 때, 서까래 각도를 얼마로 잡을 것이냐는 한옥에서 매우 중요하다. 삼량집(三樑架)에서는 긴 서까래 하나만 걸어도 되지만 오량집(五樑架)에서는 긴 서까래(들서까래, 長木, 野木)와 짧은 서까래(童椽, 短椽)를 걸어야 한다. 두 가지 서까래가 유기적으로 걸려야 기와 잇는 지붕의 '물매 곡선'이 아름답다. 서까래 위 나무 단면이 보이는 것은 '느리개'와 '적심'이다. 시공 순서는 서까래 건 뒤에 서까래 사이에 '골개판'을 덮고 그 위로 느리개를 설치하고, 긴 서까래와 짧은 서까래가 이어지는 부분의 삼각형 공간을 비롯하여 전면에 긴 통나무를 가로질러 준다. 하중 분산을 위해 꼭 필요한 작업인데 여기에 쓰이는 재목이 '적심'이다.

'자꺾음장예' 설정은 가구가 아름다운지, 지붕 물매가 알맞게 잡혔는지를 판가름하는 일이므로 도편수는 정신을 바짝 차린다. '자꺾음장예'는 수평으로 네 척(1척은 약 30.03cm) 길이를 주고 거기에서 직각삼각형 밑변에 해당하는 선을 긋는데 그 길이를 세 치로 할 것이냐, 네 치로 할 것이냐를 정한다. 정하면 그 끝에서 빗변을 그으면 직각삼각형이 완성되는데 그 빗변 각도에 따라 서까래 경사도가 설정된다. 밑변 길이를 세 치로 잡았으면 '세 치 자꺾음장예'라 하고 네 치이면 '네 치 자꺾음장예'라 부른다. 이에 따라 물매 경사가 결정된다.

짧은 서까래 각도는 강하다. 긴 서까래가 완만한데 비해 훨씬 강하게 올라선다. 여섯 치로 할지, 일곱 치로 할지 결정해야 한다. '여섯 치 자꺾음장예', '일곱 치 자꺾음장예'를 설정하는데 이만큼 강하지 않고는 기와를 이을 수 없다. 또 긴 서까래를 '네 치 자꺾음장예'로 걸면 서까래 끝이 처져 집을 그만큼 가리고, '세 치 자꺾음장예'가 되면 서까래 끝이 들리는 경향이 있다. 부연이 있는 겹처마인지, 서까래만 있는 홑처마인지에 따라 차이를 두기도 한다.

기둥을 세우고 '창방'과 '보아지' 짜고 주두 얹은 모습

그렸는데 현대식 도면으로는 종단면도(縱斷面圖)에 해당한다. 그림에서 서까래 위쪽에 따로 직각삼각형을 표시한다. 직각삼각형 빗변이 서까래 경사각도와 일치한다. 그 직각삼각형을 '자꺾음장예 표시'라고 부른다.

서까래 받는 부재가 도리이다. '주도리' 두 개와 '종도리' 하나, 도리가 합해서 셋이 걸리면 삼량집(혹은 三樑架), 도리가 다섯 개 설치되면 오량집(혹은 五樑架)이라 하는데 삼량에는 대들보만 있으면 되지만 오량이면 종보가 하나 더 있어야 하므로 종보, 중대공, 중도리가 있어야 하며, 종보 높이를 서까래 물매에 따라 정해야 해서 '삼분변작법(三分變作法)'이나 '사분변작법(四分變作法)'을 선택해야 한다. 법식에서 제일 까다로운 것이 변작법이다. 대들보 길이의 3분의 1 위치에 중대공 세워 종보받게 하면 '삼분변작'이고, 4분의 1 위치면 '사분변작'이라 칭한다.

변작에 따라 서까래 경사도가 결정된다고 할 수 있다. 삼량에서는 종도리와 주도리 사이에 긴 서까래(長椽, 野椽)가 걸리는데 경사도가 매우 느리다. '느리다'는 것은 완만하다는 의미이다. 오량에서는 짧은 서까래(短椽, 童椽)가 종도리와 중도리 사이에 대단히 가파르게 걸려 경사도가 급하다. 이를 '물매가 싸다'고 하는데, '느리다'는 말과 반대이다.

'느리다'거나 '싸다'는 긴 서까래 각도는 변작법과 직접 관계가 있는데 중대공 위치와도 관계 있다. 종보를 받치는 중대공 두 개가 대들보 길이를 삼등분한 3분의 1 지점에 위치한 삼분변작은 대들보를 넷으로 등분하고 4분의 1 지점에 중대공을 세운 사분변작보다 간격 차이만큼 느리게 잡힌다. 완만하다는 것인데 이 때 '자꺾음장예'는 변작법에서 '느리다'거나 '싸다'는 각도를 수치로 표시한 것에 해당한다.

오량에서 중도리와 종도리 사이는 주도리와 종도리 사이와 같은 변작법이 상관하지 않는다. 물매만이 중요할 뿐이다. 여기 물매는 장연보다 급경사이므로 '매우 싸다'고 한다.

고암서방에서는 삼분변작법을 택하면서 긴 서까래는 완만하게 짧은 서까래는 급하게 하였는데 '자꺾음장예'로 표시하면 긴 서까래는 '네 치 오 푼(4.5寸) 물매'이고 짧은 서까래는 '한 자(1尺) 물매'인데 '한 자 물매'가 되면 서까래는 45도 각도로 걸린다.

서까래 물매가 정해지면 추녀와 사래, 선자서까래, 갈모산방 등의 각도와 길이가 차례로 설정된다. 양판은 이들 기본 구조를 정리해 표현하는 것이므로 설계도에서 다 나타내지 못한 것도 빠짐 없이 보여 준다. 집 주인이 어리숙하게 그렸어도 이 과정에서 도편수가 완벽하게 다지므로 전혀 걱정할 필요가 없다.

목조 법식은 초기에 상당한 수준에 이르렀고 점차 다양하게 발전했다.

법식은 집 구조에 따른 변화를 다 포용하며 집이란 구조물 원칙을 망라할 수 있어야 하므로 지극히 객관적이지만 한편으로 창의적이다. 법식은 천조(天造)의 지극한 기본이지만 지혜로운 인간에 의해 변화할 수 있는 여유를 지녔다.

2) 건넌방

모든 도면 수치는 프랑스를 의식하고 '미터법'에 따랐다. 아직도 집 짓는 데 척관법에 익숙한 편이어서 서양식 수치에는 아주 서툴다. 그러나

건넌방 남쪽 창문 미닫이를 열면 한눈에 센 강이 내려다보인다. 배가 지나가는 강 저편엔 작은 비행장이 있고, 강 이쪽편으로는 기차가 다닌다. 심심하지 않은 구경거리가 늘 있다.

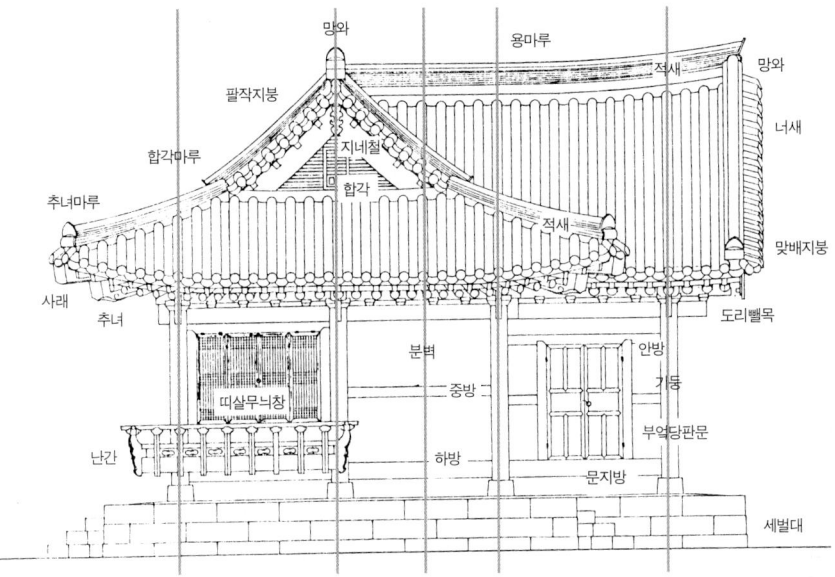

건넌방을 밖에서 바라다본 모습을 그린 측면도
ㄱ자로 꺾인 맞은편 부엌 구조가 함께 보여 세 칸처럼 보인다. 기와지붕은 몸체는 팔작지붕, 부엌 쪽은 맞배지붕으로 한다. 기단은 '세벌대'라 하는 전형적 사대부집 구조이다. 띠살무늬 네 쪽 창이 있는 부분 밖으로 쪽마루가 있고 계자난간이 설치되었다.

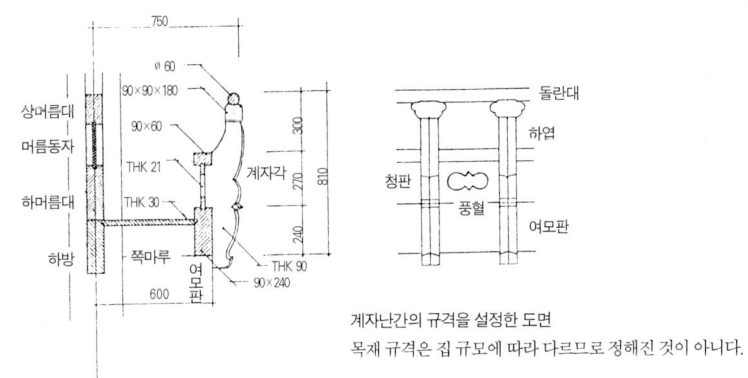

계자난간의 규격을 설정한 도면
목재 규격은 집 규모에 따라 다르므로 정해진 것이 아니다.

도리 없는 일이니 따르기로 하였다.

건넌방은 설계도에는 정면을 향하고 오른편에 자리잡기로 되었던 것인데 실제로는 왼쪽으로 옮겨야 했다. 그래서 부엌이 동쪽에, 건넌방이 서쪽에 위치하게 되었다. 한옥의 기본으로 부엌이 집의 서편에 자리잡아야 한다는 '재서호(在西戶)' 원칙에서는 벗어나는 일이지만 한옥의 창의성에서 용납할 수 있는 것이므로 변형을 시도하였다.

건넌방 북쪽 벽엔 벽장을 만들어 붙박이로 쓰게 하고 네 짝 미세기문을 설치하였다. 한지로 안팎을 두껍게 싸 발라 맹장지를 만들었다. 표면에 그림을 그려 붙인다면 멋질 것이다.

건넌방에 앉아 천장을 올려다보면 추녀 위 뒷몸과 좌우로 부채살 펴듯 구조된 선자서까래의 미묘한 구조가 보인다. 원래 같으면 종이 반자로 가려 버리지만 프랑스 건축가가 그 아름다운 것을 가린다는 것은 말도 되지 않는다고 맹렬히 반대하는 바람에 드러내기로 하고는, 가뜩이나 서툰데 도배하는 일로 애를 먹었다.

건넌방 밖 정면과 측면에 쪽마루를 들이고 가장자리에 난간을 설치하였다. 다락집 같은 정취를 맛보게 하려는 의도이다. 난간은 여러 종류가 있지만 가장 보편적인 '계자난간'을 택하였다. 완성하고 보니 바깥에서 보기도 변화가 있어 좋았고, 방안에서는 미닫이를 열고 내다보면 난간 너머로 센 강에서 유유히 흐르는 배가 보였다. 좋은 경치를 마음껏 볼 수 있는 알맞은 창이 있어서 매우 즐겁다.

● 조선조 척도

집 지을 때 기본되는 것이 척도이다. 규격이 척도로 설정되기 때문이다. 옛날 사람이 어느 정도 크기의 방과 마루 그리고 집 규모를 설정하였던 것인지 알려면 당시에 사용하던 척도를 먼저 알아야 한다. 당시 척도는 지금처럼 단순하게 통합되어 있지 않았다.

조선시대 통용되던 국가 기본 척도가 『국조오례의(國朝五禮儀)』에 기록되어 있다. 쓰임에 따라 포백척(布帛尺), 조례기척(造禮器尺), 영조척(營造尺), 주척(周尺) 등으로 구분했다. 한 척 길이를 미터법에 따라 환산하면 현행 척도와 견주면서 살펴볼 수 있다. 세종 때 실제로 사용된 예를 정리한 것은 다음과 같다.

주척 1척 20.81cm / 영조척 1척 31.24cm
조례기척 1척 28.64cm / 포백척 1척 46.73cm

세종 이후로 척도 길이가 조금씩 변한다. 그것을 간단히 정리하였다.

척도별	세종 때 척도	경국대전 척도	영조 때 척도	순조 때 척도	현재 척도
주 척	20.81cm	21.04cm	20.83cm	20.83cm	20.68cm
영 조 척	31.24cm	31.21cm	31.22cm	31.24cm	30.88cm
조례기척	28.64cm	28.57cm	28.41cm	28.64cm	27.44cm
포 백 척	46.73cm	46.80cm	46.73cm	46.73cm	49.24cm

이런 척도의 변화를 숙지하면 예로부터 살던 고향집이 어느 시대 어느 척도를 사용하여 지었는지 판가름하는 데 크게 도움이 된다. 그에 따라 그 집의 나이를 밝혀 볼 수도 있다. 이런 일도 흥미로운 지식이 된다.

3) 부엌

원래는 본채에서 ㄱ자로 꺾인 부분에 부엌을 두기로 했으나 지형 때문에 뒤편에서 드나들 수밖에 없어서 부엌 자리를 현관처럼 쓸 수 있게 변형하였다.

부엌 출입문은 다른 부분 분합문과 달리 널빤지로 짜는 널문(판문 板門)을 기둥에서 떨어진 자리에 만든 문얼굴에 설치하는 것이 보통이다. 기둥과 문얼굴 사이를 널빤지로 판벽하는데 빈지 들여 고정하기도 하고 중방을 띠방으로 삼아 못을 박아 고정시키기도 한다. 문인방 위를 터놓아 공기가 통하게 만들거나 토벽을 치고 봉창을 열어 통하게 하기도 하고, 벽선과 기둥 사이 판벽에 여러 무늬로 투각(透刻)하여 아름답게도 한다. 고암서방에서는 판자 대신 토벽을 쳐서 마감하였다. 인방 위로는 살창을 만들어 공기와 빛이 들게 하였다. 그런 살창을 '광창'이라 부르기도 한다.

부엌 문지방은 드나들기 편하게 가운데가 밑으로 휜 굽은 재목을 골라 쓰는데 휜 모습이 초생달을 닮았다 해서 월방(月枋)이라 부르기도 한다. 문얼굴에 문짝을 달 때, 대문이나 중문 문짝은 안에서 열 수 있도록 문빗장을 안에 설치하지만 부엌 문짝은 밖에서 잡아당겨 열 수 있게 문빗장을 밖에 설치한다. 곳간 문도 부엌 문과 같은 방식으로 설치하는 것이 보통이다.

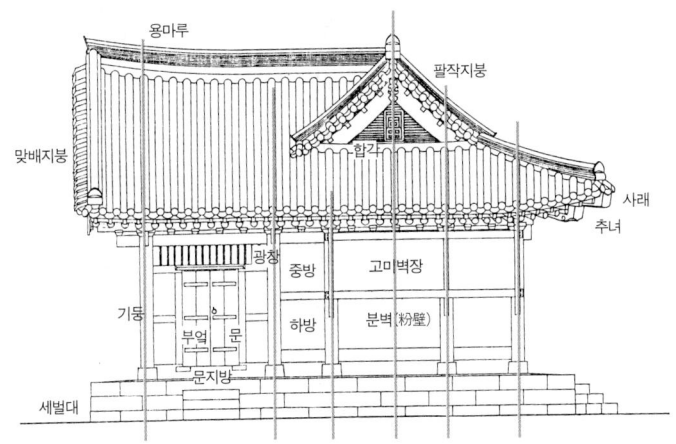

부엌과 안방의 서쪽 벽면이 보이는 모습을 그린 측면도
우리 문은 안에 사는 사람이 나가기 위해서 설치한다. 문빗장이 안쪽에 있는 것은 바깥에서 자유롭게 여는 서구식 문과 다른 의도를 지닌 것이다. 부엌이나 곳간 문짝만은 바깥에서 열어 젖힐 수 있게 문빗장과 문고리가 바깥에 설비되어 있다. 예전부터 그래왔다. 프랑스에 새로 정한 집터가 처음과 달리 앞쪽이 낭떠러지여서 뒤로 들어갈 수밖에 없어서 부엌을 현관으로 용도 변경하였다.

고암서방 부엌 문짝도 널문으로 하였는데 바깥에 문빗장을 설치하고 쇠고리 달아 여닫고 드나들기 편하게 하였다.

옛날 곳간에서 쓰던 무쇠로 투박하게 만든 붕어자물쇠를 서울에서 사다가 걸어 놓았더니 도둑이 자물쇠 열 술을 몰라 실랑이하다 물러난 흔적이 있어 놀랐다. 최신식 자물쇠 여는 도구가 옛것을 감당하지 못한 것이다. 이 경험에서 국내에서도 집 자물쇠를 아주 옛날식으로 만들어 쓰면 어떨까 하는 생각이 들었다.

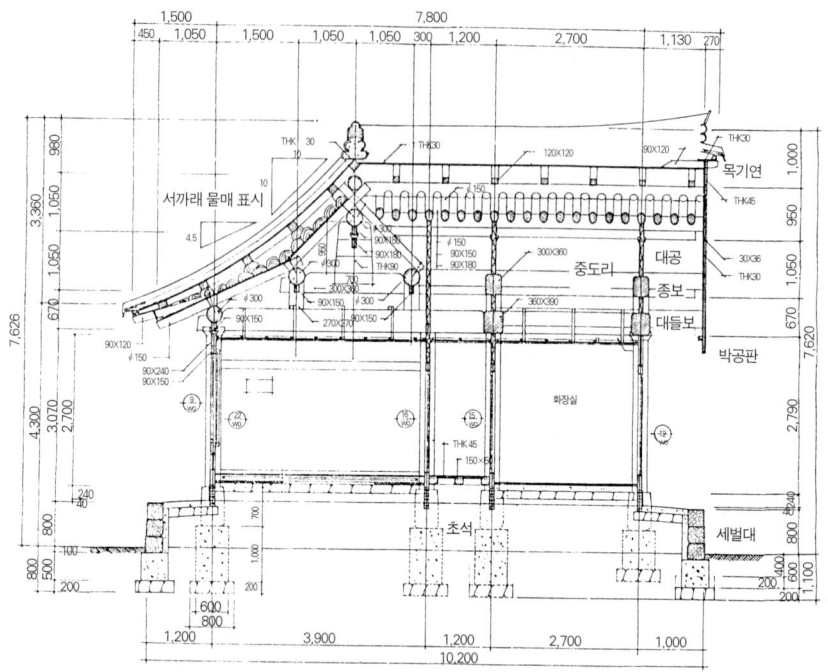

안방과 부엌이 나란히 자리잡은 부분을 그린 도면

남향한 자리에 안방, 쪽마루, 부엌 순서로 조성되었다. 안방은 아래와 윗방 두 칸이다. 여기 단면은 아랫방과 윗방 사이 기둥 위에 구조된 부분이다. 안방 대들보 위에 종보가 있다. 종보 좌우에 중도리 얹고, 종보 중앙에 대공을 세워 종도리 받은 가구가 한눈에 보인다.

부엌 윗부분은 ㄱ자로 꺾인 쪽 가구를 그린 것이어서 횡단면으로 표시된다. 대들보와 종보가 단면으로 보이며 도리는 제모습을 다 보여 준다. 이런 도시법은 쉽지 않다. 목조 건축에 익숙하지 않고는 표현하기가 아주 어렵다. 숙련된 사람인지 아닌지 이런 도면을 통해 대번에 알 수 있다. 도편수가 수준 이하면 시공이 완고하지 못하고 아름답지 못하다. 작품이 좋으냐는 여기에서 판가름난다.

기둥과 문인방 사이에 토벽을 치고 문지방을 아래로 휘게 하여 월방을 만들었다.

4) 방 넓이와 높이

"방 넓이가 어느 정도일 때 가장 쾌적할까?"
대답하기 쉬운 질문은 아니다. 새로 지어야 할 집 방 넓이를 얼마로 하느냐를 궁리하지 않을 수 없다. 생전 쓰지 않던 줄자를 사다가 20세기 현대인이 지은 방을 이리저리 재어 봐도 어떤 원칙에 따라 설정했는지 알 수 없다. 멋지게 지어야 할 내 집 방 넓이를 얼마로 해야 할지도 떠오르지 않는다. 멀리 했던 책을 뒤진다. 사온 책, 빌려온 책 온통 젖히고 엎어 놓고 이리저리 넘겨 봐도 왜 그런 넓이로 하였는지, 사람 몸에 어떤 유리한 점이 있다든지 하는 얘기를 찾을 수 없다. 서양 책에 인체와 연관된 치수가 나와 있는 자료가 눈에 띄긴 하지만 양옥에 살기 거북하단 생각에서 새로운 집을 지을 판인데 다시 그들 치수를 고스란히 본뜨는 일은 문제가 있다.

지금 살고 있는 집 길이와 넓이를 실측해 보지만 그 수치에 무슨 특별한 의미가 있는 것 같지 않다. 지금까지 그저 크기에 맞추어 살아왔구나 하고 생각하니 우습기도 하고 어처구니도 없다. 그러니 쾌적하기 어려웠나 보다.

옛날 사람은 어떻게 살았을까? 고향에 간 길에 안방을 재 보았다. 안채 안방은 아래위칸 두 칸 방이다. 늘 좁아만 보여 크게 기대한 것은 아니지만 기댈 곳이 없으니 안방 넓이라도 알아보고 싶은 생각이 들었다.

아랫목 벽에서 윗방 샛장지까지가 대략 2.48미터이다. 아래윗방 합하면 약 4.96미터이니 5미터에 가깝다. 서울에 와서 살고 있는 방을 재보고 깜짝 놀랐다. 길이가 5미터에 훨씬 못 미쳤다. 다시 수첩을 꺼내 봤다. 이번에는 뒷벽에서 방 앞부분까지 간격을 잰 치수를 보니 방 넓이가 3.3미터 가량이다. 방 앞쪽으로 툇마루가 있다. 그 넓이를 합산해야 할지 잘 모르겠으나 대청 넓이가 방과 퇴를 합친 것과 같으므로 재 보니 4.5미터가 조금 넘는다. '열두 자 짜리 장농'이 들어가고도 남는 넓이다. 절대로 작은 방이 아니다. 그런데 왜 그렇게 좁아 보일까?

퇴를 내어서일 터인데 퇴는 그런대로 용도에 따라 생긴 것일 터이니 이런 넓이 설정에 분명히 까닭이 있을 것 같다. 정방형과 장방형 비례가 지니고 있는 사용 면적 효율성이나 거기서 얻어지는 인격 함양 원리를 감안한 것이 아닐까? 전에 미처 생각하지 못한 부분이다.

백성들 살림집 방(室) 규격을 어떻게 설정해야 하느냐를 두고 역대 왕조는 여러 고심도 하고 실험도 했다. 생활 공간 설정은 삼국시대부터 있었다. 『삼국사기』에는 통일 이후 법령이라고 생각되는 「옥사(屋舍)」에 관한 기사가 명료하게 명기되어 있다. 신라 시대는 골품 제도가 기본이었다. 성골, 진골, 육두품, 오두품, 사두품, 백성 여섯 단계인데 「옥사」 조항에는 백성부터 진골에 이르기까지 제한을 두었다.

●신라 시대 방 넓이(室長廣) : 백성 15척(사두품도 같다) / 오두품 18척 / 육두품 21척 / 진골 24척

이들 수치는 3×5=15, 3×6=18, 3×7=21, 3×8=24의 규칙을 지니고 있다. 가장 기본이 되는 15척은 3이 5와 상관하고 있다. 여기서 3은 '집의 기반 1'과 '집의 벽체 1', '집의 지붕 1'이 함축되어 있는 우주 형상의 수이다. 때로는 '대지 1'에 '사람 1'에 '우주 1'이 되는 삼원(三元) 수라 부르기도 한다. 인간이 소우주라면 들어갈 집이 중우주가 되므로 3이란 우주 기본수가 방 넓이의 기반이 되었다.

거기에 5라는 수가 관계하였는데 5는 반천(半天)수이기도 하지만 사람의 평균 신장을 의미하기도 한다. 4척이면 단신, 6척이면 장신이라 한 데서 5척이 평균 신장임을 알 수 있다. 오늘날에도 평균 신장은 비슷하다. 백성 집의 방이 15척 사방이면 대략 4.5미터이다. 자기 스스로 내 신분이 백성은 면하였고 육두품은 되겠다 싶으면 사방 면적 21척을 차지하면 된다. 한 변이 6미터가 넘는 넓이와 길이이므로 넉넉하게 살 수 있다. 이왕지사에 진골의 호기를 한번 부려 보자 싶으면 사방 24척 넓은 면적을 차지할 수 있다. 한변이 7.2미터가 넘으니 넉넉하게 살 만하다.

15척 사방 넓이에서 천장을 얼마로 할 것이냐는 『삼국사기』에 언급이 없다. 그래서 자의대로 해석을 시도하였다.

먼저 주목한 부분은 안방에서 대청으로 나가는 맹장지 분합문에 설치된 불발기창의 위치이다. 안방에 정좌하였을 때 불발기의 울거미 아래 부분이 앉은 이의 눈 높이와 같다. 매우 의도적임을 알 수 있다. 그렇다면 천장도 앉은 이와 연관한 수치로 그 높이를 설정하였다고 볼 수 있다. 그런 의미에서 15척 넓이를 조선시대 온돌방에 적응시켜 보았더니 뜻밖에 재미있는 결과를 얻을 수 있었다.

15척 사방 구들 드린 온돌방(신라에는 이런 온돌방이 없었음) 중앙에 점을 찍으면 사방 7.5척씩 나누어진다. 7.5척 가운데 5척은 평균 신장이다. 이를 빼면 2.5척이 남는데 이 2.5척이 사람의 상징적인 앉은키에 해당한다. 약 75센티미터인데 실측해 보면 앉은 이의 눈 높이에서 방바닥까지가 대략 75센티미터이다. 이것을 기준선으로 잡고 그 위에 사람 키 한 길, 즉 5자를 더해 주면 다시 7.5척 높이, 약 2.25미터짜리 천장이 생긴다. 알 수 있는 조선시대 살림집 천장 높이를 실측하니 약간씩 차이는 있으나 그런 원칙에서 천장 높이를 설정하였다고 해도 무난한 정도이다.

18척 사방 방에 사는 사람은 좌탑을 놓고 그 위에 앉는다. 눈 높이가 올라가게 된다. 눈 높이가 올라가면 천장도 높아야 하는 게 원칙이다. 방이 넓어지면 천장은 구조상 자연히 따라 높아지게 된다. 평면이 커지면 기둥을 그만큼 높여주는 것이 한옥의 법식이다.

2.3미터 정도 높이 방인데도 더러는 의자를 들여놓고 올라앉아 책상에서 공부를 한다. 깔고 앉아 눈 높이를 높이면 상대적으로 천장과 사이가 가까워지면서 '기' 순환이 장애를 받는다. 그래서 기가 쇠해진다. 극단적으로 말한다면 천장을 바싹 내려주면 기색하고 만다. 그것은 사다리 놓고 천장 가까이 올라가 상당한 시간을 지내면 호흡이 가빠지는 것과 마찬가지 이치이다.

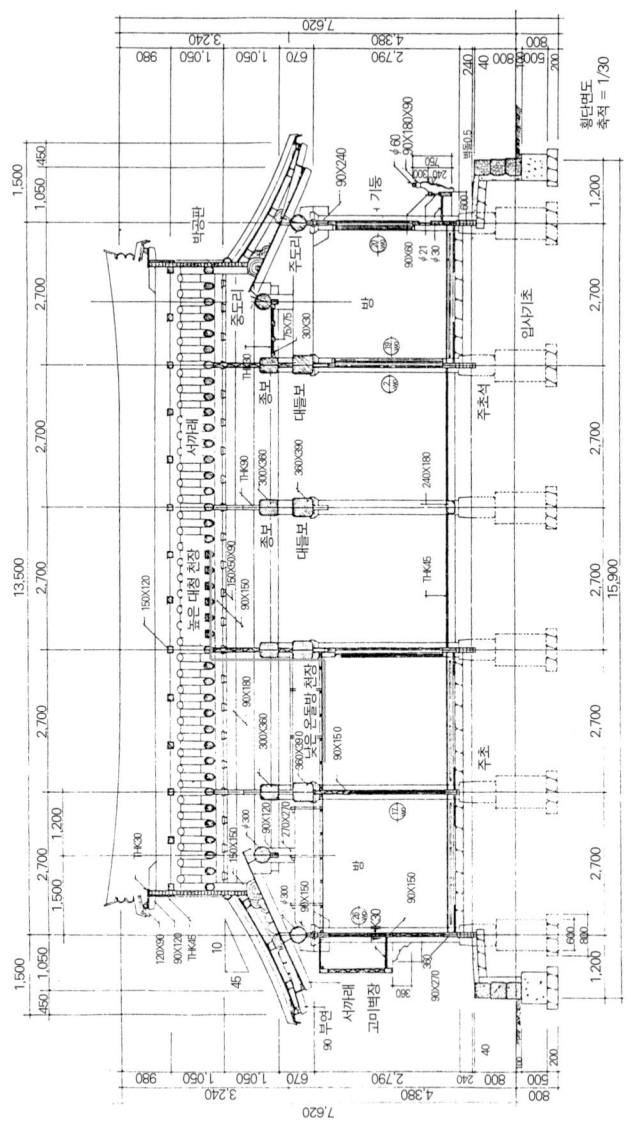

안방 두 칸과 대청 두 칸, 건넌방 구조
낮은 온돌방 천장과 높은 대청의 천장을 비교해 봐야 한다. 현대 건물에서는 아직 이에 대한 고려가 없으나 우리가 지을 새로운 한옥에서는 반드시 이 방법에 관심을 두어야 한다.

반대로 천장을 높이면 '기'가 승하면서 우쭐대다가 바싹 끌어올려 훨씬 높아지면 기고만장이 된다. 쇠해도 나쁘고 과해도 온전하지 못하므로 알맞게 균형을 잡아 주는 일이 중요하다.

방과 달리 대청은 앉아서 일하는 일간이기도 하나 서서 이동하는 공간이기도 하다. 천장 높이는 서 있는 이 평균 신장에 다시 한 길 높이를 더한 수치이다. 종도리까지 높이가 평균 십 척인 걸 보면 알 수 있다.

우리가 살고 있는 오늘의 양옥은 천장 높이가 일정해서 변화가 없다는 점에 주목해야 한다. 낮은 천장에다 의자, 침대를 들여놓으면 자연히 기가 쇠할 수밖에 없다.

5) 수장 공간

고암서방 부엌을 현관으로 사용했을 때 설계안처럼 부엌 판문형으로 그냥 설치할 것이냐 따로 현관문답게 만드느냐 하는 문제가 제기되었다. 원래대로 부엌문으로 설치하자는 의견이 많아 그렇게 하였다. 대신 도면에 보이는 문이 앞으로 가고 뒷문은 따로 짠 외짝 당판문을 만들어 달았다. 그러니 설계도와 같은 모습은 실제 건물에서는 볼 수 없다. 한옥에서는 더러 있는 일이다.

나 같은 이의 자의가 이럴 때 발휘된다. 안방 서편 벽엔 도면에서 보는

충효당 사랑채, 건넌방(작은방)에 벽장이 시설되어 있다.

부엌 천장 위가 다락으로 되어 있는 공루

것과 같은 고미다락이 설비되야 한다. 그런데 집주인 정서와 아무래도 맞지 않을 것 같았다. 고암 선생 미망인인 박인경(朴仁景) 여사도 이화여대 미대를 졸업한 화가이다. 지금도 동양미술학교를 운영하며 후진을 양성하고 있고 서울에서 전람회를 열어 호평을 받았으며, 아들과 며느리도 화가이다. 박 화백은 시심(詩心)이 뛰어나서 시집도 간행했다.

운현궁, 방에서 다락으로 올라가는 문 안에 층계가 있다.

어려서 사랑방에 가면 할아버지가 아랫목 뒷벽에 있는 머리벽장 문을 열고 군것질거리를 꺼내서 입에 물려 주셨다. 그 벽장이 어린 내겐 희한한 장소였다. 지금도 시골에 집 구경 갔다가 머리벽장을 보면 그 때 생각이 불현듯 떠오르곤 한다. 그런 머리벽장을 만들고 싶었다. 기둥간살이 전체를 차지하게 된 고미다락 중에서 반을 잘라 머리벽장을 만들고 두 짝 문을 달았다. 머리벽장 위로 공간이 남으므로 앉아서 여닫는 벽장말고 서서 쓸 수 있는 벽장을 하나 더 만들어 물감이나 종이, 그림 등을 보관하도록 했다. 박 화백이 아주 좋아하였다.

머리벽장 나머지 벽면에는 높은 머름을 드리고 네 쪽 분합을 미세기로 만든 후 맹장지로 도배하였다. 맹장지는 한지를 두껍게 단단히 싸 바르는 독특한 문짝이다. 이불을 넣는 등 벽장으로 쓸 수 있게 하였다. 이들 벽장만으로도 수장 공간이 제법 되어서 매우 쓸모 있을 것이다.

한옥엔 수장 공간이 참 많다. 벽장은 처마 밑을 이용하므로 방 면적을 축소시키지 않는 이점이 있다. 시골집에서는 방에 평천장을 하고 그 위에 온갖 것을 다 보관한다. 연등천장 서까래와 방 평천장 사이 삼각형 공간을 이용하는 것인데 이를 '더그매'라 부른다. 의외로 공간이 넓어서 물건을 많이 보관할 수 있어 요긴하다. 평천장은 사람의 기(氣)를 알맞게 순환시켜 주기도 한다.

서울집에도 다락이 있다. 시골집 공루와는 다르다. 공루는 방과 부엌에 걸쳐 다락을 만드는 것이고 서울집 다락은 부엌 위 부분만을 활용한다. 다락 출입은 안방 아랫목 뒷벽에 열린 문을 이용했다. 시골집에는 서고 (書庫)로 이용하는 사랑채 다락이 있다. 규모는 작아노 다부셔서 책 판목까지 보관할 정도이다. 아주 요긴하게 사용하는 공간인데 요즘 아파트 등에는 이런 수장 공간에 대한 배려가 부족하다. 덕분에 멀쩡한 것을 다 내다 버려야 한다.

한옥 방 밖으로 앞퇴가 있는 구조
장마가 져서 주룩주룩 장대 같은 비가 오는데 후텁지근한 방안 공기를 순환시키려 해도 처마를 잘라 버린 현대 건축에서는 창이나 문을 열 도리가 없다. 비가 쏟아져 들어오기 때문이다. 처마 없는 집은 텍사스 같은 사막에서나 필요하지 우리 풍토와는 맞지 않는다. 앞퇴가 있으면 비가 오거나 눈이 와도 방 밖으로 다닐 수 있고 공기를 순환시킬 수 있다. 퇴칸 기둥간살이를 알맞게 폐쇄하면 멋진 치장이 되면서 한옥을 돋보이게 한다. 새로운 한옥에서 적극 활용할 부분이다. 새로운 개념 아파트도 한옥에 들고 싶다면 이런 지혜를 발휘해야 할 것이다.

선인의 지혜를 되살려서 21세기 새로운 한옥에는 수장 공간을 넉넉히 두어 남기고 싶은 이 시대 작품을 보관해 두자. 곳간도 훌륭한 역사 보존 장소가 될 수 있다.

새로운 한옥에 여러 참신한 시도를 해볼 수 있다. 천장 높낮이를 다르게 하는 방법도 그 가운데 하나이다. 방 규격을 기가 도는 높이와 넓이로 설정하는 원칙이 섰을 때 거실이나 주방, 식당 천장 높이도 움직이는 사람을 고려하여 대청과 같이 높여 주자는 것이다. 움직이는 동작에 구애되지 않고 기가 원활하게 순환될 수 있도록 하자는 것이다. 천장의 낮고 높은 낙차는 유쾌한 활동을 보장해 준다. 천장이 일정한 집에서 느끼는 답답함이 해소되기 때문이다.

뿐만 아니다. 천장 낙차로 생겨난 공간을 이용하면 새로운 기능이 생긴다. 방 천장을 든든하게 평천장한다. 방 천장보다 거실과 주방 천장을 90센티미터 가량 높여 주면 물품을 보관할 수 있는 수장 장소로 이용할 수가 있다. 한옥 '더그매'에 해당하는 다락이 된다. 오늘날 아파트의 수장 공간 부족을 해결하는 데 요긴한 천장의 낙차는 사람의 기를 고르게 해줄 뿐 아니라 신체 리듬을 바르게 조절해 주는 기능도 있다.

19세기 이전 한옥에서는 부엌 평천장 위를 다락으로 사용하기도 하고 안방 천장 위를 공루로 이용하기도 하였다. 남의 눈에 띄지 말아야 할 것을 보관하기도 하고, 가족들 사이에도 어머니가 남모르게 간직해야 하는, 그래서 맏며느리에게 물려주는 물건의 비축 장소이기도 했다.

슬며시 벽장문 열고 뜻밖의 것을 꺼내어 나누어 줄 때, 받는 사람이 느끼는 감흥은 이 공간이 만드는 또다른 멋이다. 서양 건축에서도 마찬가지이다. 내가 살아 본 서양집도 구석구석 공간을 요긴하게 이용했다.

경제적인 이익 추구에만 주력한 아파트는 아무래도 과도기적인 성격이 짙다. 아파트라는 주거 공간에는 구수하고 능청스러운 구석이 없다. 지금처럼 되바라지게 까놓고 살다 보면 스스로 한계를 느끼게 되고 그 기세에 밀려 부부가 갈라서게도 되는데 그런 일이 현명하지 못하다는 걸 깨달았다면 이제 스스로를 추슬러 참되게 살아 볼 필요가 있다. 자기 품위를 지키는 데 필요한 남모르는 비밀 장소는 생활의 윤택함을 위해서도 필요하다. 그만큼 성숙해질 수 있기 때문이다.

● 천장(天障)과 천정(天井)

천정은 반자를 한 천장을 말하며 천장은 지붕 아래 구조된 시설 전반을 통칭한다. 살림집 천정 중에는 '우물반자'가 제일 고급으로 칠을 할 수도 있다. 대청 천장 중에는 연등천장이 삿갓천장보다 격이 높다.

연등천장으로는 서까래 사이를 흙으로 바른 앙토천장이 있는가 하면, 서까래 사이를 '골개판'으로 덮어 마감한 구조도 있다. 이 때 대청에 노출되는 골개판에 흰색 칠을 하기도 한다. 이는 마당에 비추는 빛을 내부에 밝게 반사시키려는 한 방도이기도 하다.

창덕궁 대조전, 고급으로 단청을 입힌 우물반자를 볼 수 있다.

3. 재목(材木)

멋지고 아름다운 집을 짓고 싶은 것이 인지상정이다. 더구나 마음먹고 한옥을 짓고 싶은 사람은 평생 소원하던 바를 이루는 일이므로 좋은 나무 골라다 이름 있는 대목을 시켜 다른 집보다 더 근사하게 짓고 싶은 법이다. 고암서방(顧菴書房)도 그런 소원에서 지은 오늘의 한옥이라 할 수 있다. 현대 건축인 것이다. 무엇을 본받거나 본뜬 것이 아닌 순수한 창작이다.

"삼대가 적선해야 멋진 집을 지을 수 있다"는 속담이 있다. "복이 있어야 좋은 나무를 만나고 좋은 인연이라야 뛰어난 목수를 만난다"는 말도 있다. 일을 시작해 보면 그런 속담이 참으로 실감난다. 터를 고르고 설계하는 일부터가 그렇다. 인연이 아니고 때가 아니면 자꾸 이상한 걸림돌이 일을 붙잡는다.

고암서방을 짓기로 하고 설계가 끝났을 때 조희환 대목에게 재목을 구해 보라 하였더니 어느 날 희희낙락한 얼굴로 나타났다. 마침 강원도에 좋은 재목이 있다는 것이다. 멀리 타국에 나갈 재목이니 잘 마른 나무라야 탈이 없을 텐데 마른 재목 구하기가 어려운 시절에 알맞은 나무를 구하는 일이 걱정이었다. 그런데 운이 좋아서인지 알맞은 나무가 있더란다. 당장 필요한 양을 구입하였다. 들여온 재목을 보니 홍송인데 재목감으로 알맞았다. 집주인이 복이 있다는 생각이 들었다.

우리 나라 소나무는 강인하다. 송진이 풍부해 마를 때 자작자작 갈라지는 구열상(龜裂狀)을 보이기는 해도 더 이상 갈라지거나 터지지 않고 천

년을 버틸 정도이다. 적송(赤松)은 더욱 질이 좋다. 그러나 지금은 구하기가 아주 어렵다. 얼마 전에 강릉에 갔다가 신응수 대목장이 구한 적송을 구경하였다. 밑동 지름이 1미터가 넘는 아름드리 나무였다. 아직도 이만큼 굵은 나무가 남아 있다는 게 놀랍다고 하였더니 사람 발길이 닿지 않은 곳에서 옮겨 온 귀한 나무라고 한다.

적송의 나이테는 아주 가늘어 보일 듯 말 듯하다. 굵은 나이테를 갖은 홍송과 비교하면 나이 흔적이 뚜렷하지 않다. 일 년에 아주 조금씩 컸다는 의미이다. 그러니 살결이 고울 수밖에 없다. 치밀한 재질은 섬유질이 강하다. 일본 국보 1호로 지정되어 있는 광륭사(廣隆寺)의 반가사유상(半跏思惟像)에서 보듯이 적송은 천 년을 버틸 만큼 강인하다.

적송 껍질을 벗기고 치목한 뒤에 집을 완성하고 나서 생으로 짠 들기름을 먹이면 차츰 발가스름해지면서 전체가 홍조를 띤다. 아주 밝고 명랑한 분위기가 되어 바라보는 마음이 흐뭇해진다. 그 맛에 비싸도 적송이나 홍송을 골라다 쓰는 사람도 있다. 최고의 호사를 누릴 줄 아는 식견 있는 멋쟁이다. 신응수 대목장이 수집한 적송은 수량도 많아 보는 것만으로도 즐거웠다. 그런 재목으로 집 짓고 살 사람의 의기가 부러울 뿐이다. 토벽집형 한옥은 목재가 좋아야 제맛이 난다.

모처럼 집을 지으려는 분이 지나가는 목수를 만나 물어 봤더니 "지금 국산 소나무가 어디 있느냐"며 외국산 소나무를 사다 쓰라고 하더란다. 외국산 소나무 가운데 그렇게 재목 값이 비싸지 않은 것을 골라다 쓰면

강원도 강릉시 우림 목재에 신응수 대목장이 수집해 놓은 적송 굵은 나무는 한아름이 넘었다. 옆에서 보니 밑동 지름이 내 허리를 지났다. 옛날엔 이런 나무가 흔했다는데 지금은 아주 귀하다. 적송은 살결이 발그스름해 인기가 있다. 살면서 더욱 붉어져 집이 아주 부티나 보인다.

나무 지름을 재어 보고 있다.

해남 녹우당 사랑채, 조밀한 적송의 나이 먹은 살결

값싸게 무난히 집을 지을 수 있다고 주장하더라고 그 분은 전하였다.

미송이라는 목재를 사다 쓰던 시절이 있었다. 국내 소나무가 부족하니 미송을 쓰라고 했다. 국가 예산으로 짓는 집도 미송으로 지어야 했다. 어떤 나무인지는 알 수 없으나 다듬어 보니 아주 여려서 토벽형 한옥을 짓는 데는 적합한 재질이 아니었다. "쓰라는 데 말이 많다"고 눈을 부릅뜨는 바람에 집을 짓긴 했으나 찜찜했는데 문제가 생겼다. 집이 폭삭 내려앉고 말았다. 보머리가 무게를 견디지 못하고 기둥을 타고 흘러내리고 말았다. 재질이 연약하여 목조 건축공법에 따라 결구한 부분이 세월이 지나면서 지탱하지 못하고 주저앉고 만 것이다. 짓고 나서 15년 정도 지나 일어난 일이다. 만일 지나가는 목수 얘기 듣고 비슷한 목재를 값싸다고 사다 썼다가는 15년 후에 다시 지을 각오를 해야 한다.

산림녹화 덕분으로 이제 간벌(間伐)하는 소나무가 제법 굵어졌다. 거의 서까래를 걸 수 있을 정도로 자랐다. 외국산 소나무가 아니어도 충분하다. 토벽집형말고도 번듯한 집의 재목감이 된다. 새로 짓는 한옥은 경제성을 고려해야 한다. 이런 재목은 도리감이나 기둥이 될 수도 있다. 벽선 등 보조물로 기둥 굵기나 기능을 보완해 주면 된다. 그래서 창조성이 두드러져야 한다는 주문을 하게 된다. 오늘의 나무 실정에 맞는 집을 지을 줄 아는 기술인이 필요한 것이다.

알맞은 재목으로 가볍게 지으면서도 한옥다운 분위기를 잃지 않는 방도를 찾아야 한다. 그렇게 새로운 한옥을 짓는다면 구태여 수명 짧은 외국산 나무를 쓸 까닭이 없다. 더구나 귀틀집이나 토담집 지을 마음을 굳힌 사람은 국산 소나무만으로 충분하다. 부족한 재목을 잘 활용해 멋진 한옥을 짓는 것은 순전히 우리 지혜와 능력에 달렸다.

현대인은 취향이 다양하다. 내부를 일부러 삐뚤빼뚤한 목재를 써서 꾸며 즐겁게 장사하기도 하고, 토굴처럼 만들어 살림하기도 한다. 시골집은 뒤떨어졌다고 입을 삐쭉거리면서도 빌딩 내부를 시골처럼 꾸며 놓고는 민속촌이니 하는 이름을 붙인다. 가서 보면 억지로 만드느라 애는 썼는데 도무지 걸맞지 않다. 무언지 모르면서 제 식견에 따라 그럴듯하다고 만들었는데 제대로 알지 못한 탓이다. 그런 꾸밈에서는 꼭 곧고 바른 목재가 요긴한 것은 아니다. 자연스러운 것이 더 매력일 수 있다. 시골에서 간벌하면서 가지 친 것을 구할 수 있다면 활용해 볼 만하다. 큰 재목을 잘라 쓰고 난 나머지를 구해다 쓸 수도 있다. 지금은 그런 나무 구하기가 어렵다. 아무도 그런 나무가 돈이 된다고는 믿지 않아서이다. 그러나 목재 수요가 늘면 순발력 있는 이가 공급할 것이다.

결국 집은 짓기 나름이다. 자기가 즐겨 살 수 있다면 귀틀집이든 토담집이든 벽돌집이든 돌집이든 마음대로 지을 수 있다. 그렇다고 장난처럼 지으란 말은 아니다. 그 집을 팔려고 내놓았을 때 살 마음이 생길 정도는 되어야 한다. 재산상 이득도 취해야 하기 때문이다. 집 짓는 데 신중해야 할 까닭이 여기 있다.

4. 기둥

프랑스 현장에 재목이 도착할 무렵 우리 일행도 도착했다. 모탕 고사를 지내고 본격적으로 일을 시작하였다. 재목은 한국에서 이미 80퍼센트 이상 손질하였다. 국내 같으면 말쑥하게 다듬었을 것을 그렇게 못한 것은 장기간 콘테이너에 밀봉한 채 바다를 지나면서 어떤 변화가 일어날지 몰라 현장에서 마감할 수 있게 여유를 둔 것이다.

아니나 다를까 도리 하나가 못 쓰게 되었다. 다시 치목하는 수밖에 없었다. 늘 하는 대로 네모난 나무를 여덟 모로 접고 다시 열여섯 모와 서른두 모로 만든 뒤에 각이 진 부분만 훑어내면 둥근 도리가 되는데 프랑스 건축가나 미술가들은 그렇게 나무 다듬는 치목법을 처음 보았나 보다. 과정마다 사진을 찍고 야단이다.

그래도 그것밖에 피해가 없던 것은 닥나무로 만든 한지를 발라 뒤틀리거나 터지지 않도록 해서다. 한지, 그까짓 것이 무슨 힘이 있느냐고 하겠지만 그렇지 않다. 치목한 뒤에 쇠서(공포 중에 쇠 혓바닥처럼 만든 장식 부분)와 갈라지거나 터서 보기 싫은 부재는 한지를 사다 한 겹 바른다. 꼭꼭 싸 바르면 종이가 마르면서 옥죄어서 나무가 마음대로 움직이지 못하고 종이가 하자는 대로 얌전이 있다. 한지의 신기한 기능인데 프랑스 갈 때에도 이 방법으로 도움을 받았다.

입주하기 시작하는 날 고사를 지냈다. 돼지대가리를 구할 수 없어 시루떡과 소주만으로 제수 차리고 돌아가며 절하였다. 건축주와 도편수가 제일 정성스럽게 절하였다. 기둥 세우고 창방 건너지르면서 집 짓는 모습이 눈에 띄기 시작하였다. 구경꾼이 점점 늘었다.

기둥 다듬는 방법은 여러 가지이다. 한옥 짓는 일에서 기둥을 어떻게 다듬느냐는 매우 중요하다. 기둥처럼 나무를 세워 놓은 걸 볼 때 멀쩡한 사람도 착각하기 쉽다. 그런 소리하면 더러 화내는 사람을 보았는데, 아무리 똑똑해도 착각하는 법이다. 절대로 그럴 리 없다고 한다면 기찻길에 잠깐 가 보면 금방 알 수 있다. 기찻길 가까운 쪽은 넓어 보이고 먼 곳은 좁아 보인다. 정말 그렇다면 기차가 갈 수 없으니 그렇게 보이는 것은 착각이다. 평행선을 일으켜 세우면, 이번엔 밑이 좁고 위가 넓어 보인다. 위가 넓으면 기둥이 거꾸로 서 있는 듯이 보여 매우 불안하다. 그런 불안을 덜기 위해 '착각을 교정하는 일'을 한다.

'착각을 교정하는 일'은 매우 고급스러운 기법이다. 기둥에 '흘림'을 주는 방법이 착각을 교정하는 법이다. 흘림법에는 '민흘림법'과 '배흘림법'이 있는데 살림집에는 보통 '민흘림법'을 쓴다. 둥근 기둥이나 네모난 기둥 마찬가지이다.

1) 기둥의 흘림법

나무는 밑동이 굵고 위로 올라갈수록 가늘게 자란다. 그 모습이 자연스럽고 사람 눈에 가장 안정되게 느껴진다. 기둥을 그런 모습으로 다듬는

강릉 객사문의 기둥, 배흘림이 잘 되어 있다.

방식을 '민흘림법'이라 한다. 심하게 말하면 뿌리 위에서 나무를 잘라다 가지를 치고 알맞은 높이로 세우면 훌륭한 민흘림 기둥이 된다.

자연스럽게 생긴 대로 기둥을 세우는 경우도 없지 않으나 대부분은 자연목을 말쑥하게 다듬어 세운다. 다듬는 과정에서 보통 위아래를 같은 치수로 제재(製材)한다. 목재 공급 제도에 따른 것으로 이 제도는 문명 국가에서 통용되는 방식이다. 목재는 네모난 각재(角材)로 공급하기도 하고 둥근 나무로 현장에 도착하기도 하는데, 이들 재목으로 필요한 기둥 모습을 만들어 내야 한다.

결정된 모양에 따라 흘림을 주는데 네모난 기둥이냐, 여덟 모이냐, 둥근 기둥이냐에 따라 약간 다르다. 기둥에는 중심선이 있다. 주반(柱半)이라 부르는데, 앞뒤와 좌우로 먹줄을 쳐서 표시한다. 그 주반을 기준으로 해서 기둥 밑동 넓이보다 기둥 상단을 좌우에서 5푼, 7푼, 8푼, 1치, 1치 2푼 줄이는 방식을 따르는데 집 규모나 기둥 위치와 형태에 따라 다르게 한다.

이는 매우 까다롭다. 중심부에 세우는 기둥, 평주(平柱)보다 귀기둥(隅柱)이 굵다. 귀기둥은 가운데 평기둥(平柱)보다 약간 높다. '귀솟음'이라 부르는 기법인데 착시 현상을 교정하는 방식이다. 귀기둥은 수직으로 서 있지 않고 머리가 안쪽으로 기울어져 있다. '오금법'이란 기법으로 역시 교정하는 방법이다. 이처럼 기둥의 기능에 맞게 흘림을 주어야 하므로 같은 집에서도 기둥에 따라 흘림 수치를 달리해야 조화롭다.

● 법식과 기법

재목 다듬는 일에도 법칙이 있다. 아무렇게나 깎고 저미는 것이 아니다. 법칙에 따르지 않으면 여러 사람이 치목한 나무 짜임이 제대로 될 리 없다. 그런 법칙을 법식(法式)이라 한다.

법식은 집 짓는 근본 도리이다. 이 도리는 이치에 따르고 진리에서 벗어나지 않는다. 수련에 의해 터득되며 난숙한 경지에 도달하면 새로운 창의력이 발휘된다. 이는 깨달음 뒤에 얻는 지혜이며 계속된 수련으로 향상된다. 남의 의도를 배우는 일은 수련에 해당하며 모방은 수련의 첫 단계로 초급에 불과하다. 초급은 더 나아질 여지를 지녔지만 수련 없이는 성과를 거둘 수 없고 더구나 남 앞에 나서서 무리를 선도할 자격은 없다.

법식을 숙련된 기술인이 표현하여 완성하는 일을 기법(技法)이라 부른다. 기법은 도구 발달과 식견 차이에 따라 시대상을 잘 나타내는 특성을 지녔지만 법칙에서 벗어나는 일은 없으며 창작할 수 있다 해도 그 시기의 흐름에 한정되는 수가 많다. 이 시대에 맞는 새로운 집을 지으려는 사람들은 법식과 기법에 각별히 유의해야 한다.

먹줄이 주반으로 기준이 되어 여덟 모로 하였다가 둥글게 다듬는다.

기둥 세우며 수직을 가늠하는 모습
갓기둥(평주)이 서면 그 안통에 높은 기둥(고주)이 들어선다. 기둥 세우고 창방 결구하면 목수들은 어느덧 그 위로 걸어다닌다. 기둥 머리 위에 주두를 얹고 다음 단계 작업을 준비한다. 조희환 도편수가 기둥 수직을 다시 가늠하고 있다.

목조 건축에 전문 식견이 필요한 까닭이 바로 이런 고급 기법 구사 때문으로 이웃나라에서는 보기 어려운 기술이다. 북경 사합원과 같은 고급 살림집을 봐도 이런 기법을 쓰지 않았다. 일본인이 1920년대 이래로 그쪽 건축 문화를 우리가 본받았다고 주장해 왔으나 실제로 가서 살펴보면 한옥보다 수준이 많이 낮아 그것을 본받았다는 말에는 동의할 수 없다.

2) 기둥의 종류

기둥은 높이에 따라 평주(平柱)와 고주(高柱)로 나눈다. 평주는 보통 기둥이고 고주는 평주가 서 있는 안쪽에 위치하는 기둥이다. 평주는 다시 평기둥과 귀기둥으로 나뉜다.

살림집에서 사용하는 기둥도 둥근 기둥(圓柱), 네모난 기둥(方柱)이 있고, 필요에 따라서는 팔각기둥(八角柱)을 만들어 세우기도 한다. 어떤 이는

해남 녹우당 안채 기둥, 툇마루 평주와 안쪽의 고주를 볼 수 있다.

"살림집에 무슨 둥근 기둥을 쓰느냐"고 핀잔을 주지만 사용한 집이 남아 있으므로 막무가내로 없다는 주장은 설득력이 부족하다. 안동 하회 양진당(養眞堂, 보물 제306호)이나 충효당(忠孝堂, 보물 제306호)도 다 둥근 기둥을 사용하고 있다. 역시 민흘림을 주었다. 양진당이나 충효당의 평주는 상당히 키가 크다. 평지 집보다 월등히 크다. 안동 산곡간(山谷間)의 기풍을 그대로 간직한 것인데 집 전체가 풍기는 맛이 매우 구축적(構築的)이다. 목이 긴 신라 토기 장경호(長頸壺)의 기풍과 비슷하다.

팔각기둥 예는 녹우당에서도 볼 수 있다. 안채 앞퇴 동편 끝 기둥을 팔각으로 다듬어 세웠다. 그리로 드나드는 문이 있어 여러 사람이 출입했고, 손에 물건을 든 경우도 있으므로 기둥이 차지하는 면적을 줄이려고 팔각기둥을 만들어 세웠다. 생활 경험이기도 하지만 다정한 마음에서 나온 '사랑의 기둥'이라고도 할 수 있다. 새로운 한옥에서 이런 마음씨를 발휘하면 금상첨화일 것이다.

3) 기둥 세우기, '그렝이법'

오늘날 기둥은 주춧돌 위에 세운다. 옛날에는 땅을 파고 기둥 밑동을 묻기도 하였다. '굴주(掘柱)'라 하는 것인데 원초 시대에 유행하던 것이나 일본에서는 중기에 이르기까지도 이 법을 구사하였다.

아직 돌로 주춧돌을 쓰지 못하던 시절엔 주초를 나무로 하였다. 우리도 새마을 운동 이전에는 나무 주초를 한 집이 있었는데 초가집을 싹쓸이 하는 바람에 다 없어졌다.

주초석은 대개 화강석을 다듬어 쓰지만 시골집은 대부분 산에서 떠온 알맞은 크기 초석을 쓰고 있다. 산에서 옮겨온 자연석이므로 면이 고르지 못하다. 초석 생긴 데 맞추어 기둥을 세울 수밖에 없다.

자연석은 높이도 일정하지 않다. 수십 개 초석에 기둥을 세우려면 그 초석 높이를 감안해야 한다. 주초석 높이가 일정하지 않은 것을 '덤벙주초'라 부른다. 거기에 기둥을 키 맞추어 세운다. 제멋대로 생긴 자연석 위에 기둥을 세우는 일이 쉽지 않은데 독특한 기법으로 개발한 것이 바로 '그렝이법'이다.

프랑스에서도 그랬지만 외국에 가서 집 지을 때 한 번씩 한 바탕 하는 것이 주초 위에 기둥 세우는 일이다. 현대식 서양 건축 기법은 기초와 벽체나 기둥을 꼭꼭 잡아매어 절대로 떨어지지 못하도록 하지만 우리는 주초석 위에 기둥을 올려 세우는 일로 끝이다. 잡아매지 않는다.

현대 서구 건축가들은 이렇게 잡아매지 않는다는 점을 이해하지 못한다. 고대 이집트나 그리스 로마 석조 건축물도 다 주초 위에 기둥을 그냥 올려 세웠는데도, 그 기법을 이해하려 하지 않고 발전된 현대식 공법을 준수하라는 주문이다. 승강이를 하고 나서야 건축 허가가 나왔다. 1967년에 멕시코시 차풀테백 공원 안에 '한국정'이라는 정자를 세울 때

(위) 기둥을 자연석에 맞추어 그렝이 기법으로 세웠다.
(아래) 대목장이 기둥을 초석에 맞춰 그렝이하고 있다.

도 그런 시비에 말려들었다. 다행히 당시 멕시코 중앙은행을 감리하는 건축가가 교포였는데 그 사람에게 열심히 우리 기법을 설명하였고, 그 후원으로 허가가 나서 우리 식대로 한국정을 세울 수 있었다. 벌써 30년이 넘는 세월이 지났고 무수한 지진이 있었지만 한국정은 제 모습을 지키고 있다. 한옥 조영 기법이 지진을 견디는 내구력이 월등함을 증명한 것이다.

프랑스 건축 당국은 멕시코의 예를 존중하여 무난하게 건축 허가를 내주었다. 그래서 우리 기법을 유감 없이 발휘했다. 몇 해 전 일본의 지진 소식을 들으면서 옛 기법에 따라 못을 사용하지 않고 결구법으로 세운 건물이 지진에 큰 피해를 입지 않았다는 사실도 알게 되었다. 목조 건축 옛 기법의 우수성이 다시 입증된 셈이다. 21세기 한옥에 목조 건물을 추가하자고 제의하는 것도 이런 뛰어난 장점 때문이다.

기둥은 위에서 내려 짤 수 있게 머리 부분에 '사갈'을 타는 일을 기본으로 한다. 수장을 끼울 수 있게 장부구멍을 파기도 한다. 기둥 기법은 완성한 뒤에는 보기 어려워 목조 건축을 잘 모르는 초보자는 그런 기둥 마름법을 이해하기가 어렵다.

우리가 공부해야 하는 것도 바로 이런 까닭이다. 숨은 부분을 익히지 않고는 한옥 짓는 일에 정진하기 어렵다. 기둥 한 가지만 해도 이 정도이니 한옥 한 채를 지으려면 정말 많은 노력이 필요하다. 그만큼 다양하며 재미있어서 부딪치며 접근해 가는 묘미도 새록새록하다.

5. 가구

기둥 세워 울을 만들고 보를 얹으면 '가구가 시작되었다'고 말한다. 먼저 갓기둥을 세워 평주(平柱)라 부른다. 기본이 되는 기둥이란 뜻이다. 오량집도 사방 가장자리엔 이 갓기둥인 평주가 선다. 기둥머리엔 사방으로 홈이 파여 있다. 이를 '사갈 튼다'고 말한다.

사방 중에 앞뒤로 보 받는 보아지를 꽂는다. 그러고는 좌우로 창방을 꽂는다. 기둥과 기둥 사이에 처음으로 창방을 건너지르는 것이다. 이로써 기둥은 서로 연계되고 울의 기본을 형성하게 되었다. 말하자면 창방은 울의 경계선으로 이로부터 벽체와 문골도 설치된다.

갓기둥 안쪽에 고주를 세운다. 고주는 높은 기둥이란 의미의 이름으로 '高柱'라 쓴다. 평주보다 키가 크다. 오량집에선 방과 툇마루 사이에

건축주 박인경 화백과 프랑스 건축가 내외, 조희환 대목장과 그 동료인 대목들이 다 모였다.

평주 사갈 튼 곳에 앞뒤 방향으로 꽂을 보아지. 조각한 부분이 기둥 안쪽으로 가도록 꽂는다.

고주가 들어선다. 가구한 대로 보면 고주와 앞쪽 평주 사이에 툇보가 걸리고 고주와 뒤편 평주 사이에는 대들보가 걸린다. 대들보 위로 종보가 놓이는데 종보 한쪽은 고주에 결구되고 뒤쪽은 중대공 위에 자리잡는다.

고주에 결구되는 보는 위부터 내려 짜는 것이 아니다. 보 끝에 만든 촉을 고주에 파놓은 장부구멍으로 옆에서 밀어 끼워 넣어 접합되면 고주와 보에 미리 파놓은 구멍에 단단한 나무(박달나무나 괴목, 밤나무 같은 재목)로 만든 팔 푼 정도 굵기 긴 못을 끼운다. 이를 '산지못'이라 부른다. 예외인 셈인데 내려 짜지 않고 옆으로 끼우는 것이므로 이완될 염려가 있어 나무못을 박아 고정시키는 것이다.

(위) 기둥 세우고 보아지 꽂고 창방을 건너지른 모습. 이로부터 집의 가구가 시작된다고 할 수 있다.
(아래) 기둥 위에 주두 놓은 집이 놓지 않은 집보다 격이 높다.

(위) 앞퇴에 걸릴 툇보 모습

보머리 쪽에 둥근 도리를 올려놓을 수 있게 안장을 만들어 주는데 둥근 도리가 구르지 않도록 숨은 장치를 해준다. 다 짠 다음에는 이런 구조가 숨어 버려 볼 수 없으므로 만들 때 보지 않으면 있는지 조차 모르는 수가 많다. 이를 두고 설계도에 표시할 수 없는 부분이라 말한다. 뒷부분 촉은 고주에 박힐 부분이다. 산지못을 박을 수 있게 처음부터 구멍을 뚫는다.

(아래) 본격적인 가구의 시작

고주에 툇보와 대들보를 걸고 충량도 제자리를 잡아 준다. 이로써 본격적인 가구가 시작되었다. 대들보 위로 솟아 있는 고주는 종보를 받을 중대공 구실을 할 부분이다. 사갈 튼 자리에 보아지와 장혀가 +자형으로 결구된다.

(왼쪽) 보를 거는 단계
갓기둥(평주) 세우고 창방을 끼워 가며 울개미 형성하고는 고주를 세운다. 갓기둥과 고주 사이에 보가 걸린다. 앞쪽에 걸리는 것이 툇보이다. 툇마루 위에 구조되는 보에 해당한다. 보의 등장은 울개미 속에 공간 분할이 시작되었음을 알려준다.

(오른쪽) 대들보를 건 모습
고주에 앞퇴의 툇보와 뒷편으로 결구되는 대들보가 걸렸다. 두 가지 보를 결합시키려고 홈을 파 장부촉을 꽂고 산지로 못을 만들어 박았다. 산지는 단단한 나무를 깎아 만든다. 고주 위 보아지는 종보를 받을 태세를 갖추었다.

가구의 막바지 단계
종보를 얹고 보머리에 장혀를 끼웠다. 이제 중도리를 얹을 차례이다. 중도리를 설치하면 종보 중앙에 마루대공을 세우고 종도리를 건다.

(위) 주도리 얹은 모습
갓기둥 위로 둥근 굴도리가 다 제자리에 결구되었다. 갓기둥 위 굴도리를 주도리(柱道里)라 부른다. 오량집에서 제일 가장자리에 위치하는 도리이다. 앞에 보이는 장혀는 아직 중도리를 올리지 않은 상태이다.

(아래) 상량하기 전 단계
중도리와 주도리 사이에 서까래를 걸고는 종보 위에 대공을 세우고 종도리(마루도리) 얹을 차비를 한다. 상량할 때가 온 것이다. 이쯤 작업이 진행되면 기둥 위로 훤히 트였던 하늘이 거의 가려진다.

(위) 가구 마무리
마루도리가 제자리에 올라앉았다. 상량식도 끝이 나고 그 뒤로 작업이 계속되면서 가구가 마무리되었다.

(아래) 지붕 구성 마무리 단계
종도리와 중도리 사이에 짧은 서까래 거는 일이 시작되었다. 지붕 구성도 거의 마무리에 이르렀다.

이런 접합은 도면엔 지시가 없다. 이음이나 결구에 대한 상세도가 따로 표기돼 있는 것도 아니다. 숙련된 기술자가 진행하는데, 경험 없는 설계자는 짜는 법과 이음법이 매우 어렵고 까다로워 어리둥절하기 십상이다.

1) 보와 도리의 구분

가구(架構)는 보와 도리의 방향이 달리 구성되는 특성이 있다. 도리는 칸에 따라 길게 연속되는데 보는 짧게 짧게 제자리에 올라앉는다. 짧게 걸린 대들보와 방향을 같이 한 것을 다 보(樑)라 부른다. 제일 중심이 대들보(大樑)이고, 대들보 위 작은 보가 종보(宗樑)이다. 종량이란 단어를 다시 우리말로 풀면 '마루보'가 되나 흔히 쓰는 단어는 아니다. 대들보 앞쪽 퇴칸에 걸린 보를 툇보(退樑)라 한다.

지금 살림집에선 보기 어렵지만 옛날 규모가 큰 살림집에서는 당연히 구성하였을 보가 종중량(宗中樑)이다. 종중량은 대들보와 종보 사이에 걸린다. 대들보는 '삼량집'을 구조하고, 종량이 있으면 '오량집'이 되며, 종중보가 있으면 '칠량집'이 된다. 법당이나 비슷한 공공 건축물에서 지금도 볼 수 있는 가구의 한 가지이다. 칠량집은 도리 일곱이 걸린 집을 지칭하는 것이다. '구량집'이나 '십일량집', 그 이상의 구조도 있다. 하중보(荷重樑)라는 것을 더 쓰기도 하나 여염집에서는 보기 드물다. 보 가운데 예외가 도리와 같은 방향으로 걸리는 '충량(衝樑)'이다. 맞배지붕이 구성되는 집에서는 생략되는데 팔작이나 우진각지붕을 형성할 때는 반드시 있어야 한다. 그러나 충량은 집이 두 칸 이상일 때만 결구된다. 단칸집에는 없다. 이 보는 합각 밑 중도리를 받아 주는 역할을 한다. 도리는 우리말이고 한자로 쓸 때는 '道里, 渡里, 渡利, 棟' 등 다양

● '대들보가 튼실해야 집이 잘 팔렸다'는 사연

서울의 1930년대 집 장수가 지어 판 집의 대부분은 대청 대들보를 매우 튼실하게 만들었다. 마포 집 장수로 손꼽히던 한 노장은 집 사러 온 사람이 대들보를 보고는 "햐아! 저 대들보 좀 보소. 저만하면야 집이 튼실하것제" 하고 대뜸 계약을 맺었다고 회고한다. 다른 부재는 부실한 것을 써 이익을 많이 남겼다고 실토하기도 했다. 특히 목재가 적지 않게 드는 수장재를 가늘게 써서 겨울 추위에 머리맡 걸레가 바싹 얼어붙기도 했다고 한다.

19세기 이전 명인들이 지은 집 대들보는 사진에서 느낄 수 있는 것처럼 가늘고 날렵한 모습이었다. 충남 논산 백의정승 윤증(尹拯) 선생 고택 안채의 대들보는 집장수 집처럼 투박하고 무거운 맛이 전혀 느껴지지 않는다. 질 좋은 재목을 무지개 모양으로 약간 휘어 오르게 해서 강하게 힘을 받게 했다. 그러면서도 가늘게 해서 중압감을 느끼지 않게 했다. 이런 멋진 구조를 눈여겨두면 새 한옥에 응용할 수 있을 것이다.

논산 윤증 선생 고택 안채, 대들보가 투박하지 않아 명랑한 분위기를 느낄 수 있다.

하게 표기한다. 이두이므로 쓰는 이에 따라 달리 표기하여서 의궤를 읽고 있으면 제각기 다르다.

도리는 보와 직각으로 교차해서 설치하는 것이 기본이다. 도리와 보는 +자형으로 교차하는데 막연히 교차하는 것이 아니라 +자로 짠다. 이를 '결구(結構)'하였다고 한다. 예외로 도리도 보와 같은 방향으로 결구하는 것이 있다. '충량 위 중도리'이다. 역시 맞배지붕에서는 생략한다. 팔작과 맞배지붕이 구조된 고암서방엔 보와 도리가 복잡하게 걸렸다. 주의해야 알 수 있다.

2) 가구(架構)와 상량(上樑)

서까래가 걸리기 시작한다. 서까래를 걸기 시작하면 집은 한결 모양새를 갖춘다. 처음에 기둥 세워 울개미만 조성했을 때는 하늘이 휑하니 올려다보이지만 보를 걸고 도리만 얹어도 하늘을 가리고 도리 사이로 서까래 걸면 하늘이 거의 가려져 나무 틈 사이로나 겨우 보일 정도가 되다가 골개판을 덮으면 완전히 가려진다. 집 공사가 진척되는 모습을 집안에서 쳐다보면 참 재미있다.

도리 얹고 서까래 거는 일을 순서대로 하지만 오량집에서처럼 긴 서까래와 짧은 서까래를 걸 경우에 종도리는 긴 서까래 걸고 난 뒤 상량식

(위) 작업이 진행될수록 하늘은 점점 작아지다가 마침내 깜깜해지고 만다.
(아래) 서까래가 걸린 사이로 겨우 하늘이 보인다. 서까래 걸기 이전에 보이던 환한 하늘은 사라졌다.

(위) 상량문
(아래) 상량문을 밀봉한 종도리로 상량 후 뒷면이 된다.

을 기다려 얹기도 한다. 꼭 순서가 있어서가 아니라 상량 날짜를 잡다 보면 시차가 생겨 그렇게 되기도 한다. 상량은 집 짓는 과정에서 제일 큰일이므로 신중할 수밖에 없다.

대청 가운데 칸 종도리 받침장혀나 안방 다음 칸인 대청의 종도리 받침 장혀에 상량문을 붓으로 써 넣기도 한다. 고암서방에는 한옥이 한자와 연결된 한족(漢族)의 문화 성향에 젖은 집으로 오해될까봐 상량문을 한글로 '일천구백구십이년유월스무여드렛날열한시에 고암서방 상량하였다 무궁무진'이라고 집주인이 먹글씨로 직접 썼다.

보통은 '龍'자와 '龜'자 사이에 상량기문을 먹물을 듬뿍 묻혀 붓으로 쓰는데 일정한 양식은 없고 상량한 시일과 덕담을 쓰는 사람 식견에 따라 그때 그때 다르게 쓴다. 보통은 '龍'자를 거꾸로 써서 '龜'자와 마주보게 한다.

묵서(墨書)한 상량대의 상량문은 지금까지 대부분 한자로 썼고 내용도 간결하므로 자초지종을 다 기록할 수 없다. 그래서 따로 상량문을 지어 한지에 정성 들여 써서 대나무 통이나 구리로 만든 통에 넣어 종도리에 홈을 파 따로 넣어 밀봉하기도 한다. 그간 수리한 집을 보면 대부분 상량문은 종도리 바닥에 판 홈 속에 들어 있다. 홈은 상량문을 넣은 통이 들어갈 만한 크기로 판다. 통 크기보다 약간 깊게 파고 턱을 만들어 뚜껑을 덮어 못 박을 수 있게 한다.

상량문 넣은 도리를 '상량도리'라 하는데 상량대 위에 올릴 때 장혀 등에 만든 안장에 상량문을 넣은 홈이 맞닿도록 한다. 홈 뚜껑이 장혀와 밀착되어서 도난을 막고 비가 새더라도 빗물이 스며들 염려가 없어 보존에 만전을 기할 수 있다.

잘사는 집의 생각 깊은 주인은 훗날 자손이 집 수리할 때 쓸 수 있게 상량문 갈피 속에 금은보화를 넣기도 한다. 그러니 도난을 염려하지 않을 수 없다. 때로는 당시 쓰던 엽전을 넣기도 해서 역사의 흔적이 있다.

옛날 상량문에는 형식이 있었다. 집 지은 까닭과 집 짓는 데 쓰인 물화의 공급과 집 지으면서 자초지종을 다 말하고는 그 끝에 '이 대들보를 올린 이후로는……' 으로 시작하는 찬문(讚文)을 쓴다. 동서남북과 대들보 위쪽과 아래의 모든 일에서 축복을 받아 만당의 가족이 무탈하고 입신해서 부귀공명을 누리게 해 달라는 덕담과 희망, 소원을 기록하였다.

상량문은 쓰는 사람의 식견에 따라 뛰어난 문장이 되기도 한다. 옛날 선비 문집에 명문장인 상량문이 실려 있기도 하다. 현대인은 구태여 한문으로 써야 할 까닭이 없다. 억지로 어렵게 쓰기보다는 이 시대의 명문장을 우리 글로 알아보기 쉽게 적어 집의 내력을 알게 하면 그것으로 족하다고 하겠다.

상량문이 명문이다 싶으면 나무판에 서각(書刻)해서 대청 한쪽에 자랑스럽게 걸어 두기도 한다. 누구나 그 명문을 읽게 하려는 배려이다. 이런 글을 현판(懸板)이라 부른다. 현판은 마루 안통에 걸고 대청 밖 처마에는 집의 당호를 큼직하게 쓴 편액(扁額)을 건다. 운현궁에 가면 추사 김정희

운현궁 노안당 편액, 추사 김정희 선생의 필적이다.

선생 글을 받아 흥선대원군의 사당 편액을 건 것을 볼 수 있다. 이름난 서예가의 작품이 이런 식으로도 남아 있다.

상량대에 먹글씨로 쓰는 것을 상량기문(上樑記文)이라 하고, 두루마리 종이에 길게 쓴 글을 상량문(上樑文)이라 한다. 요즘에 새 집 지은 사람이 예스러운 분위기를 내고 싶어 어찌 쓰는 것이냐고 묻기도 한다.

서울 남대문에는 태조 때 상량기문과 세종 때 중건한 기록, 성종 10년 (1479)에 먹으로 쓴 묵서명(墨書銘)이 도리에서 발견되었는데 작은 글씨로 긴 글을 써 넣어서 그것만으로 당시 사정을 알 수 있다. 이는 상량기문

보다는 상량문에 가깝다.

부석사 무량수전을 1930년대에 중수하면서 장문의 상량문을 기록한 묵서명의 도리가 발견되자 해체해서 무량수전 뒤편 처마 아래에 보관했다. 1960년대 가난한 승려가 방을 덧달아 낸다고 이 상량도리를 판자로 켜내어 쓰는 바람에 없어지고 말았다. 마침 나도 동국대 황수영 교수와 「석굴암중수보고서」를 쓰기 위해 방문하였다가 그 지경을 보고 당국에 알렸으나 그냥 넘어가고 말았다. 아까운 일인데 작은 글씨로 줄 맞추어 자근자근 써 내려간 모양을 겨우 알아볼 수 있었다. 유형은 서울 남대

함양 정여창 선생 고택 사랑채 상량기문

문 묵서명과 비슷하였다.

살림집 수리 때에도 상량문이 많이 발견되었을 터이나 자료가 보관되지 않아 이런 유형의 묵서명이 있는지 알 수 없다. 종이 두루마리에 적어 넣은 경우는 더러 볼 수 있다. 비단에 상량문을 쓴 예도 있으나 흔한 편은 아니다.

집을 조사하다가 상량기문이 눈에 뜨이면 안심이 된다. 창건 연대를 알 수 있어 학문적 가치를 증명할 수 있어서이다. 창건자와 창건 연대, 건축 과정, 건축인들 방명(芳名, 꽃다운 이름)까지 알 수 있다면 그 집은 진중한 대접을 받는다. 파리 고암서방, 하회 심원정사, 선산 일선리 동호재 신축에서 상량문을 써 넣는 일을 철저히 한 것도 그런 기록의 가치를 고려해서이다.

● 상량기문

상량대 장혀 배바닥에 굵은 글씨로 쓴다. '龍' 자를 거꾸로 쓰고 '몇 년 몇 월 며칠 몇 시에 입주상량' 하였다 하고 '대주 아무개가 집 좌향을 어찌 잡아 집 지었으니 조상과 산천은 자손이 만당하고 부귀와 영화가 여여하게 해주소서' 하는 기원을 작은 글씨로 두 줄에 나누어 쓴 뒤에 맨 아래에 '龜' 자를 써서 마감한다.

쓰기 쉽고 읽기 쉽도록 한글로 적는 방식이 무난하다고 생각한다. 내가 집 짓고 쓴다면 '이천년오월십구일 입주상량' 이라고 큰 글씨로 듬직하게 쓰고 그 아래 작은 글씨로 두 줄 '신 목수의 집 배산임수한, 맑은 터전, 임좌병향, 도편수 조희환 지극정성 건축, 자손만당 무궁무진' 이라고 기록하겠다.

● 상량문

역시 한글로 쉽게 쓰면 좋겠다. 집 짓게 된 동기, 터전의 주소와 주변 형국, 집터 마련한 얘기, 집 설계와 설계자 노력, 건축 인력의 인연과 노력, 귀한 건축 자재 수급에서 빼놓을 수 없는 얘기, 공사 기간에 있었던 신선한 일과 즐거운 얘깃거리, 새로운 기술 도입이나 응용, 주변에 사는 사람의 후덕한 인심, 가족의 합심과 노력 등에 대한 얘기를 담담히 기술하고 이어 찬문(讚文)을 시 쓰듯이 기록한다. 운을 맞추거나 글자 수를 일정하게 하는 능력이 있다면 별문제지만 아니라면 자유시 형식으로 거침없이 쓰는 것이 오히려 즐거울 듯싶다.

펄프가 많은 종이보다는 닥나무 섬유질이 많은 한지에 좋은 먹을 정성스럽게 갈아 붓으로 쓰면 매우 오래 가서 기록으로 남길 만하다. 두루마리를 구리 통에 넣거나 대나무 통에 넣으면 오래 가는데 반드시 뚜껑을 만들어 닫고 밀봉해서 공기와 습기가 들어가지 못하게 해야 수명이 길다.

3) 오량집과 삼량집

우리가 새로 짓는다면 주로 오량집일 것 같다. 삼량집은 대들보 위에 바로 마루대공(宗臺工)을 세우고 종도리(마루도리) 없는 가구 구조이다. 시골집에서 볼 수 있는데 긴 서까래의 '자꺾음장예'에 따라 물매가 형성되려면 종대공(마루대공) 키가 훤출해야 한다. 대공의 키가 크면 도리가 흔들릴 염려가 있다. 그런 약점을 보완하려고 대들보를 굽은 재목으로 골라다 쓰기도 하는데 알맞은 나무만 구하면 완성된 모습이 멋지지만 대들보 여러 개를 다 그렇게 생긴 것으로 고르기가 쉽지 않으므로 성공 확률은 높은 편이 아니다. 집 구경 다니다 보면 멋진 재목을 알맞게 골라다 쓴 작품을 만나게 된다. 현대에도 그처럼 성공할지는 의문이다. 불가능하지야 않겠지만 영 자신이 없다면 차라리 오량집 짓는 쪽이 안전하다.

서울의 집장사 집도 대부분 오량집이다. 그만큼 보편적이다. 요즘은 재목도 기성품이 공급되어 주로 곧은 재목을 발주할 수 있으므로 제도에 순응하는 방도이기도 하다. 물론 목재 고르기에 자신 있는 사람이라면 멋진 삼량 작품을 시도해 볼 만하다.

오량집도 구성이 단순한 것만은 아니다. 재치를 발휘할 수 있는 길이 얼마든지 있다. 이렇게 얘기하면 흔히 '대목이 하는 일에 집주인이 끼여들어도 되느냐'고 되묻는다. 물론이다. 옛말에 '주인 식견이 70이고 기술인 힘이 30'이라고 하였다. 집은 주인이 짓는 것이다. 설계부터 주인은 자기 의사를 밝히고 참여한다. 단 식견 없이 천박하게 굴거나 되지도 않을 일을 주장하면 일이 이루어질 수 없다. 기술적으로 가능한지 건축가에게 자문을 받으며 자기 개성을 발휘하면 설계하는 사람은 대환영이다. 새로운 작품을 시도해 볼 수 있는 기회를 만났기 때문이다. 시공하는 이도 마찬가지이다. 그러나 특수재가 필요하다면 그만큼 경비가 든다는 사실도 염두에 두어야 한다. 개성을 발휘하려면 돈이 든다. 어디에나 수업료가 필요한 법인가 보다.

(위) 주도리 두 개와 종도리 하나가 걸린 삼량집
(아래) 아산 맹씨행단, 오량집 종보 위에 복화반이 있고 종보 좌우는 소슬합장이 받치고 있다.

일본 호류지 회랑의 8세기 때 소슬합장. 이런 구조는 고구려 석실고분 '천왕지신총'의 석실에서 돌로 구조한 모습을 볼 수 있다. 5세기 이전 구조 기법의 예이다.

오량집 짓는다고 옆집 짓는 대로 따라하였다가는 똑같은 집이 되고 만다. 자기 개성에 흡족하도록 한다. 어떻게 해야 하느냐는 기술자의 자문을 받을 수도 있고 자기가 터득한 지식에서 알맞은 것을 골라 이용할 수도 있다. 자기 지식이 부족해 고민인 사람도 있다. 평소에 두루 살펴보는 일을 하지 않은 것이다. 그렇다고 부끄러운 일은 아니다. 전공이 아니면 어차피 다 알기는 어려운 노릇이니 식견을 높이는 노력을 하면 된다. 우선 관계 서적을 읽으면서 정보를 얻는다. 그러고는 찾는 노력을 한다. 제대로 봐야 실감이 나고 실감이 나야 작품에 자신이 생긴다.

몇 곳을 다니다 보면 매우 다양한 모습을 볼 수 있다. 같은 오량집도 이렇게 다를 수 있구나 하는 점을 깨달아야 비로소 창작 대열에 들 수 있다는 자신이 생기고, 대목과 의논해서 새로운 멋을 창조한다면 최상의 기쁨을 누릴 수 있다.

기회 있는 분은 온양에 가서 아산시 배방면의 사적 제109호 '맹씨행단(孟氏杏壇)'을 찾아가면 흥미 있는 자료를 만날 수 있다. 앞에서 이미 이 집의 평면도를 살펴본 바 있으므로 가구말고도 봐 두어야 할 부분이 많다. 우선 가구부터 보자.

대청에 올라가 보면 가는 대들보가 지나가고 있다. 서울 집장사 집의 엄청나게 굵고 투박한 보와 비교하면 아주 날씬하고 버겁지 않다. 올려다보는 마음에 부담이 없다. 대들보 위에 종보가 있다. 그래서 오량인데 재미있는 점은 종보 위에 설치한 마루대공이 판대공(板臺工)이 아니라 복화반(覆花盤)이라는 것이다. 복화반은 판대공보다 가벼워 보인다. 복화반 위에 마루도리가 있다. 화반 위 소로가 마루도리 받침장혀를 지탱하고 있을 뿐이어서 도리가 자극을 받으면 흔들릴 수 있다. 이를 막으려고 도리 좌우에 소슬합장을 설치해 붙잡았다.

소슬합장이 무엇인지 궁금한 사람은 종보에서 마루도리를 향해 두 손 끝을 모은 듯한 모양을 하고 있는 가는 재목에 주목하면 된다. 바라보는 것이 바로 '소슬합장'이다. 소슬합장과 복화반 구성은 아주 옛날식이다.

조선조 초기와 그 이전 시대 건축물에서 볼 수 있는데 그 중 제일 오래된 것이 고구려 고분 구조이다. '천왕지신총(天王地神塚)'인데 무덤 전실 천장 구조에서 보게 된다. 여기 소슬합장은 마루대공이 따로 없고 소슬합장 자체가 대공 노릇을 한다. 이 방식은 고구려, 백제 건축가가 이룩한 일본 나라(奈良)의 법륭사(法隆寺) 회랑에서도 볼 수 있다.

오랜 세월 소슬합장이 있었다는 것은 수많은 작품이 만들어졌다는 의미이다. 그만큼 다양한 모습이 형성되었으므로 자료는 상당히 풍부하다. 자료가 풍부하다는 것은 멋진 작품을 완성할 수 있는 여지가 충분하다는 뜻이므로 마음먹고 시도해 볼 일이다.

얼른 보면 단순하지만 알고 보면 얘깃거리를 넉넉하게 지니고 있는 것이 한옥이다. 집을 지으면서 공부를 계속하면 아주 기분 좋은 결과를 얻게 될 것이다.

4) 반오량(半五架)집

오량 가구법에 따른 구조이면서도 정상적인 오량집이 아니고, 그렇다고 삼량집도 아닌 구조로 '반오량집'이 있다. 그 구조된 모습을 보기 어려워서 열심히 눈여겨보지 않으면 찾기 힘들지만 알아두면 변화 있는 집을 짓는 데 큰 도움이 될 수 있다.

해남 녹우당 안채, 반오량 가구법을 채택했다.
앞퇴간을 고려하여 종도리가 중앙에 자리잡지 않고 뒤쪽으로 놓였다.

해남 녹우당, 반오량으로 해서 뒷편 서까래가 짧게 되었으므로 처마 아래 눈썹처마를 달아 깊이를 보완했다.

집을 짓다 보면 한편은 길게 나머지 반대편은 짧게 가구하여 이웃한 구조물과 이어나가기 편리하게 할 필요가 있다. 이럴 때 '반오량법'이 매우 좋다. 그런 예를 창덕궁 후원의 연경당 바깥 행랑채 서편 구조에서 볼 수 있다. 드물지만 녹자적인 건물을 '반오량법'으로 선축한 예도 있다. 반오량으로 지은 살림집으로 해남의 윤선도(尹善道) 선생 생가인 녹우당(綠雨堂)이 있는 사적 제167호 녹우단을 손꼽을 수 있다. 녹우당은 사랑채 당호인데 그 집 안채가 '반오량집' 가구법이다. 대청에 올라가 보면 그 구조가 한눈에 보인다.

안채는 앞퇴가 있는 구조인데 단면을 보면 앞에 평주, 다음에 고주를 세워 앞퇴를 마감했다. 뒤편에는 고주만 세우고 그 밖으로 퇴를 만들지 않아 고주가 '주도리(柱道里)'를 받는 평주 구실을 한다. 앞퇴 쪽으로는 긴 서까래가 걸리는데 뒤편은 짧은 서까래가 걸린다. 종도리는 중심에서 뒤편으로 치우치게 되어 앞뒤가 대칭하지 않는 구조로 마무리되는 특색을 보인다.

안채의 이런 '반오량법' 구조는 좌우로 전개되는 ㅁ자형 날개 부분 구조에도 이어지는데, 이 구조의 약점을 보완하려고 뒤편 처마 아래로 다시 눈썹지붕을 만들어 처마 깊이를 보편적인 '오량집'만큼 만드는 방법을 썼다. 이 건물에서 '반오량법'은 안채를 당당하게 보이려고 쓴 것이다. 조촐한 선비의 살림집이란 점을 고수하되 사랑채보다는 높게 하여 안채인 정침(正寢)의 권위를 지키려고 했다.

이 집 사랑채는 효종 임금이 세자 때 스승이던 고산 윤선도 선생을 위해 수원에 살림집 한 채 지어 주었던 것을 뜯어 후일 구조한 것이어서 후대에도 사랑채보다 격이 높은 안채 짓는 일을 조심해야 한다는 분위기였다. 그런 흐름에서 오늘날까지 안채의 '반오량집' 구조법이 그대로 유지되어 왔다. 그러나 실제로는 안채가 사랑채보다 먼저 지어진 것이므로 처음부터 임금에 대한 배려 때문은 아니었을 것이다. 하지만 오늘날 모습은 그런 흐름이 숨겨진 밑그림이라고 할 수 있다.

앞퇴의 고주와 뒤쪽에 세운 고주에 대들보를 건다. 보통 건물과 비교하면 '종보' 위치에 대들보가 걸리게 된다. 공간을 높게 구성하기 위해서이다. 격조 있는 '오량집'은 아니나 공간을 높이는 효과를 충분히 발휘했다.

대청에서 올려다보면 높게 걸린 대들보 위로 종대공(마루대공)이 하나 올라앉아 있다. '삼량집'처럼 보이는 광경이다. 아주 조촐하지만 앞뒤 높은 기둥으로 대청에 장중한 분위기를 조성했다. 앉은 사람을 충분히 압도할 만하다. 생략법을 쓰면서도 소기한 방도를 훌륭히 발휘하였다.

새로 짓는 한옥에서 이 방법을 활용한다면 실내 공간을 높게 쓰면서 다수를 포용할 수 있다. 많은 사람이 모이는 공간에서 천장 높이는 사람의 기(氣)를 고르게 해주도록 배려해야 하는데 '반오량집'은 그런 면에서도 주목할 만한 구조이다. 충분히 응용할 방법을 고려해 볼 만하다.

녹우당 안채에서 눈여겨볼 부분은 굽은 나무를 적절히 활용하여 뒤편 고주의 키를 낮추어 준 것이다. 앞뒤 대칭을 허물면서 생략법을 썼는가 하면 앞과 뒤 기둥 높이를 달리하여 한 번 더 변화를 주었다. 이런 즐거움은 다른 나라에서는 보기 어려운 한옥의 선미(仙味)인데, 이만큼 표현할 수 있는 대목장(大木匠)이라면 상당한 수준에 이른 도편수이다.

6. 처마

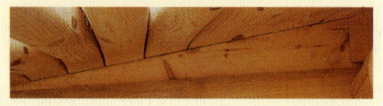

"고드름이 어디 걸리죠?"

여럿이 모인 자리에서 묻는다. "추녀 끝에 달린다"고 대답하는 사람이 적지 않다. 이름난 소설가가 쓴 문학 작품에도 서슴없이 고드름이 추녀에 달렸다고 되어 있다. 추녀는 처마에서 사방 귀에 걸리는 굵은 재목이다. 겹처마 집이라면 추녀 밖으로 다시 사래가 걸린다. 그러니 추녀에 고드름이 달릴 수가 없다. 맞배지붕에서는 추녀를 걸지 않는다. 즉 추녀가 없다. 그 집에 달린 고드름은 무엇이란 말인가? 고드름은 추녀에 달리는 것이 아니다. '처마 끝에 달린다'고 해야 맞다.

운현궁 노락당. 고종 임금이 가끔 머물던 곳으로 겹처마이다.

운현궁 노안당. 흥선대원군이 거처한 사랑채로 홑처마이다.

가구는 서까래를 거는 골격이다. 기둥 안쪽 가구에 걸린 부분은 '천장'이라 부르는데 서까래가 기둥 밖으로 돌출하면 '처마' 라고 따로 이름지어 부른다.

기둥 높이를 기준했을 때 처마가 얼마만큼 기둥선 밖으로 돌출해 있느냐를 두고 '처마 깊이' 라고 한다. 우리 나라의 기본 깊이는, 기둥 높이를 100이라고 하면 처마 깊이가 80퍼센트이다. 이에 비해 북경 일대는 60퍼센트 정도이고 일본은 그보다 깊어서 100퍼센트나 120퍼센트까지도 돌출한다. 이는 강우량과 정비례한다.

처마 종류는 두 가지가 있는데 서까래만으로 구성되면 '홑처마' 라 하고, 부연을 설치하면 '겹처마' 라 한다. 흥선대원군의 집으로 고종이 등극하기 이전의 잠저인 운현궁에 가면 흥선대원군이 거처한 사랑채 처마는 홑처마인데 고종이 와서 머물 수 있게 준비한 건물 처마는 겹처마이다. 처마에도 격이 있어 함부로 구성하지 않았음을 알 수 있다.

1) 홑처마

현존하는 살림집 대부분은 홑처마이다. 여염집은 홑처마가 기본이었다는 뜻이다. 조선왕조 건축 법령에 제한이 있어서 법을 어기지 않는 한 겹처마를 삼갔다. 서울의 집장사 집은 거의 겹처마이다. 나라가 망한 이후에 마음대로 지은 것이니 우리 얘기 대상으로 삼을 만하지 않다. 홑처마니까 별로 구경거리가 없으려니 하면서 얼른 보고 지나치는 수가 많은데 자세히 보면 만만치 않다. 처마 곡선은 서까래 때문에 생겨난다. 일본이나 북경 지역에서처럼 곧은 서까래를 걸었다면 처마는 직선이 된다. 우리 처마처럼 곡선을 주려면 서까래마다 있는 곡률을 살려 주어야 한다. 각 위치에서 지나가는 선의 속도를 유지해 주는 것이다.

정읍 김동수 가옥의 사랑채. 홑처마의 유연한 현수 곡선을 잘 보여 준다.

서까래는 일정한 간격을 유지하고 점점이 자리잡고 있는데 이들을 연결하는 궤적에 의해 처마 곡선이 이루어지는 것이다. 우리 처마 곡선은 현수 곡선에 가깝다. 앞에서 보아 그렇다. 추녀 좌우에서 선자서까래가 곡선을 마무리해 주어서 이루어진 것이다. 다른 나라에는 선자서까래가 없는데 우리 나라는 시골의 기와집에 이르기까지 선자가 없는 집이 없을 정도로 보편화되어 있다. 지금 지어도 선자서까래는 필수이다.

2) 선자서까래의 등장

2차 대전 이후 일본은 오사카에서 발굴 작업을 하였다. 이 때 사천왕사(四天王寺)터도 발굴되었다. 발굴 중에 백제와 고구려 건축가가 창건한 건축물 일부가 발견되었다. 마침 추녀 좌우에 걸렸던 선자서까래 모습이 나타났다. 일본 건축이 후대에 이르면서 잊었던 선자서까래 구조법이 처음 사원이 창건되던 때의 유구(遺構)에서 발견된 것이다. 초창기 기법 중 하나를 되찾은 것으로 모두 놀라워했다. 그래서 새로 중창하는 사천왕사 금당과 강당, 오층탑에 선자서까래가 있는 곡선 처마를 구성하였다. 서까래도 일본 건물에 보통 쓰는 각목(桷木) 대신에 둥근 연목(椽木)을 썼다. 그러나 그렇게 간단히 재현하기는 어려웠나 보다. 수백 년 잊었던 기법을 재현하는 것은 실패했다. 목조도 아니고 철근 콘크리트

주도리와 중도리가 열십자로 짜인 왕찌 위에 걸린 추녀의 뒷몸

안에서 본 선자서까래와 갈모산방. 갈모산방으로 선자 곡선을 살린다.
아직 백제식이 남아 있는 건물 가운데 하나이다.

조로 조성해 적당히 흉내 내는 선에서 마무리되고 말았다.

북경 일대 살림집이나 남방에서도 선자서까래를 보기는 드물다. 하늘 보고 삿대질하듯 끝을 휘어 올리는 남방식 처마 곡선에서도 선자 비슷한 것이 있으나 우리의 정교한 선자서까래와는 다르고 엇선자와 비슷하다. 선자는 구성도 어렵고 질 좋은 목재도 많이 써야 하므로 기술적으로나 목재 수급 문제로나 쉽게 덤벼들기 어려웠나 보다.

선자서까래 거는 과정을 직접 보면 다듬는 작업이 매우 까다롭고 처음부터 끝까지 차례로 추녀에 덧붙여 나가는 설치 작업도 정확하지 않으면 매우 어렵다는 사실을 알게 된다. 다듬는 일과 설치가 까다롭다는 것은 목재가 섬유질이 많은 질 좋은 소나무가 아니고는 견디기 어렵다는 의미이기도 하다. 재질이 연약하면 다듬는 과정에서 갈라지거나 부러지기 쉬우므로 완성하기가 어렵다.

선자에서 처마에 곡선이 생기므로 질 좋은 소나무를 많이 쓸 수 없는 이웃나라 목조 건축에서 곡선 처마를 구성할 수 없는 것이라고 할 수 있다. 지역 특성에 따르는 일이므로 인위적으로 하려 해도 도저히 할 수 없었던 것이다. 중원 한족 건축의 한계이기도 한데 이를 감안하지 않고 우리 건축이 무조건 중원 건축을 본받았다고만 주장해 왔다. 한옥의 법식이나 기법을 연구하지 않은 사람의 피상적인 주장이다.

지붕 구성하면서 일정한 간격으로 설치한 통서까래(보통 서까래를 말한다) 끝에 평고대를 가로질러 건다. 평고대는 추녀까지 이어진다.

추녀는 운두가 높다. 든든하고 듬직하게 생긴 재목으로 만든다. 중도리와 주도리에 걸치면서 앞부리는 기둥 밖으로 돌출시킨다. 돌출한 만큼이 처마 깊이가 된다. 추녀는 긴 재목인데다 각도가 있어서 만들기 까다롭다. 추녀 각도가 잘못되면 처마 곡선이 시원스럽게 되지 않을 확률이 높다. 처마 곡선의 아름다움은 추녀 제작과 설치에서 비롯된다.

추녀는 처마 좌우 끝에 거는데 도리가 +자로 짜인 왕찌 위에 자리잡는다. 이렇게 하면 통서까래와 달리 방향이 45도가 된다. 추녀가 45도로 자리잡는 데서부터 어렵다. 추녀와 통서까래 사이에 삼각형 모양 공간이 생기기 때문이다. 이 공간을 메우자니 평고대에서는 통서까래에서와 마찬가지로 간격이 유지되어야 하나 삼각형 좁은 부분에서는 서까래가 얇아져야만 좁은 공간에 다 들어갈 수 있다. 그래서 선자 모양을 보면 앞은 둥글지만 주도리에 놓이는 자리 안통부터는 가늘게 직선으로 다듬어졌고 끝에 이르면 종잇장처럼 얇다. 아주 긴 재목을 써야 하므로 다 다듬어 놓으면 나룻배의 노와 비슷한 모습이 된다.

추녀 볼따귀에는 서까래를 반쪽으로 쪼갠 것을 부친다. 쪼갠다는 말은 반으로 가른다는 것인데 '반으로 타갠다'고도 한다. 반으로 타갠 선자를 부치면 선자 '초장이 붙었다'고 말한다. 선자 걸기를 시작했다는 의미이다. 여기서부터 열 장, 열한 장, 열석 장의 선자가 부챗살 펴듯이 설치되는데 이를 '선자 건다'고 한다. 선자 걸 때는 긴 못으로 박아 추녀와 한 몸이 되게 한다. 종잇장처럼 얇은 부분에 긴 못을 박아야 하므로 쉽지가 않다. 잘못하면 얇은 부분이 터지거나 갈라진다.

추녀는 운두가 높으므로 서까래만으로는 그 높이를 감당하기 어렵다. 추녀에 잇대면서 주도리 위에 '갈모산방'이라 부르는 긴 목침을 박아 괴어 준다. 갈모산방은 서까래 곡선을 감안하여 추녀와 접합하는 부분은 높게 반대편으로 차츰 가늘게 다듬어 낮은 삼각형처럼 만든다. 그렇게 해야 통서까래와 막장 높이가 같아지면서 처마 곡선에 무리가 없다.

선자서까래는 앞으로 숙여지는 물매 경사도를 지니고 있으므로 갈모산방에서 서까래 바닥이 닿을 자리는 경사지게 다듬어야 한다. 서까래 각도를 정확하게 파악하지 못하면 서까래 바닥과 갈모산방 바닥이 밀착되기 어렵다. 빈틈없어야 하는데 말처럼 쉬운 일이 아니다.

문화재관리국에서 매년 시행하는 문화재 보수 기술자 면허 자격 취득시험에 갈모산방은 자주 시험 문제로 등장한다. 그만큼 간과하기 쉽지만 알아두지 않으면 낭패하기 쉬운 요소이다. 만드는 일도 까다로워 듣도 보도 못한 '그렝이법'을 써서 설치해야 하므로 갈모산방 위치와 모양을 그림으로 그려 가며 정확히 답을 쓰는 사람이 매우 드물다.

실제로 완성한 집을 보아도 아주 유심히 보지 않으면 눈에 잘 띄지 않는다. 자세히 봐야 추녀 좌우로 삼각상 긴 재목이 주도리 위에 올려져 있음을 알게 된다. 그러나 갈모산방이 없으면 처마 곡선이 이루어지기 어렵다. 그만큼 중요한 부재이다.

갈모산방은 추녀가 있는 목조 건축이면 당연히 있어야 하지만 처마 곡선은 나라와 민족 성향에 따라 주기도 하고 안 주기도 한다. 티베트에서는 우리와 엇비슷한 갈모산방을 볼 수 있는데 곡선을 주었다.

3) 추녀와 평고대

홑처마 추녀와 겹처마 추녀는 다듬는 방법이 다르다. 추녀 길이와 각도도 틀리다. 겹처마 추녀에는 사래를 이을 안장을 마련하는 등 배려가 있어야 한다. 사래는 추녀 위에 올라타듯이 붙으므로 추녀와 사래를 합한 각도는 상당히 급한 편이다.

홑처마 추녀는 그렇게 급할 필요가 없다. 더구나 삼량집 추녀는 그보다 더 완만해도 무리가 없다. 홑처마 추녀 가운데 '알추녀'가 있다. 추녀 앞쪽을 한 번 접어서 가볍게 만들어 주는 방식으로 격이 높은 도편수가 지은 건물에서나 볼 수 있다.

추녀 끝에 평고대를 건다. 홑처마에서는 평고대라 하나 겹처마에선 초맥이라 부른다. 평고대는 처마 곡선을 형성하는 기본이므로 신중하게 걸고 곡선을 설정해 주어야 한다.

주도리와 중도리가 제자리에 들어서고 귀에서 왕찌를 짜면 그것을 안장으로 삼아 추녀를 건다. 지붕 구성 시작이며 통서까래 사이에 선자가 설치되는 기본이 조성된 것이다.

평고대는 추녀와 사래 끝에서 결구되는데 사래와 추녀 끝에서 고정시키는 방법이 서로 다르다. 홑처마와 겹처마 구성에서 생긴 차이지만 섣불리 할 수 없다.

4) 송첨

서까래만으로 끝이 나는 홑처마에는 약점이 있다. 무더운 여름철에 내리는 뙤약볕이 사정없이 후텁지근하게 만든다. 조금만 더 볕을 가려 주는 것이 있으면 좋겠다. 차양 시설이 필요해 궁리했다.

이엉을 두름 엮어 처마 끝에 달았더니 그런대로 볕은 가려 주는데 말쑥한 멋이 없고 답답했다. 제주도에서는 이엉을 엮어 만든 보첨을 바지랑대로 버텨 볕을 가리다가 바람이 불면 바지랑대를 치우고 밑으로 드리워서 비바람이 들이치지 못하게 했다.

제주도 민가의 차양, 이엉을 엮어 만든 보첨을 볼 수 있다.

또 궁리하였다. 생솔 가지를 두름 엮어 처마 끝에 잡아매었다. 향긋한 냄새가 좋고 짚보다 무거워 바람에 날리지 않으며 잘생긴 큰 소나무 그늘에 앉은 듯한 기분도 들어서 여름 지내기가 한결 쉬웠다. 이를 '송첨(松檐)'이라 부르기로 하였다.

『고려사(高麗史)』에 송첨에 대한 기록이 있는 것으로 보아 멋쟁이의 진취적인 시험이 이미 오래전에 이루어진 듯하다. 고려시대 이래 멋을 아는 격조 있는 집에 홑처마의 연장 시설로 널리 이용했다. 1801년에 단원이 그린 '삼공불환도(三公不換圖)'에서도 볼 수 있는데 경내 여러 건물 가운데 손님이 찾아드는 외당(外堂)에만 설치하였다. 그만큼 송첨 설치하기가 쉬운 일이 아니었음을 말해 준다 하겠다.

송첨은 기와집에만 국한되는 시설은 아니었나 보다. 단원(檀園) 김홍도 화백이 자기 집에 지은 초정(草亭)에 벗을 초청하여 청유를 즐기는 장면을 그린 그림이 있는데 그 초정 처마 끝에 매단 솔가지 두름을 실감나게 묘사하여 초가에 송첨한 좋은 예를 볼 수 있게 하였다.

송첨은 한철밖에 사용할 수 없어서 해마다 바꾸어야 한다. 품이 많이 드는 송첨을 매년 설치하는 것은 생활이 넉넉하지 못한 집에서는 어림없는 일이었다.

5) 붙박이 보첨

살림이 좀 피어서 형편이 좋아졌을 때 아예 붙박이 보첨인 눈썹지붕 설치 공사를 한다. 아니면 집 지을 때 아예 눈썹지붕까지 단다. 눈썹지붕은 처마 아래로 다시 처마를 덧대 주는 방식을 말한다.

눈썹지붕은 경북 영천 지역에서 흔히 볼 수 있는 맞배지붕에 가적지붕을 덧다는 구조와는 다르다. 가적지붕은 한 칸을 다 덮을 만한 크기인데 눈썹지붕은 처마 끝을 약간만 가릴 뿐이다. 19세기 이전 눈썹지붕 가운데 지금 남아 있는 작품은 대략 세 유형이다.

첫번째 유형이 추사고택[秋史故宅, 추사 김정희(1786~1856) 선생의 생가]의 사랑채 맞배지붕에 덧대어 만든 눈썹지붕이다. 비가 들이칠 염려가 있는 부분을 보강하려고 설치하였다. 아궁이에 불을 지필 때 비가 들이치면 불길이 꺼질 걱정도 있고 사람이나 장작이 비에 젖을 염려도 있다. 이 집 눈썹지붕은 구조도 매우 재치 있다. 기둥 하나 따로 세우지 않고 선반 매듯이 멋지게 처리하였다. 이렇게 하기도 쉽지 않다. 고급 기술을 지닌 숙련된 대목장 작품이라 하겠다.

두 번째 유형은 눈썹지붕을 처음부터 지붕에 이어 시설하는 것인데 처마 끝보다 낮게 설치했다. 보첨으로는 가장 완고한 시설물이라고 할 수 있는데 얼른 보면 일본 법륭사 오층탑이나 금당 1층 지붕 아래에 다시 한 칸 규모로 부설한 지붕 모양과 비슷하다. 이런 유형 지붕은 고구려

예산 추사고택, 맞배지붕 밑에 덧대어 만든 눈썹지붕을 볼 수 있다.

거창 정온 선생 고택, 사랑채 누마루에 눈썹지붕으로 보첨을 시설했다.

계 목탑으로 알려진 응현 불궁사의 요나라 시대 오층목탑 1층 지붕 아래 따로 한 칸을 덧달은 외곽 지붕과도 비슷하다. 옛날식 보첨이 눈썹지붕으로 되었다고 하겠다.

내루(內樓, 안채나 사랑채에서 앞으로 한 칸이나 두 칸 덧달아 돌출하게 만드는 일종의 다락 같은 구조의 작은 공간, 이로써 평면이 ㄱ자형이 되기도 한다)에 눈썹지붕을 덧달아 완성한 예를 볼 수 있는데 그 중 멋진 작품이 경남 거창군 위천면 정온(鄭蘊 1569~1642) 선생 댁(중요민속자료 제205호)에 있다. 정온 선생은 인조 임금이 청나라에 항복한 일로 분개하여 벼슬을 버리고 위천에 터를 잡

강릉 선교장, 사랑채에 청동판으로 지붕을 이어 보첨을 시설했다.

고 살았는데 후손이 1820년에 그 집을 중수하였다. 붓글씨로 쓴 상량문으로 분명한 시대를 알 수 있다. 평면이 정면 여섯 칸 규모 겹집이며 동편 건넌방 앞으로 내루 두 칸이 설비되었는데 거기에 눈썹지붕을 달았다. 전면과 동서 삼면에 설치되어 있는데 활주처럼 가는 기둥을 더 세워 눈썹지붕을 조성하였다.

세 번째 유형은 지붕과는 별도로 따로 기둥을 세워 판자로 지붕을 만들어서 큼직한 차양 시설을 한 구조물이다. 서산 김기현 씨 댁(중요민속자료

강릉 선교장 사랑채인 열화당에서 내다본 처마 끝 눈썹지붕. 구리판으로 지붕을 이었다. 당대 강릉 제일 부잣집다운 시설이다.

제199호)은 판자에 기와를 이었다. 네모난 서까래 각(桷)에다 부연까지 구조한 판자 지붕에 기와를 이은 것이어서 완벽해 보인다. 화순 양도호 씨 댁(중요민속자료 제152호)은 현존하는 시설에 함석을 이었다. 당초부터 이런 구조였는지에 대해서는 알려진 바 없다. 서울 종로 윤보선 전대통령 댁 사랑채와 강릉 제일 부잣집으로 알려진 선교장(중요민속자료 제5호)

윤보선 전 대통령 댁, 역시 사랑채에 보첨을 시설했다.

사랑채와 동궐(창덕궁과 창경궁) 후원의 연경당 뜰 아래채인 선향재는 얇은 구리판으로 너와처럼 지붕을 이었는데 19세기 구조물이다.

여름 석양볕이 아직도 따가울 때, 서향한 집에 비추는 석양볕은 더위가 식지 않게 하므로 그 볕을 가려야 시원한 저녁을 맞을 수 있다. 경제적인 여유와 식견이 있는 사람이라면 홑처마 집에 따로 차양 시설을 시공할 것이다. 구리판을 씌운 시설이 그중 격조가 높다.

6) 겹처마

살림집은 부연 있는 겹처마 구조를 삼갔다. 고종의 친아버지인 흥선대원군이 거처한 사랑채는 홑처마, 임금님이 머무실 처소엔 부연 있는 겹처마를 구성하였다. 얼마 떨어지지 않은 두 건물이 확연한 차이를 보인다.

여염집에 부연을 채택한 것은 조선시대 법이 무너지면서 집장사가 팔려고 제멋대로 지은 살림집부터이다. 새로 짓는 한옥은 대부분 겹처마일 듯싶다. 그렇다면 부연을 어떻게 설치하는지 한 번쯤 보아 두는 것이 유익하겠다. 고암서방도 부연 걸어 겹처마를 구성하였는데 국내에서 하는 방식을 그대로 따랐다. 그 중 일부를 여기에 소개한다. 과정을 살펴봐 두면 도움이 될 것이다.

홑처마에 개판을 덮어 완성하면 초맥이(서까래에 거는 평고대)에 의지해 부연을 건다. 부연을 못박아 서까래에 고정시키는데 서까래와 부연이 일치해야 가지런해 보인다. 부연을 서까래에 고정시키지 않으면 못을 단단히 박을 자리가 없다. 부연 끝에 '이맥이 평고대'를 건다.

추녀에 덧박아 고정시킨 사래에 이맥이 평고대 끝을 올려놓으면서 설치하면 처마 곡선이 형성되기 시작한다. 위치에 따라 부연 각도를 조절해 일정하게 맞추면서 부연을 단단히 고정하면 처마 곡선이 훤출하게 완성된다.

서까래 걸고 골개판 덮으면 홑처마는 완성된다. 겹처마는 부연을 서까래 위에 밀착시켜 고정하는 일로 시작한다. 좌우의 사래에서 휘어져 내려오는 이맥이평고대에 부연의 코가 나란히 자리잡으면 '부연을 걸었다'고 한다.

부연 몸뚱이에 착고맥이 끼울 홈을 파는 작업을 한다. 먼저 위치를 표시하고 가는 내릴톱으로 금을 따라 켜낸다. 홈을 판 다음에 착고판을 끼운다.

부연의 좌우 볼에 파낸 홈에 착고맞이판을 끼워 넣는다. 느리개나 적심, 보토 등이 밖으로 비쳐나올까봐 착고로 막은 것이다. 이맥이에 판 물홈은 부연개판의 앞부리를 끼울 준비를 한 것이다. 끼워 줘야 말라 벌어졌을 때도 간격이 생기지 않는다.

개판을 이맥이 물홈에 끼우면서 설치했다. 개판은 보통 착고까지만 설치한다. 부연의 뒷부분이 느리개에 눌려 꼼짝하지 못하게 고정되기를 바라서이다. 개판에 못을 박아 움직이지 못하게 하지만 한쪽만 박아야 마를 때 수축을 방해하지 않는다.

7. 지붕

부연과 부연 사이 간격을 막아야 한다. 부연 간격을 수직으로 막는 '착고' 설치와 부연 사이에 수평으로 '개판'을 덮어 주는 작업은 착고 설치부터 시작한다. 먼저 착고 끼울 자리를 정하고 거기에 톱을 넣는다. 톱날 사이를 끌로 다듬으면 얇은 '착고판'이 들어갈 가는 홈이 생긴다. 홈에 착고를 꽂는다. 착고판을 개판 높이에 맞게 잘라 내고 부연 사이에 개판을 덮는다. 개판은 횡개판이 아닌 골개판 형식이며, 이맥이에 판물홈에 개판 앞부리를 끼워 넣는다. 그래야 개판과 이맥이 접합이 말쑥하게 된다. 개판을 덮으면 부연 설치 작업은 끝난다.

적심의 막중한 무게 때문에 한옥은 아주 두툼한 재목을 사용한다. 장마에 억수로 퍼붓는 비나 겨울에 쌓이는 눈 무게도 집을 무겁게 하는 원인이다. 일본이나 중원 집이 비교적 가볍게 짓는 것과 비교하면 장중하다. 우리 나라 집 재목이 굵고 두꺼운 것이다.

기둥만 해도 지름 30센티미터 정도도 부족하다고 여겼다. 네모 기둥도 한변이 30센티미터 정도 되야 후하게 썼다고 대견해한다. 이웃나라보다 두 배 정도 굵다. 유럽이나 미주의 목조 건축 기둥도 가늘기는 마찬가지이다.

우리는 기둥이 두실하니까 서까래가 정비례해 굵어야 하고 서까래가 그만하니까 도리가 듬실해야 하며 도리가 든든하니까 보가 우람해야 했다. 1930년대 서울에서 대유행한 '집장수 집'은 기둥 굵기가 한변 15센티미터 정도면 괜찮은 편에 속했다. 그런데도 관습에 따라 굵은 재목

지붕 · 265

을 써야 직성이 풀렸다. 지붕 하중이 무겁다는 관념에서 벗어나지 못해서이다.

새로운 방식이 생기면서 지붕 무게가 가벼워졌다. 그만큼 재목을 줄여 써도 좋을 만하게 되었다. 북경 사합원(四合院, 명·청의 관리나 상류 계층 사람이 살던 집)이나 명품으로 소문난 집에 가서 보면 방안에서 올려다보이는 연등천장 서까래 사이로 회흑색 반전(半塼, 방전 2분의 1 크기의 널찍한 전돌)이 눈에 뜨인다. 개판 대신 쓴 것인데 그 위에 바로 기와를 이어서 적심이나 두꺼운 진흙 층이 없다. 그래서 서까래 지름이 10센티미터가 안 되도 크게 문제되지 않는다.

북경 시내 살림집 기와지붕의 기왓골은 우리와 다르다. 넓이 15센티미터 가량 암키와를 바닥에 깔고 다시 같은 기와를 덮어 수키와 구실을 하게 했는데 여러 켜를 중첩시켜 기왓골을 형성하였다. 이런 기왓골 기와지붕을 우리 나라에선 아직 본 적이 없다. 어떤 이는 한국 문물은 중원 문화를 본뜨고 집도 모방을 일삼았다고 하지만 사합원식 지붕을 볼 수 없으니 의문이 생긴다. 북경 일대 강우량은 극히 적다. 그러니 그렇게 좁은 기왓골로도 견딜 만하다. 우리는 하루에 200밀리미터가 넘는 집중 호우가 쏟아질 때도 있다. 기왓골이 그 정도였다간 기와 사이로 물이 스며들어 새는 빗물로 정신이 빠질 지경일 것이다. 그런 지붕을 형성하기 어려운 까닭이다. 풍토가 집을 만든다는 옛말이 진리이다. 북경과 우리 풍토가 근본적으로 다르므로 그들 집과 우리 집이 같을 수 없다.

기왓골을 유지하면서 지붕 무게를 가볍게 하는 일은 적심과 흙을 줄이는 방법이 가장 좋다. 새로 짓는 한옥은 이 점을 해결해야 한다. 프랑스 고암서방 신축에서도 지붕에 흙을 받지 않았고, 충북 진천 보련산 보탑사(寶塔寺) 삼층목탑 조영에서도 흙을 쓰지 않았다. 추위와 무더운 뙤약볕을 막아 주는 흙을 쓰지 않으려면 대체 자재가 있어야 한다. 산업 제품 가운데서 골라야 하는데 알맞은 것이 있느냐가 문제이다. 불기나 물기에 약해도 치명적이므로 목재 위주인 덧서까래 거는 방식을 채택했다. 맞배 박공판과 서까래 설치한 바닥 사이에 함몰된 공간이 지붕 전체에 생겼다. 그것을 메우기 위해 종도리에서 처마에 이르는 긴 각재로 서까래를 건다. 이를 '덧서까래'라 부른다. 덧서까래 바탕은 느리개이다. 느리개 박아 서까래 하중을 분산시킨 뒤에 그에 의지해 덧서까래를 걸면 완고하게 설치된다.

함정처럼 쑥 들어간 곳에 느리개, 적심으로 가득 채우는 종래의 방법이 아닌 덧서까래 걸어 메우는 새로운 방법을 써서 지붕이 가벼워졌다.

덧서까래가 처마에 이르면 부연 뒷덜미에 설치한 느리개를 목침으로 이용하면서 덧서까래 끝을 조금 띄워 준다. 기와로 짐을 짊었을 때 덧서까래 끝이 무게에 눌려 가라앉게 하려는 배려인데 처마에 처음부터 막중한 하중을 싣기보다는 저항력을 주어 어느 정도 제동하면 그만큼 가볍게 된다.

덧서까래 아래 빈 공간에 불에 타지 않고 부패하지 않는 단열재를 넣어 추위와 더위를 막는다. 그리고 나서 덧서까래에 개판을 덮는다. 개판이 기와 이을 바닥이 되므로 개판 위에 이중으로 방수층을 도포한 방수포

덧서까래를 다 건 뒤에 단열재를 넣고 개판을 덮어 정리한다.

를 덮어 씌웠다. 바닥 기와가 깨져도 이 방수포에서 차단되어야지 더 밑으로 스며들어 서까래를 부식시켜서는 안 되기 때문이다. 바닥기와를 흙 없이 깔아야 하므로 기와가 편안히 놓일 수 있게 졸대 박아 안장 만들어 주고는 기와에 일일이 못을 박아 고정시킨다.

암키와로 바닥을 다 깐 뒤에 홍두깨 흙을 받으며 수키와를 덮는다. 수키와도 구리줄로 잡아매어 흘러내리지 못하게 하고는 기왓골 끝에서 아구토를 물려 마감하였다.

개판을 다 깐 뒤에 방수를 위해 두껍게 제작한 방수포를 깔았다.
이로써 기와 이을 바탕이 완성되면서 바닥기와 깔기를 시작한다.

(위)바닥기와를 흙 없이 깔아야 하므로 암키와가 올라앉을 안장을 만들고 기와 하나하나를 일일이 못박아 끈으로 매어 고정시켰다.
(아래) 암키와로 바닥을 다 깐 뒤에 수키와를 덮고 있다. 역시 구리 철사끈으로 수키와를 묶고 아구토를 물려 수키와골을 마감하였다.

1) 가벼운 지붕

『고려사(高麗史)』에 비색 청기와로 양이정(養怡亭)을 짓고 호사스러운 원림(園林)을 조성한 의종(毅宗, 1147~1170년 재위)이 따로 맑은 골짜기에 그윽한 정자를 지으면서 가벼운 지붕을 구조하는데 으뜸인 것이 무엇이냐고 묻는다. 마을 백성이 '가장 좋은 것이 나무 속껍질을 벗겨 여러 겹 겹쳐 만드는 지붕' 이라고 대답하였다. 의종은 곧 그렇게 지붕을 만들게 하였고 완성되자 사뭇 즐거워하였다는 기록이 있다.

나무 겉껍질로 지붕 이은 집을 '굴피집' 이라 부르는데 지금도 산골짜기에서 더러 볼 수 있다. '굴피나무 껍질로 지붕 이은 집' 이란 뜻이다. 현재 남아 있는 굴피지붕은 겉모양이 매우 거칠어 현대인과는 잘 어울리지 않는다.

'속껍질 여러 켜로 이은 지붕' 이라면 의종이 느낀 만큼 즐거움을 맛볼 수 있을 것 같다. 실제로 어떤 구조였을까 궁금하나 남아 있지 않아 모양을 짐작할 수 없다. 일본 여행에서 '속껍질 여러 켜로 이은 지붕' 을 보았다. 특히 삼국시대 이래로 우리 문화가 건너가 활발하게 활동하던 무대인 큐슈(九州)나 나라(奈良) 지방에 '속껍질 여러 켜' 지붕이 흔하다. 신라인 진하승(秦河勝)이 성덕태자(聖德太子)의 위촉을 받고 현재 일본 국보 제1호인 '목조 미륵보살 반가사유상' 을 모시려고 창건한 광륭사(廣隆寺) 법당도 그런 지붕을 하고 있다. 백제인이 활발히 활동했던 나라의

(위) 삼척 민가, 굴피로 지붕을 이었다. / (아래) 일본 춘일사, 회나무 껍질로 이은 지붕 모형을 만들어 전시했다.

여러 중요 건물 지붕도 같은 구조인데 춘일사(春日大社) 신전 한쪽에 '속껍질 여러 켜' 지붕 구성을 볼 수 있는 견본이 전시되어 있다. '회(檜) 나무 껍질 여러 켜로 이은 구조의 모형, 예로부터 이십 년 만에 한 번씩 바꾸어 이었다' 라는 설명문이 있다.

이런 구조라면 지붕 무게는 대단히 가벼워진다. 고려 시대 백성들이 보편적으로 사용하던 것이며 임금님도 계획하고 연구했던 지붕이므로 새로운 한옥에 채택한다고 탈이 생길 까닭은 없으리란 생각이다. 충분히 널리 보급되리라 전망한다.

2) 너와지붕

강원도 삼척 신리(新里)엔 너와를 이은 살림집이 있고 그 중엔 국가 중요 민속자료로 지정된 명품도 있다. 너와를 이은 집은 전국에 많이 있다. 산림이 우거진 지역 대부분에서 볼 수 있다. 얼마 전까지만 해도 그런 집을 즐겁게 찾아다닐 수 있었는데 지금은 그만 못하게 되었다.

질이 좋은 소나무를 길이 45센티미터 정도로 자른다. 토막낸 나무를 일으켜 세우고는 잘 드는 도끼로 내려친다. 알맞은 간격으로 도끼질을 하면 비슷한 두께로 송판처럼 갈라진다. 그 송판이 '너와' 이다. 낙락장송이 아니고는 그만큼 잘 갈라지기가 쉽지 않다. 이은 너와지붕은 말쑥하

삼척 신리 너와집

지 못한 편이다. 너와 위에 아이 머리통만한 돌멩이를 올려 짓눌러 주어서 매끈한 맛도 가지런한 기품도 없다.

멋모르던 시절에 그런 너와 대신에 제재소에서 기계톱으로 켠 판자를 사다 알맞게 잘라 너와로 이어 보았다. 모양은 한결 정돈돼 현대적으로 보였다. 이태나 지났을까 연락이 왔다. 종래 너와는 십수년 지나도 괜찮았는데 재작년에 이은 너와는 다 썩어 못 쓰게 됐다는 전갈이다. 도끼로 내려찍으며 갈라지는 토막에는 소나무 섬유질이 골을 이루듯 남

백두산 일대 임장에서 벌목한 거대한 재목을 운반하고 있다.

아 있어서 빗물이 그 홈을 타고 흐르면서 옆으로 퍼지지 않는데 제재소 널빤지는 비가 오면 흐르지 않고 스며들기부터 하여 쉬 썩고 만다. 옛 지혜를 건방진 현대인이 어설픈 식견으로 무시하였다가 뒤통수를 단단히 얻어맞은 꼴이 되었다.

압록 강가의 발해 시대 벽돌 5층 전탑(塼塔)을 보러 가다가 백두산 기슭한 마을을 지나가게 되었다. 길림성 만강진 장송(長松)마을이란 푯말이 있었다. 마을 앞으로 대형 화물차가 다니는데 대부분 큰 목재를 실었다. 근방에 목재를 벌채해서 외지로 내다 파는 임장(林場)이 있다고 한다. 백두산 기슭에서 자주 만나는 임장 중 하나라고 한다.

(위) 장송마을 너와지붕 집을 바라다보았다. 목재가 흔해 울타리도 나무켠 것을 사용하고 있다.
(아래) 용마루까지 갖춘 멋쟁이 너와지붕 구조법을 보인다.

장송마을 집은 대부분 너와로 지붕을 이었다. 너와지붕엔 용마름까지 있어 눈이 번쩍 뜨였다. 태백산 유역 너와집에서는 이런 본격적인 용마름을 못 보아서이다. 진한(辰韓)을 비롯한 강역에선 귀틀집 짓고 사는 일이 보통이었다. 백성들 집도 그렇지만 마을을 이끄는 수장(首長)의 집도 그랬다.

당시 귀틀집 지붕을 무엇으로 이었는지 짐작밖엔 할 수 없다. 억새풀로 잇거나 나무껍질로 이은 것도 있었겠지만 상식적으로 생각하면 너와 이은 집이 대부분이었을 것이다.

수장의 집은 권위를 진작하려고 말쑥하게 짓고 너와지붕도 상당히 정리된 모습이었을 것이다. 후대 기와지붕에서 용마름이 권위의 상징처럼 여겨졌다면 말쑥한 너와지붕에 당당한 용마름이 조성되었고 그런 흐름이 후대로 이어졌다고 할 수도 있을 것이다.

마을의 한 집은 규모가 상당히 큰 귀틀집이었다. 가깝게 가도록 그 집이 귀틀집인지 몰랐으나 자세히 보니 귀틀집이었다. 바깥벽에 황토를 두껍게 발라서 얼른 보면 토담집 같아 보인다. 이 집에 사는 이들 생김새는 한족의 특성을 지니지 않았다. 그들은 옛날부터 이 기슭에 살던 이들의 후예라고 하였다.

옛날엔 지금보다 규모가 큰 집이 더러 있었는데 아주 튼실하게 잘 지은 집이었다고 늙수그레한 집주인이 설명했다. 아름드리 나무가 빽빽한 숲을 이루던 시절 얘기라 한다. 친절한 주인 안내로 집안에 들어가 보니 쪽구들과 부뚜막이 있는 게 살림살이가 우리와 매우 닮았다. 국내 있는 산곡간 작은 집에서는 그런 권위를 삼갔을 뿐이라면 이 지대에서도 제대로 지은 집에는 저런 용마름이 있었을 가능성은 얼마든지 있다.

지붕을 가볍게 하는 다른 방도는 바로 너와를 잇는 것이다. 재목 다듬고 남은 토막을 모았다가 쓸 수도 있고 제재소에서 나오는 토막을 구해다가 쓰는 방법도 있는데 경우에 따라서는 싸게 구입할 수 있을 것이다. 역시 일정한 길이로 토막을 낸 후에 도끼로 내려찍어 타개여 만드는 고전적인 방법이 좋다. 못으로 고정시키고 싶다면 한쪽에만 단단히 박으면 된다. 나머지 한편에는 너와 밖에 박은 못의 대가리만 구부려 잡

규모가 큰 너와지붕 살림집. 귀틀집인데 바깥에 흙을 발랐다.

아 주기면 하면 된다. 그래야 나무가 마르면서 축소되어도 갈라질 염려가 없다. 좌우 가장자리에 못을 치면 수축하면서 갈라지는 사태가 벌어진다.

곰살궂은 사람은 겉은 섬유질로 골이 파인 상태 그대로 놔두는 대신에 바닥은 대패로 밀어서 붙이는데 빈틈없이 할 수도 있다. 서까래 골개판 위에 바로 붙일 수도 있는데 현대 방수제(防水劑) 중 좋은 것을 사다가 골개판과 너와에 잘 발라 주면 십 년 가까이 수명을 연장할 수도 있다.

점판암으로 만든 '돌너와'도 있다. 보통 '청석'이라 부르는 판석으로 만든 너와이다. 이것을 이어도 집 모양은 주변 집과 다른 특색을 지닌

청석 너와로 이은 집

다. 돌너와집에 기와지붕처럼 용마루와 내림마루를 짚어 주면 모양도 나고 바람에 날아 갈 염려도 적어진다.

인도 살림집 지붕에는 흙으로 구워 만든 소 혓바닥 모양 너와가 있다. 창의력을 발휘하고 싶은 이는 이런 자료를 활용하여 새로 만들어 볼 수 있을 것이다.

영산의 초가마을

● 띄지붕과 초가지붕

지금은 억새(茅)로 짓는 띠지붕이나 이엉 잇는 초가는 구조하기가 어렵다. 우선 띠를 구하기 어렵다. 채취해다 파는 사람이 드물고 주문해도 쉽사리 응하지 않는다. 이엉도 그렇다. 신품종으로 소출이 많은 벼는 대궁이 짧다. 더구나 낫으로 베지 않고 기계로 추수하여서 길이가 용마름 엮을 만큼도 안 된다.

산골짜기에서 알맞은 이엉을 구했다 해도 이엉 잇는 사람을 만나기 어렵고 마름 엮는 사람도 찾기 어렵다. 민속 마을로 지정된 고장에서는 지정된 집에 초가지붕을 만들고 있으니까 거기서 전문가를 초빙할 수 있을지 모르겠다. 현대 산업이 만들어 내는 건축 자재 가운데 알맞은 것을 골라 쓰는 방도도 있을 것이다.

초가로 이은 까치구멍집

3) 기와지붕

고암서방을 지으면서 궁리하였다. 이역만리에 짓는 집이고 무슨 문제가 생기면 쉽게 가기도 어려운데 보통 일이 아니다. 문제가 생기지 않도록 미리 대비해야 했다. 그 중 제일 걱정되는 부분이 지붕이었다.

약점은 기와에 있다. 지나치게 추워도, 너무 더워도 기와가 상한다. '동파'라는 흉한 사태가 벌어진다. 비 새는 것보다 더 심각한 문제인데 국가지정 공법으로 만들어 내는 기와에 이런 약점이 있다. 1993년경 그런 약점을 감안하고 일부러 기와 공장 주인에게 부탁하여 특수 제품을 만들어서 프랑스로 보냈다. 나무 상자에 넣어 보냈는데 현장까지 무사히 도착하여 다행이었다. 어쨌든 지붕 수세가 걱정이다. 기후 여건과 입지조건이 다른데 어떻게 적응할지 갈피 잡기 어려웠다. 그러니 궁리가 많을 수밖에 없다.

우리 지붕은 모양이 썩 좋다. 용마루나 처마 곡선은 세계적이다. 그 곡선은 아무렇게나 탄생하는 것이 아니다. 깊은 고심과 숨은 노력이 쌓여야 한다. 흙의 역할도 크다.

지붕은 서까래 걸고 개판 덮으면서 목수 손을 떠나 기와장이에게로 넘어간다. 합각 차리는 일부터 산자 엮고 느리게 느리고 적심 받고 보토 까는 일이 진행된다. '보토'라고 하는 '바닥흙'은 진흙으로 차질수록 좋다. 적심을 재고 그 사이에 흙을 가져다 부으면 지붕이 온통 진흙으

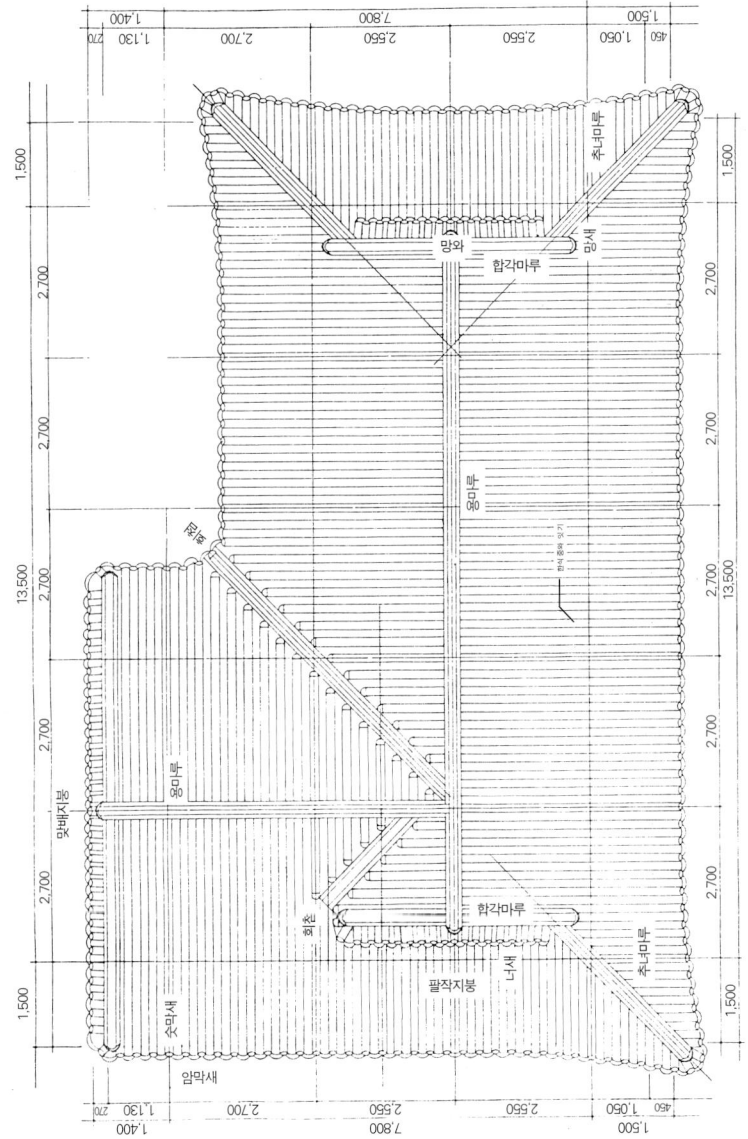

기와 이은 지붕의 완성 모습. 한쪽은 팔작지붕 다른 쪽은 맞배지붕이다.

경복궁 근정전, 멋진 기와지붕으로 되어 있다.

로 질펀해지는데 흙을 짊어진 일꾼이 그 흙을 밟으며 작업을 계속한다. 자꾸 밟고 다니니 진흙이 나무 틈새로 비집고 들어가 흙과 나무가 한 몸이 되어 버린다. 순수한 진흙은 나무를 보호한다. 진흙 구덩이 속 나무 말뚝이 잘 썩지 않는 이치와 같다. 일단 진흙과 나무가 한 몸이 되면 아무리 두드려도 잘 깨지지 않는다. 나무를 포장한 흙은 방수층 구실도 한다. 최근에는 진흙에 강회를 섞어 이긴 삼화토를 쓰나 옛날에는 서민이 생석회 쓰는 것을 금지했다.

바닥 보토가 완성되면 암키와를 군데군데 옮겨다 쌓고는 기와장이 편수가 기와를 잇기 시작한다. 내가 아는 '기와장이(盖匠)' 가운데 뚝섬 살던 기선길(奇善吉) 선생이 최고였다. 서울 남대문 중수 공사 때부터 그분이 작고할 때까지 함께 일을 다녔는데 날렵할 뿐 아니라 아무리 위험한 일도 스스로 하는 장인이었다. 선생이 이은 지붕은 아주 말쑥해 보기 좋을 뿐 아니라 이십 년은 끄떡없어 건축주의 극진한 예우를 받았다.

바닥기와는 암키와 석 장을 물려 가면서 줄 맞추어 늘어놓는데 놓을 때마다 새우흙으로 두들겨 주면서 거들거리지 못하도록 박아 넣는다. 짚신 신은 앞부리로 툭툭 발길질하여 꼭 박아 자리잡게 하면서 줄 맞추어 처마에서 용마루 쪽으로 올라간다. 줄이 조금 삐뚤다 싶으면 발뒤꿈치로 한 번씩 두드려 바로 잡아 준다. 얕은 자리에서 위를 향해 일하면서 낮은 자리를 뒤돌아보며 고쳐야 하는 작업이다.

실제로 해보면 보통 힘든 것이 아니다. 발은 미끄러지지, 허리는 아프

기와 올리는 모습으로 바닥기와를 먼저 올리고 있다.

지, 땀은 눈으로 코로 들어가는데 허리를 펴고 설 수는 없지, 네 발을 다 써서 일 하자니 온몸이 작신거리게 아픈데 조수가 둘, 막일꾼이 여섯 딸려 있으니 편수가 쉬면 일꾼 전체가 놀게 되고 만다. 그러니 꾸준히 할 수밖에 없고 그렇게 다져진 기술이니 뛰어날 수밖에 없는데, 지붕이 완성되면 참으로 새색시가 단장한 듯 아름답고 부드러웠다. 요즘은 그런 멋진 지붕 보기가 어렵다. 기법 전수와 솜씨 발휘는 별개라는 점을 절실히 깨달을 수 있다.

멕시코시 유명한 차풀떼백 공원에 '한국정(韓國亭)'을 지을 때 내가 기와장이 노릇을 했다. 공보처가 주관해 멕시코 올림픽 참여국 문화 선양을 위해 지은 건물인데 그 때만 해도 국가 경제가 넉넉지 않아 도편수 이광규(李光奎) 선생과 내가 정자를 완성해야 했다. 기와 잇는 작업은 내가 할 수밖에 없었다.

기 선생이 하는 작업을 수없이 봤어도 실제로는 한 번도 해보지 못한 서생이 '사모정' 지붕을 잇는 것은 곤욕이었다. 이럭저럭 끝이 났고 절병통까지 설치하였다. 지붕에서 내려와 쳐다보니 어설프기 짝이 없지만 그런대로 모습을 갖춘 듯이 보여 다행이었다.

그 이전에 덴마크에 가서 국립박물관에 '백악산방'이라 당호(堂號)한 사랑채 지으면서 해본 기와 잇기가 도움이 되었다. 해보니 원칙대로 하고 정성을 쏟으면 좋은 결과가 나왔다.

4) 기와지붕의 고칠 점

재래 기법은 일꾼이 넉넉하던 시절엔 좋았다. 지금처럼 인건비가 비싼 세상에 그렇게 하기는 어렵다. 그래서 흙 쓰지 않고 잇는 방법을 궁리할 밖에 없다. 문제를 줄이기 위해서도 새로운 방안을 강구해야 한다. 프랑스 고암서방에 흙을 쓰지 않는 기법을 도입한 것도 그런 까닭이다. 기와지붕 무게가 훨씬 가벼워졌다. 같은 기와를 사용해도 흙을 쓰지 않은 지붕은 무게를 30퍼센트 정도 줄일 수 있다. 이제 기와 자체를 개량할 필요가 있다. 기와를 이은 집이라야 한옥답다고 생각하므로 기와를 빼는 것은 어렵다. 기와를 가볍게 만드는 방법을 강구해야 한다. 문제는 집중호우에 있다. 갑자기 기왓골이 미어지게 쏟아지는 빗물을 주체하지 못하면 기와 사이로 물이 스며들면서 비가 샌다. 틈으로 물이 스며드는 것만 막아 주면 된다. 크고 작은 것은 그렇게 중요하지 않다.

집이 크고 지붕이 높으면 기와도 커야 걸맞다. 작은 기와를 쓰면 오종종해 보인다. 조화를 이루어야 하므로 개량 기와도 크기가 여러 가지여야 한다. 점토 흙과 흙 배합에 따라서 가볍게 만들 수 있다. 지붕만 가벼우면 목재를 얼마든지 줄이면서 유리하게 구조할 수 있다. 가구법식(架構法式)과 관련한 사항이지만 기와와도 밀접한 관련이 있다.

① 기와 제작

문화재관리국의 문화재연구소가 십오륙 년 전에 옛날 기법으로 만들어 낸 재래 기와가 습기를 심하게 빨아들인다며 기와 공장에 국가지정 흡수율에 맞지 않는 제품은 국가 공사에 사용할 수 없다고 통고했다. 그러고는 문화재 건축물에 사용할 기와를 수거하여 흡수율을 검사하였다. 흡수율이 기준에 맞지 않으면 사용을 엄격히 금지했다.

기와 공장에 비상이 걸렸다. 기준에 맞추려 재래식 기법을 버리고 일본에서 기계를 도입해다 제작하고 구워 내는 소성(燒成) 방식을 택했다. 일본 기와 산업은 백제 와박사가 기와 제작 기법을 전수하여 발달하기 시작한 것이니 그것을 다시 들여온들 무슨 상관이냐는 주장이라면 할말이 없지만 몇 사람의 성숙하지 못한 의식 때문에 역수입하는 지경에 이르렀다. 흡수율이 낮은 일본식 기와로 이은 지붕이 그 나라에서 볼 수 있듯 말쑥한 외모를 지니게 되었는지는 몰라도 우리 기호나 정서와는 맞지 않는다는 점을 간과한 것이다.

연구소가 장려한 기와는 나이를 먹어도 이끼가 끼지 않는다. 주름살 수술한 얼굴처럼 전혀 나이 먹은 기미를 느낄 수 없다. 심하게 표현하면 살벌하고 몰취미한 분위기로 친숙한 맛이 없고 가식을 뒤집어쓴 듯한 검은 색조만 자랑할 뿐이다. 나이 들어 목조와 석조물은 성숙한 분위기를 지니는데 기와만 나이 먹은 티가 나지 않는다면 어울리지 않는다.

② 기와 성형

기계가 조합한 흙을 관을 통해 밀어내면 기와틀에서 규격에 맞는 모습으로 만든다. 자기네 상표 이외엔 암키와 바닥 무늬나 수키와 무늬는 만들어지지 않는다. 삼국시대 이래로 있어 온 '기와 등무늬'가 사라지고 만 것이다. 이는 전통의 말살인데 그런 일을 문화재 당국에서 자행하였으니 나라꼴이 말이 아니다. 마땅히 재래식으로 돌아가야 한다.

재래 기와는 태토에 모래기도 약간 섞였다. 나무통이나 홍두깨 나무에 흙을 감고 무늬 새긴 방망이로 야무지게 두들겨 작신하게 이긴 흙이 차지게 밀착되면서 기와가 만들어진다. 말라 꾸덕할 즈음에 암키와는 앞쪽이 얇아지도록 '바대기'치는데 그렇게 하면 빗물이 흐를 때 거침없고 기와 이을 때 아랫몸 위에 편안하게 자리잡는다. 현대식 기와는 통에서 밀어내는 흙을 기계로 절단한 채 그냥 마감하여 '바대기'가 없다. 유려한 맛이 사라지고 경직된 맛만 남았다. 이것도 잘못된 방법이다.

재래식 기와는 두꺼비 가마에서 나무를 떼어 구웠다. 6·25 이후 무차별 벌목으로 숲이 엉성해지자 기와 구울 나무가 부족하였다. 천호동 기와 공장에서는 폐타이어를 수거해다가 대체 연료로 삼았다. 전 같은 화력을 얻을 수 없어 저화도로 구워 낼 수밖에 없었다. 기와 질은 현저히 떨어졌다.

한식 기와에 대한 불신은 여기서 시작되었다. 굽는 과정부터 왜곡되기 시작한 것이다. 정조(正祖) 임금이 수원에 화성(華城)을 지을 때 묻은 기와 가마 도면이 공사준공보고서인 『화성성역의궤(華城城役儀軌)』에 실려 있다. 두꺼비 가마 형상인데 좋은 장작으로 완벽한 기와를 구워 냈다. 1960년대 초만 해도 동장대(東將臺) 등을 수리하면서 옛 기와를 그대로 썼다. 수리 공사 감독을 직접 해서 잘 알고 있다.

기와굴 상노인들이 전하는 말로는 옛날엔 가마에서 꺼내면 기와 흙 파낸 구덩이에 구운 기와를 묻고 한 이레 동안 결을 삭게 한 뒤에야 일터로 옮겨다 썼다고 한다. 그래야 여름철 뙤약볕에 달았던 기와가 갑자기 소나기가 와도 터지지 않고, 겨울 추위에도 동파되지 않는다는 것이다. 현대식 기법으로 만든 기와는 살점이 불현듯 타닥타닥 터지는 '동파'병을 앓고 있다. 문화재연구소 계통 기와도 자꾸 탈이 나니까 요즈음은 얇은 구리판으로 제작한 '동기와'가 등장했다. 오죽하면 그러랴 싶긴 해도 좀 지나친 것 같다. 하지만 점점 널리 보급되어 추운 지역 산골짜기 건물에서는 대부분 동기와를 잇고 있다.

못을 박지 않고 나무끼리 조립하는 목조 짜임은 지붕에 실린 무게로 짓눌러 주어야 비로소 제자리를 잡으면서 '잠을 자는' 정체 상태로 몰입한다. 이치를 보면 무게 없는 동판 기와를 잇는 것은 염통 곪는 일이다. 짐이 가벼워 목재와 결구된 부위가 '삼살 수 없는 시경'이라면 비 새지 않아 얻는 이익보다 집이 뒤틀리며 오는 피해가 더욱 크다.

③ 새로운 기와

오늘의 기와가 완벽하지 못하다면 개선 방안을 강구하는 일이 급하다. 건축계 노력도 필요하지만 도예계 협조가 절대적이다. 건축도자(建築陶磁)라는 학문이 도예계에 도입되었다면 건축계와 협동은 당연하다고 할 수 있다.

우리 나라 기와는 1세기 전후해서 이미 쓰였다. 4, 5세기에는 와박사 활동이 있었고 뒤미처 그 중 일부 인력이 외국에까지 파견되어 절 짓는데 쓸 기와를 만들고 잇는 일에 참여하기도 했다.

높은 수준의 기와 제작술과 설치 기술이 축적된 것이며 이런 흐름은 고려청자가 성행하던 시기에 이르러 비색청자로 기와를 만들어 지붕을 잇는 기막힌 단계까지 발전한다. 다른 나라에서 찾아볼 수 없는 경지에 이른 것이다.

건물 터전에서 기와 파편이 많이 발견되고 있다. 기와 굽던 가마 흔적도 있다. 그런 자취에서 기와 제작에 쓰인 태토의 조합과 그 질을 탐색할 수 있고 구운 온도도 파악할 수 있다. 과거 자료를 이용하여 새로운 기와를 구워 내면 된다.

천 년이 넘는 동안 귀중한 집을 보호하는 기와를 만들어 왔고 현대식 기법으로 만든 기와처럼 '동파' 같은 문제점 없이 이 풍토에 순응하였다. 이를 새로운 기와 제작 목표로 삼으면 좋을 것이다. 기능에서 만족할 뿐 아니라 구수하면서도 다정한 분위기를 조성할 수 있는 기와를 필요한 이에게 널리 공급하는 것이다. 건축도자를 전문으로 하는 능력 있는 이들과 합심한다면 충분히 이룰 수 있을 것이다.

5) 기와 종류

기와지붕은 암수키와말고도 여러 부속 기와가 더 있어야 한다. 지붕 윤곽에 '용마루', '합각마루(내림마루)', '추녀마루'를 얹고 처마 수키왓골 끝에 '아구토' 물리거나 '수막새' 끼우고 암키와 끝에는 '암막새'를 설치한다. 마루 끝에 '망와' 나 '망세', '수두(獸頭)'를 장치하기도 한다.

보통 암수키와는 작은 것과 중간 것을 쓴다. 큰 것도 있으나 살림집말고 큰 건물에 쓰는 것이 일반적이다.

'아구토(牙口土)'는 수키와 끝에 삼화토(三華土)로 물리는 흙이다. 수키와 이을 때 하얗게 삼화토로 싸 바르면 암키와 이음새에 박아 넣은 홍두깨 흙이 처마의 수키와 밖으로 흘러내리지 않고 새가 비집고 들어가 집 짓는 것도 막아 준다.

'막새(莫斯瓦, 唐瓦, 女莫斯, 夫莫斯)'는 기와에 '드림새'라는 무늬핀을 붙인 특수 기와이다. 암키와 끝에 끼우는 것을 '암막새', 수키왓골 끝의 것을 '수막새'라 부른다. 드림새는 암수가 현저하게 다르며 시대에 따라 특성이 있다. 무늬는 매우 다양하나 여염집 것은 소박한 편이다. 삼

(위) '아구토'는 수키와 끝을 막는 삼화토를 말한다.
(아래) 용마루 끝에 망와를 설치했다. 용마루 곡선이 강조된다.

지붕은 용마루, 내림마루로 구성되었다.

국시대에서 조선왕조까지는 막새 이용이 허용되지 않았다. 시골집 중에 막새가 남아 있는 것은 관가에서 제작한 것을 공급받거나 부곡(部曲)이나 향(鄕), 소(所)에서 운영하는 기와점 관리인을 통해 입수한 것을 쓴 것으로 추정한다.

'마루'를 얹으려면 수키왓골 사이 간격을 막아 주어야 하는데, 막는 부속을 '착고'라 한다. 착고 위로 수키와 한 켜가 더 올라가는데 이를 '부고'라 부른다. 엎어 놓지 않고 옆으로 세워서 설치하는 것이 특징이다. 부고 위로 암키와를 여러 겹 쌓은 것을 '적새'라 한다. 적새 위에 수키와를 한 켜 덮으면 마루가 완성된다.

지붕 정상부 긴 마루를 '용마루'라 하고 용마루에서 합각을 타고 내려오는 것을 '내림마루'나 '합각마루'라 한다. 합각마루에서 추녀 위로 설치하는 것을 '추녀마루'라 한다. 용마루 구성에서 부고 위에서 다시 너새를 이루면서 암수키와로 한 줄 구성하면 멋진 형상이 생기는데 지네발처럼 생겼다고 해서 '지네발 용마루'가 만들어졌다고 말한다.

용마루 좌우 끝에 망와를 얹는다. 공공 건물에서 '치미(鴟尾)'나 '취두(鷲頭)' 올려놓을 자리에 설치한다. 망와(望瓦, 혹은 망새)는 암막새와 비슷하나 무늬의 드림새가 훨씬 크다. 암막새는 밑으로 드림새가 처지는 데 따라 무늬를 베풀지만 망와는 무늬판이 일어서는 것이어서 무늬를 올려볼 수 있는 방향으로 조성한다. 망와가 용마루 좌우 끝에 설치되므로 용마루 곡선은 한층 강조된다. 용마루 끝에 '귀면와(鬼面瓦)'를 설치하여

용마루, 내림마루, 추녀마루

곡선에 관계없는 듯이 형성하는 이웃나라와는 다르다.

『삼국사기』 옥사조(屋舍條)에 여염집에서는 수두(獸頭)를 설치하지 못한다고 하였다. 살림집에서는 공공 건물처럼 귀면와, 용두(龍頭) 등 짐승 얼굴을 조각한 부속 기와를 채택하지 못했다.

합각마루나 추녀마루 끝에도 망와를 올린다. 망와 무늬는 매우 다채롭다. 막새 무늬만큼은 못해도 기상천외한 무늬가 있어 어느 '기와굴(瓦

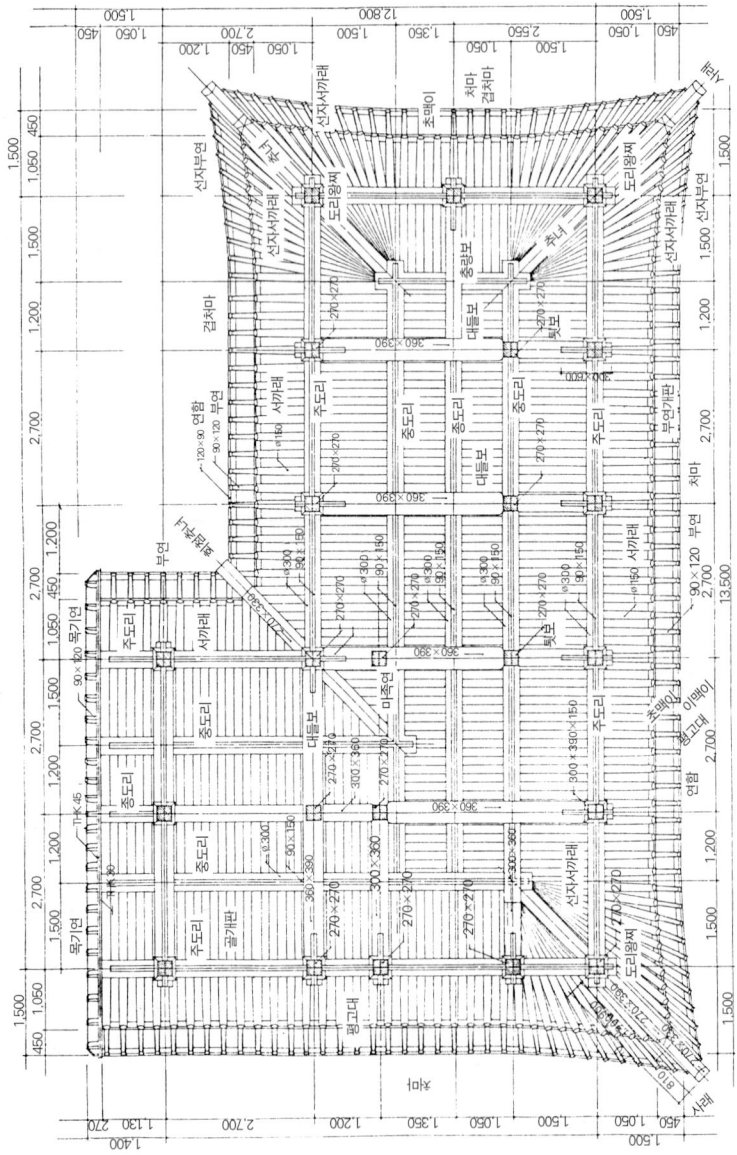

店'의 조와장(造瓦匠, 燔瓦匠)이 그런 솜씨를 발휘하였는지 궁금하다. 합각, 추녀마루 끝도 살짝 들어올려 곡선을 설정하려 하였다. 시작은 좋았으나 후대에 앞을 지나치게 들어주느라 적새를 무리하게 쌓아 하중이 늘어나는 퇴폐적 구조가 생겨났다. 새로운 한옥 기와지붕은 이런 점을 확실히 고쳐야 할 것이다.

대청에 누워 본 서까래 건 모습
집에 기와를 이었을 때쯤 바닥에 누어 올려다보면 이런 모습이 된다. 방에 반자가 시작되면 이 모습은 차츰 가려져 다 볼 수 없다. 프랑스 건축가는 "아름답게 구조된 광경을 다 노출시키지 반자로 가린다"고 아우성이었다. 특히 선자서까래를 구성한 부분은 서양 건축뿐 아니라 중국이나 일본집에서는 진혀 볼 수 없는 독특한 것인데 왜 가려야 하냐고 강력히 항의했다. 그 바람에 안방에만 종이반자하고 건너방은 반자를 하지 않고 노출시켜 선자서까래가 짜여진 모습을 볼 수 있게 하였다. 세계 건축학도에게 보여 줄 교과서를 남긴 셈이다.
올려다보면 대들보 윗부분은 대들보에게 가려 보이지 않는다. 그렇긴 하지만 이만큼 가구(架構)된 모습을 한눈에 다 보기는 어렵다. 대들보와 그 위 종보를 의지하고 종도리 하나, 중도리 둘, 주도리 둘이 올라앉았다. 도리 다섯이 올라앉았으면 '오량집' 이라 한다. 어떤 이는 '오량가(五樑架)' 라 쓰기도 하나 일꾼들은 보통 오량집이라 부른다.

8. 합각

하회 충효당 안채 합각, 토벽에 무늬를 장식했다.

기와지붕 형태는 합각이 있느냐 없느냐에 따라 결정된다. 살림집과 공공 건물도 마찬가지이다. 합각에는 두 유형이 있다.

맞배지붕에서는 도리 뺄목 끝에 박공판을 부착하는 것으로 마감하나 조선조 후기에 이르면 더러 방풍판을 부설하기도 한다. 팔작지붕에서는 추녀 뒷몸 위에 자리를 마련하고 합각을 따로 차린다. 박공을 부착

(위) 합각 차리는 준비 첫단계
(아래) 합각을 설치하려고 중심점을 구하고 있는 조희환 도편수와 대목(大木)들

하고 박공널 아래 삼각형 합각벽에 벽체를 만들어 폐쇄한다. 나무판자로 만드는 방법도 있고, 토벽을 쳐서 마감하기도 하며, 토벽에 꽃담을 장식하기도 한다.

합각은 전통적으로 기와장이(盖匠)가 차린다. 조희환 도편수는 고암서방을 신축하러 파리에 가면서 기와장이를 데려가지 않았다. 경비도 그렇지만 목수가 기와 잇기로 작정해서 필요치 않다고 했다.

합각도 조 편수가 감당했다. 우선 합각 차릴 마련을 했다. 먼저 종도리 중심에서 추를 내려 수직 기준선을 설정하였다. 좌우로 대칭되게 하려면 기준선에 의지해 조절해야 하기 때문이다.

합각 위로도 기와를 얹으므로 무게가 꽤 실린다. 그 하중으로 추녀 뒷몸을 눌러 주면 그만큼 추녀가 완고하게 결색될 수 있다. 추녀는 겹처마일 경우 기둥선 밖으로 많이 돌출되어서 짐이 실리면 앞이 꽤 무거워지면서 앞쪽이 눌린다. 상대적으로 뒤가 솟아오르려는 힘을 받는다. 그것을 누르려고 여러 방도가 강구되는데 합각을 차리면서 눌러 주는 것도 그 가운데 한 가지이다. 종도리와 장혀 바치는 대공을 좌우 추녀 뒷몸을 타고 앉은 느리게 위에 세우면 그런 효과를 볼 수 있다. 느리개는 선자 뒤쏙을 눌러 주는 일도 한다. 안옥에서 느리개와 적심은 매우 중요하다. 지붕이 오래 가느냐 아니냐는 다 여기에 달렸다. 돈을 아끼지 말아야 할 부분이다.

1) 합각의 멍에

합각 차릴 바탕이 되었으면 박공널(朴工板, 搏板)을 설치할 수 있게 멍에를 먼저 결구시킨다. 박공널은 판자로 만드는데 폭이 넓고 길이도 길어서 두꺼운 멍에나무에 단단히 부착하지 않으면 세월이 흐르면서 트거나 휘거나 뒤틀릴 염려가 있다. 미리 막아야 한다. 멍에를 종도리와 추녀에 걸치도록 고정시키면 견고하게 결색되어 아주 좋다.

기와를 이으면 멍에 밑동이 기와 아래로 숨는다. 그런 일이야 없겠지만 세월이 지난 뒤에 비가 새어 추녀와 멍에가 손상되면 큰일이니 미리 방수 처리해 주면 좋다. 구리판을 덮어 주면 더욱 좋다.

합각 차리기 위한 기초로 멍에를 설치하였다. 멍에는 종도리와 추녀에 걸쳐 설치하면 든든해 좋다.

2) 합각의 방풍벽

파리에서는 합각벽에 토벽을 치거나 벽돌을 쌓지 않고 방풍널(防風板)을 설치하였다. 판자로 만드는 것인데 일으켜 세워 이맞추어 나란히 하고 틈새에 졸대를 대어 마감하는 방법을 택했다. 프랑스 기후에 익숙하지 않고 그쪽 흙에 자신이 없어 널빤지로 벽체를 구성하는 가장 무난한 방법을 택한 것이다.

설치하면서 기와를 이었을 때 기와가 닿을 부분을 염두에 두고 작업을 진행해야만 한다. 너무 길게 판자를 늘여 두면 나중에 걸리적거리기 때문이다.

멍에에 의지해 방풍널을 붙이고 있다. 밑을 띄워 기와 이었을 때를 대비한다.

단청하는 집이라면 방풍널에 색을 칠하고 무늬 놓아 장식할 터이지만 여염집에서는 들기름 먹이는 일로 끝내는 것이 보통이다.

3) 박공판

멍에에 의지해 방풍널을 붙이고 그 위에 박공판을 덧댄다. 기스락(처마 끝) 자르듯이 삐져나온 방풍널을 알맞게 잘라 내면 가지런히 정돈된다. 박공널은 소슬합장 모양으로 좌우로 대칭되게 만드는데 잘못해 한편으로 쏠리면 기울어져 보이기 쉽다. 더구나 정상부에서 박공널이 붙으므

방풍널 설치가 끝나면 박공널을 붙인다. 좌우로 같은 모양이 되게 만들어야 한다.

(위) 박공판 설치도 끝났다. 합각의 기본 구조가 완성된 것이다.
기와 이었을 때를 고려해 아랫도리를 상큼하게 하였다.
(아래) 박공널의 쇠장석으로 지네철, 꺾쇠, 방환 등이 보인다.

로 그 이음이 정확히 수직이 아니면 일그러진 얼굴처럼 보기 민망하다.

지금은 박공널로 말쑥하게 제재한 널빤지를 쓰지만 옛날엔 약간 굽은 나무를 일터에서 목수 두 사람이 '인거'라는 큰 톱으로 켜낸 판자를 썼다. 약간 굽은 나무가 애교 있고 개성이 넘쳐서 시골집 구경다니다 보면 흐뭇해지는데 근래 문화재 보수한답시고 그런 박공을 신식 판자로 교체하는 바람에 구수한 옛 맛이 없어져 아쉬움이 남는다.

현대식 박공널은 매몰찬 아름다움은 있는지 몰라도 기품이 서린 정다운 격조는 없다. 새집에 널빤지 쓸 때마다 예스러운 것을 찾아보나 재목 구하기가 너무 힘들어 포기하곤 한다.

박공널이 합장한 정상부의 이음 부분에 꺾쇠를 박는데 갖은 풍상에 갈라지거나 벌어지지 않도록 미리 막는 장치이다. 이런 금속품을 '쇠장석'이라 부르는데 꺾쇠 대신 지네 모양의 지네철을 만들어 장식하기도 하고 '방환(方環)'이라 해서 구리로 만든 장식 못을 박아 모양을 내기도 한다. 여염집에선 방환을 몇 개 장식하는 것으로 만족한다.

4) 목기연과 너새

박공널 설치가 끝나면 '목기연(木只椽)' 거는 작업을 한다. 목기연은 박공판 위로 얹는 기와지붕 합각마루와 그 구조물을 떠받드는 선반 구실

하회 심원정사 합각, 소박한 꽃담으로 장식하고 박공과 목기연, 너새를 설치했다.
이화여대 도예과 조정현 교수 작품이다.

(위) 방풍판에 졸대까지 박고 목기연 설치하고 너새판도 고정시켰다. 합각이 완벽하게 완성되었다.
(아래) 팔작 기와지붕의 합각은 좌우로 두 틀 설치하는 것이 기본이다. 완성된 두 틀이 동시에 보인다.

을 하게 배려한 시설의 기본 골격이다.

목기연은 부연 모양으로 다듬되 크기를 조금 작게 한다. 설치할 때 박공판과 높이를 맞추기 위해 박공판을 알맞게 도려내고 내려 끼운다. 목기연 뒤 뿌리를 길게 해서 적심목에 단단히 박는다. 앞쪽에는 얇은 널빤지로 횡개판이 되게 덮는다. 이 개판을 '너새' 나 '너새판' 이라 한다. 너새 앞쪽 가장자리에 암키와가 편안히 올라앉을 수 있게 만든 '연함(緣含)' 을 설치한다.

5) 현어

합각을 장식하는 것 중 가장 격조 높은 것이 현어(懸魚)이다. 『삼국사기(三國史記)』에는 신라시대 건축 법령이 수록되어 있다. 그 중에 현어에 대해서 언급한 부분도 있다. 신분에 따라 쓸 수 있는 것과 없는 것이 나뉘는데 여염집이 가장 제약이 많다.

백성의 집은 화려한 장식이 용납되지 않았다. 현어 장식이 엄격히 금지되었을 뿐 아니라 수두(獸頭, 기와 지붕의 짐승 장식), 비첨(飛檐, 부연 있는 겹처마), 공아(栱牙, 공포의 한 가지), 당와(唐瓦, 막새기와), 조정(藻井, 천정, 반자) 등도 시설하거나 장식하지 못한다고 규정하였다. 현어는 백성에서 진골까지 다 쓸 수 없다고 하였다. 즉 왕실 건축에서나 설치할 수 있는 가장 고급스러운 장식이다.

현존하는 현어는 석탑 장식에서나 볼 수 있는데 박공판이 접합된 정상 아래쪽에 화려한 파련이나 보상화 무늬를 조각하여 부착한 형태이다. 무늬를 조각한 장식은 나무나 금속으로 만드는데 신라의 현어가 어떤 모습인지는 알 수 없다.

백제의 문화 성향을 다분히 담고 있는 현존 일본 목조 건축의 현어는 무늬를 나무판에 조각하여 양쪽 박공판에 붙여 밑으로 늘어뜨린 장식물 형상이다.

6) 합각벽과 꽃담

팔작 기와지붕에나 합각벽이 생기게 마련이다. 우진각지붕에는 합각이 없고 맞배지붕은 박공판 아래가 아무것도 없는 빈 공간이어서 방풍이라면 모를까 벽체를 조성할 여지가 전혀 없다.

파리 고암서방은 여건상 부득이 판자를 써서 마감했지만 여염집에서는 토벽 치는 것이 보통이고 잘하는 집이라야 '새벽[사벽(砂壁)]'이나 '재새벽[재사벽(再砂壁)]'으로 마감한다. 하얗게 재사벽한 벽체를 무늬 없이 그냥 두기도 하지만 기왓장 깨진 것이나 벽돌로 무늬 놓아 치장하기도 한다. 치장한 벽체를 담벼락이나 담장과 함께 꽃담 유형으로 분류하는

시골집에서 볼 수 있는 소박한 합각 장식.
눈과 코가 있는 얼굴을 닮았다.

시골집의 소박한 꽃담 장식.
기와 깨어진 파편을 곰살궂게 써서
무늬를 형상하였다.

경기도 여주 신륵사 경내 다락집.
지붕 합각 중에서 무늬를
옹골지게 구성한 예에 속한다.

하회 충효당 합각 장식.
선비의 의도가 무늬로 표현되었다.

것이 근래의 시각이다.

꽃담 조성은 '면회장(面灰匠)'이라 부르는 고급 기술 인력 분야이지만 시골집에서는 꼭 훈련된 전문 기술자 차지는 아니었다. 마을 사람이 솜씨 있게 하기도 했는데 담벼락이나 담장 쌓는 일은 전문 기술자인 '미장(泥匠)'이 아니어도 스스로 할 수 있다는 자신감에서 나온 것이라 할 수 있다. 눈썰미 있는 이의 곰살궂은 노력이 만든 구수한 꽃담을 보아도 그런 흐름을 알 수 있다.

시골집 합각벽 꽃담은 틀에 매여 있지 않아 매우 자유분방하지만 자질구레하지 않고 가식 없이 적절한 멋부림에 만족했다. 지극히 간결한 구성이지만 보는 이가 빙긋 웃거나 멋지다고 만족할 만하다. 사진에서도 보듯이 암키와, 수키와만으로 무늬를 놓아 극히 절제된 표현을 했지만 의도하는 바가 분명해 보일 뿐 아니라 그만하면 되었다는 만족감이 나타난다.

경기도 여주 신륵사 경내에 있는 다락집 지붕은 시골집의 소담한 꽃담 장식과 비교하면 훈련된 이의 작품답다. 알맞은 크기 벽돌을 써서 여러 의도가 잘 내포된 화면을 구사하였다.

하회 충효당 합각 장식은 무늬를 다양하게 구사하면서 넓은 벽면을 채우려 했다. 민가의 한계를 벗어나지 못해 어딘지 어설프지만 선비의 의도가 무늬에 드러났다는 점이 주목된다.

우리 나라 꽃담은 상당히 발달하였다. 이웃나라에서 이런 꽃담을 보기는 매우 어렵다. 한옥에서나 볼 수 있는 꽃담을 많이 활용하는 일도 세계 건축계에 신선한 기풍을 불러일으킬 것이다.

7) 맞배의 합각과 박공판

파리 고암서방의 ㄱ자 꺾인 부분 지붕을 맞배로 구성하였다. 맞배에는 보통 장대한 박공판을 설치한다. 물매가 강한 오량집 지붕에서는 아주 넓은 널빤지로 박공널을 만들어도 지붕 곡선에 따라 알맞게 맞추기가 어려워 쪽널을 덧대어 완성하는 경우도 있다. 서까래와 기와 얹는 지붕의 바닥 선 간격이 꽤 있어서이다. 얼른 이해하기 어려운 부분이므로 맞배 구성과 박공판 설치 작업을 사진을 통해서 살펴보자.

먼저 오량집에서 긴 서까래와 짧은 서까래를 걸고 개판까지 덮어 천장을 완성한 상태이다. 안에서 올려다보면 이제 하늘은 한 점도 보이지 않는다. 그 상태에서 기와 이을 준비를 하는데 종도리에서 처마 끝으로 드리운 밧줄이 지붕 기와바닥이 설치될 선이다. 박공판도 이 선에 따라 설치한다.

두 번째 사진은 밧줄의 현수 곡선에 따라 박공판을 설치한 모습이다. 박공널 설치에 앞서 널빤지로 방풍판 만들어 먼저 고정시키고 박공판을 그 위에 덧대어 붙이는 것이 순서이다. 방풍판 규모는 팔작의 합각

종도리부터 처마 끝에 맨 밧줄을 드리우면 현수 곡선이 생기는데 박공판 상단의 선이 되며 기와지붕의 바닥선이 된다. 이로써 지붕의 물매 곡선이 결정된다.

보다 훨씬 커졌다. 방풍판은 오량의 다섯 도리를 이용해서 붙인다. 도리 위로 멍에나무를 걸쳐 고정하고는 그 멍에와 도리에 못을 박으며 단단히 붙인다. 방풍판 아랫도리에는 '띄방'이라 부르는 각재를 건너지르면서 방풍판 널에 못을 박아 붙이고 하단 선을 가지런히 고르며 잘라 정리하면 든든하면서도 말쑥해진다.

박공널은 투박하고 투실하며 긴 재목을 통으로 쓴다. 짧은 재목을 써서

(위) 밧줄의 현수 곡선에 따라 박공판을 설치하였다. 방풍판 구조도 함께 이루어졌다.
(아래) 박공판 설치한 안쪽에서 바라보면 서까래 걸린 위와 박공판 사이 간격이
상당히 떨어져 있어 함정이 생긴 듯이 보인다.

이으면 시간이 지나면서 뒤틀리거나 사이가 벌어져 보기 흉하게 되며 집이 고장난 듯 느껴져 매우 불안해 보인다. 박공판 바깥 면에 지네철을 박고 방환을 부착하여 장식하는 수도 있으나 고암서방에서는 하지 않았고 현어도 장식하지 않았다. 여염집 선비의 조촐함을 보이려는 의도이다.

세 번째 사진을 보면 박공판을 설치한 높이와 서까래 설치하고 개판 덮은 부분 사이에 함정같이 깊은 공간이 있다. 이곳은 느리개와 적심으로 가득 채워 넣었다.

통나무를 반쪽으로 타갠 것을 '느리개'라 한다. 느리개로 개판 위를 가로지르면서 못(대장간에서 치어다 사용하는 느리개 못은 길이가 여덟 치이다.)을 박아 단단히 고정시킨다. 서까래가 받는 하중을 분산시켜 주는 효과가 있다. 느리개를 빈틈없이 지붕 전체에 깔면 서까래 뒤를 단단히 눌러 주는 효과도 생긴다. 느리게 위로 통나무를 차곡차곡 채운다. 그런 통나무를 '적심'이라 부른다. 적심도 1척 짜리 못을 박아 고정시킨다. 못 박을 자리는 자귀로 조금 도려내면 일하기가 편하다.

가득 채운 뒤에 진흙을 받는다. 진흙을 바소쿠리에 담아 지게에 지고 힘차게 걸어다니며 적심 위에 붓고는 그 흙을 밟으며 다시 돌아선다. 흙이 나무 틈으로 비집고 들어가 진흙과 나무가 한 몸이 된다. 이를 '바닥 흙 깔았다'고 하며 바닥 흙은 '보토'나 '새우 흙'이라고 부른다.

요즘에는 강회(剛灰, 생석회 덩어리에 물을 끼얹으면 질척하게 사그라진다. 이를 '강회를 핀다'고 한다. 이 때 불이 붙기 쉬우므로 불기를 멀리 해야 한다.)를 섞어 쓴다. 굳으면 단단해지고 방수층이 생겨 비가 샐 염려가 없다. 옛날엔 민가에서 강회를 사용하지 못하게 했다.

적심과 흙을 채우면 기와 이을 바닥이 만들어진다. 느리개와 적심 박고 흙 받는 일은 다 기와장이 소관이다. 흙과 적심은 뜨거운 여름 뙤약볕과 추운 겨울의 지독한 냉기가 집안으로 들어오는 것을 막는다. 그러나 막중한 무게를 지탱하려면 굵은 재목을 써야 했다.

9. 수장(修粧)

지붕에 기와 잇는 일이 한참일 때 목수들은 기둥 사이에 인방, 중방, 하방과 문지방, 머름대와 문얼굴을 조성한다. 이를 '수장 드린다'고 한다. 벽체와 문짝과 마루 놓을 골격을 형성하는 일이다. 이 일이 끝나면 귀틀을 설치하여 우물마루 까는 일을 하고 한쪽에선 소목들이 문짝을 짠다.

수장은 벽체를 구성하는 골격이기도 하지만 장혀를 비롯한 부재 두께를 결정하고 그 두께에서 나오는 수장재 운두와의 상관 관계를 정하는 기본 수치(數值)이기도 하다.

수장재는 보통 단면이 직사각형인 제재목을 쓴다. 옛날엔 '인거(引鋸)'나 '기거(岐鋸)'라는 큰 톱으로 켜낸 각재(角材, 角木)를 쓰거나 '자귀'나 '도끼'로 다듬어 썼다. 각재의 단면에서 좁은 면을 '두께'라 하는데 이 두께를 수장재 '기본 단위척(基本單位尺)'으로 보고 '수장폭(修粧幅)'이라 한다.

예컨대 수장폭을 '세 치(三寸, 9.09cm)'로 정했을 때 '운두'라 부르는 높이를 '다섯 치(五寸, 15.15cm)'로 정하는 것이 기본인데 '구고현법(句股弦法)'이라 하는 직각삼각형 원리에서 나온 수치이다.

구고현법에서 직각삼각형 밑변을 3이라 하면 높이가 4, 빗변이 5가 된다. 수장폭 3이 밑변일 때 높이가 4인 직사각형 목재가 있다고 하자. 그 나무 단면에 대각선 줄을 치면 그것이 빗변이 되면서 5가 등장하는데, 5를 중요시하여 수장의 운두를 삼는다. 수장재가 5, 7, 9 등의 수로 설

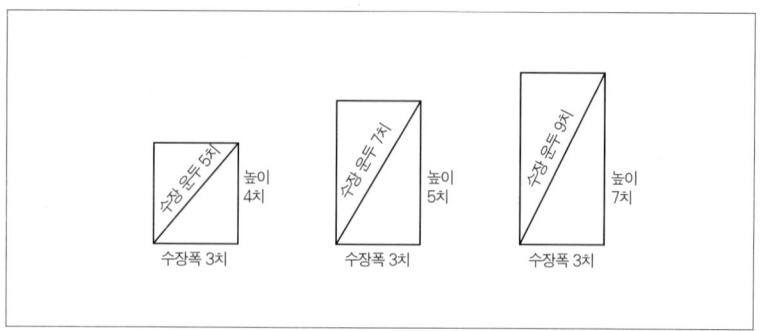

수장폭 수치와 운두의 관계도

정되는 것은 이 원리를 응용해서이다. 이 때 밑변은 항상 3이다. 그래서 '세 치'가 기본 수이다.

수장폭은 '세 치'와 '네 치(4寸)'가 가장 보편적이다. 오래된 건물 수장재를 실측하였더니 '두 치 여섯 푼(2寸6分)'이나 '두 치 일곱 푼', '두 치 여덟 푼'이었다. 이는 원래 '세 치'로 설정된 기본 치수가 나무 다듬고 건조하는 과정에서 줄어든 것이라고 해석해도 무방하다.

켜 내야 할 큰 재목에 도편수가 세 치씩 눈금을 먹줄로 치고 그 선을 따라 톱으로 켜면 톱밥으로 사라지는 부분이 생기면서 좌우에서 그만큼 줄어든다. 그 나무를 다시 대패질하면 두 푼이나 세 푼쯤 빠지는 일은 다반사이다. 나무가 오랜 세월 마르면서 수축되었다면 네 푼이 차이날 수도 있다. 옛날 제대로 지은 건축물의 수장폭은 세 치, 네 치를 엄격히 지켜서 지금도 실측해 보면 거의 어김없다.

수장폭의 몇 배로 '네모난 기둥의 한 변을 잡았느냐', '둥근 기둥 지름을 수장폭의 몇 배로 정하였나'에 따라 '기둥 규격'과 '기둥 높이', '기둥간살이(柱間)'가 연관된 수치를 지니게 된다. 공포가 있는 건물에서는 포작(鋪作, 包作)을 구성하는 부재 규격과도 직결된다.

소로 크기는 수장 폭에 정비례한다. 소로 크기에 따라 첨차 길이가 설정되고, 여기서 두공(頭栱)이 조성되면 주두의 규격도 균형을 이룬다. 수장폭은 목조 건축물의 기본이다.

1) 수장의 유형

벽을 쳐야 할 부분 상부에 인방(引枋)을, 중부에 중방(中枋)을, 아래쪽에는 하방(下枋)을 드린다. '드린다'는 말은 기둥 사이에 건너질러 고정시킨다는 뜻이다. 인방, 중방, 하방을 통칭할 때는 '수장재(修粧材)'라 부른다.

기둥 좌우 볼때기에 수장재처럼 생긴 각목의 가는 혀를 부착해 일으켜 세우면 '벽선'이 된다.

문짝을 달려면 하방, 문벽선, 문인방을 설치하여 '울개미'를 만드는데 이를 '문얼굴'이라 부른다. 창을 다는 부분 울개미도 창얼굴이라 하지 않고 문얼굴이라 한다.

문얼굴을 하방 위에 구성하지 않고 '신방목(信枋木)'을 따로 설치한 다음

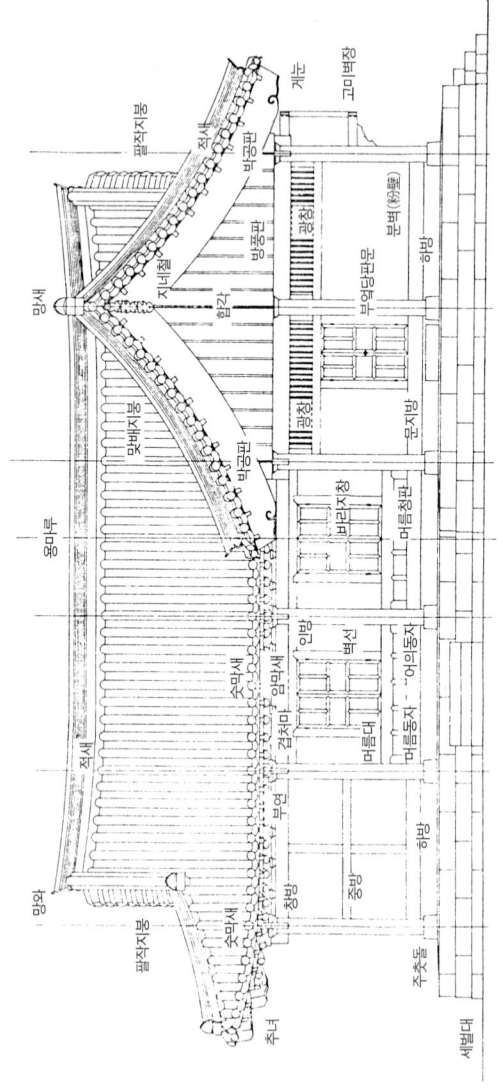

프랑스 고암서방 뒷모습 설계도

예산 추사 고택, 머름과 벽선과 인방으로 문얼굴을 조성하였다. 이들을 통칭하여 수장재라 부른다.

벽선을 세워 완성하는 수도 있다. 신방목을 설치하려고 '신방석(信枋石)'을 고멕이에 조성하기도 하고, 창을 내려고 '머름대(遠音竹)'를 설치하기도 한다. 교창(交窓) 설치하기 위해 문인방 위에 '상인방(上引枋)'을 하나 더 끼우기도 한다. 이들을 수장재라 부르는 것이 종래 개념이었다.

2) 수장 설치

수장은 보통 기둥에 장부구멍을 파고 바로 끼우며 벽선은 하방과 인방 사이나 하방과 중방, 중방과 인방 사이에 나누어 설치하기도 한다. 수장 끼우는 홈을 기둥 몸에 판다. 한 구멍으로 크게 파면 '통장부 구멍', '통장부 홈'이라 하고, 두 가닥으로 나누어 파면 '쌍장부 구멍', '쌍장부 홈'이라 부른다. 이에 맞추어 수장재도 '통장부 촉'과 '쌍장부 촉'으로 다듬는다.

기둥을 세운 채로 수장 드리는 작업을 하는데 기둥간살이보다 긴 수장재를 끼우려면 특수 기법인 '문열이법'을 쓴다.

'문열이법'은 한쪽 '가' 기둥 홈을 다른 편인 '나' 기둥보다 깊이 파는 방식을 말한다. 깊이 판 쪽 '가' 기둥으로 먼저 수장재를 밀어 넣었다가 수장재가 '나' 기둥 안통에 들어서면 '가' 기둥 깊은 쪽에 들어갔던 수장재를 뒤로 물리면서 '나' 기둥 홈에 촉이 가득 차도록 밀어 넣는다. 깊은 홈에 들어갔던 쌍장부 촉이 빠지면서 수장재는 양쪽 기둥 몸에 알맞게 결구된다. 가랑이 사이에 쐐기를 단단히 박아 깊은 홈으로 다시 들어갈 수 없게 제동하면 비로소 고정된다.

쌍장부는 두 가닥 장부구멍 사이에 기둥 몸의 살점이 있으므로 쐐기를 박으면 수장이 고정된다. 작업이 진행되면서 고정된 부분은 벽선을 설치하면서 가려지므로 쐐기 박은 모습은 보이지 않는다. 전혀 못을 박지

머름대를 드리고 있는 광경. 청판과 동자가 제자리에 완전히 들어가기 직전 모습이다.

앉아서 완성한 뒤엔 어떻게 결구되었는지 알아보기가 어렵다. 설치가 까다로워 숙련된 목수라야 무난히 해낸다.

수장 드리는 기본법에 따라 머름대로 설치하는데 머름은 '머름대(하방)'

와 '상머름대' 사이에 동자와 청판을 끼워야 한다. 역시 못 박아 고정시키는 것이 아니므로 청판 끼우기 위한 '물홈'이 상대, 하대와 동자 좌우 볼때기에 다 파여 있어야 한다. 제자리에 밀어 넣는 일은 매우 어렵다. 작업하는 현장에서 지켜보고 있으면 무슨 마술을 보는 듯 신기해서 완성되면 저절로 손뼉을 치게 된다. 그런 기법을 구사하는 걸 보고 있으면 한옥에 대한 사랑과 자랑이 솟아오른다. 우리 선인이 남긴 손재주와 눈썰미를 감탄하다 보면 어느덧 한옥 자랑에 열을 올리게 된다.

머름대가 고정되었으면 문얼굴을 조성한다. 상머름대를 받침 삼아 그 위로 문벽선을 세우고 위에 인방을 건너지른다. 문벽선과 인방이 90도 직각으로 접합하는 부위를 '연귀' 하거나 '반연귀' 하는데 지역적 특성일 수 있으나 도편수 손이 제맛내기를 원하느냐에 따라 달라진다.

99년도에 가서 다시 확인한 일이지만 오천 년 전 이집트에서 이미 '연귀법'으로 문골을 접합시킨 자취가 카이로 고고학 박물관에 전시되어 있어 놀라움을 금치 못했다. 흔히 우리는 그런 고급 기법은 고급한 도구가 발달된 중세 이후에나 가능했으리라 생각하는데 이집트의 예를 보고는 상고 시대에 이미 그 기법이 구사되었을 가능성을 무시할 수 없었다.

벽선 좌우 기둥까지 간격은 벽을 칠 자리인데 보통은 널빤지로 판벽한다. 두 장 넓이로 판자를 대고 중간 부위에 띠방(帶枋)을 설치하고 '광두정(廣頭釘, 쓰임에 따라 세 치 광두정, 네 치 광두정, 다섯 치 광두정, 여섯 치 광두정이 있

운현궁 안채, 문얼굴과 창문 등 수장 모습을 살펴볼 수 있다.

다.)'을 박아 고정시킨다. 무쇠로 만든 광두정은 장식이 되기도 한다.

문얼굴은 툇마루에서 인방까지 '다섯 자 네 치(5, 4척, 약 163센티미터)' 높이로 만든다. 대청 바라지창 높이보다는 낮게 잡는다. 같은 창이지만 방의 창은 출입을 통제하고, 바라지창은 뒤뜰로 내려설 수 있는 여유가 고려되어 있다.

문얼굴이 낮게 설치되므로 문인방도 낮은 위치에서 벽선과 결구된다. 토벽을 쳐서 벽체가 완성되면 인방이 문벽선에만 의지하고 있는 듯 보이나 그렇다면 덧문이 바람결에 닫힐 때 충격으로 벽체가 상할 수 있다. 문얼굴로 결구하는 것말고 인방을 가늘게 다듬어 벽체에 숨기면서 기둥 장부구멍에 끼워 고정시키면 미동도 하지 않는다. 숨기는 방법도 인방을 숨기느냐, 선을 상인방까지 치켜올리고 그 올려진 부분을 숨기느냐 두 가지가 있는데 기문(技門)에 따라 특성을 발휘한다.

기둥에 '민흘림'이나 '배흘림'이 있으면 기둥에 부착하는 벽선을 수직으로 설치할 수 없다. 그래서 '그레질'하여 기둥몸에 밀착시킨다. '그레질'은 기둥몸에 흐르는 곡선을 벽선에 기억시키고 기억된 선에 따라 벽선을 다듬어 기둥 몸에 붙이는 방법인데 '그렝이법'이라고도 한다. 벽선은 대장간에서 쳐 온 굵고 긴 못을 박아 고정시키되 못대가리가 눈에 보이지 않게 살점 속으로 파 넣고는 못이 파고든 살점을 메워 주는 작업인 '우매기'해서 가린다.

3) 벽 중방

우리 나라는 황하 유역이나 일본식 집에서는 감히 생각하기 어려운 우람한 목재를 원 없이 쓰고 있어서 북경 청화대학 건축과 곽 교수 말처럼 '낭비적 목조 건축'이란 평판을 들을 만하다. 지독하게 추운 겨울과 긴 장마를 탈없이 지내야 하므로 다른 나라에선 보기 드문 여건이다.

일본은 비가 많지만 북부를 제외하고는 뼈가 저리도록 춥지 않다. 대신에 무덥고 후텁지근한 더위를 쾌적하게 지내야 하므로 개방성 집을 지었다. 중국 북부는 춥기는 해도 강우량이 많지는 않다. 대신 황토 먼지가 대단하여 되도록 밀폐한다. 밀폐는 보통 벽체로 한다. 중원 벽체는 주로 벽돌을 쌓아 만들지만 우리는 토벽을 친다. 같은 토벽이라도 일본은 얇은 편이지만 우리는 두껍고 투박하다. 우람한 목재를 쓰는 이유와 같다.

벽체를 치기 위해 인방과 하방 사이 중심부에 중방을 하나 들인다. '들인다'는 말은 인방만한 굵기의 수장재를 설치한다는 의미이다.

인방과 중방 사이, 중방과 하방 사이에 '중깃'을 설치한다. 중깃은 '외'를 엮어 고정시키는 골격으로 물푸레나무 같은 단단한 나뭇가지로 만든다. 엄지손가락과 검지손가락을 맞대어 둥근 정도 굵기의 빳빳한 나무 오리로 중방과 하방, 중방과 인방 사이에 설치한다. 설치할 위치에 끌로 홈을 파고 중깃을 세워 고정한다. 중깃 위아래는 홈에 끼울 수 있도록 앞뒤로 다듬어 납작하게 만든다. 역시 못을 박아 고정하는 일은 삼간다. 기둥간살이 넓이에 따라 다르지만 세 개에서 다섯 개 정도 설치하고는 가는 나뭇가지 '외'를 중깃에 가로 대면서 새끼로 엮는다. 촘촘히 '산자'처럼 엮으면 발처럼 되면서 바탕이 이루어진다. 이 '외'에 여물 섞은 진흙을 바르면 초벽이 된다.

10. 벽체(壁體)

프랑스까지 미장이를 데려가지 못하여 고암서방 토벽은 프랑스 기술자에게 부탁하여 완성하기로 했다. 그쪽 흙 성격이나 기후를 잘 몰라 벽체는 그곳 방식을 따르기로 했다.

벽체와 목재 사이 접합부에 생길지 모를 틈새는 외풍이 들어올 수 있으므로 보완해야 한다. 프랑스 건축가에게 부탁하였더니 미장이가 왔다. 값을 호되게 달란다. 이렇게 손가는 곳이 많은 집은 처음이라면서 엄살을 떤다. 돈 많이 달라는 핑계는 어디서나 마찬가지인 모양이다.

와서 하는 방법을 보니 엄살 떨던 것에 비해 너무 소홀하다. 붉은 벽돌

고암서방 벽체는 프랑스 미장이를 시켜서 시공하였다. 얇은 도판을 조적하고는 석고로 안팎을 싸발라 완성했다.

색 흙으로 구워 만든 얇은 도판(陶板)을 벽면에 이맞추어 석고로 붙인다. 우리 수장재 두께에 걸맞게 얇다. 도판은 속이 비어 있어 자르면 쉽게 깨지는 재질이다. 도판을 쌓고는 안팎으로 석고를 발라 흙 손질 하니까 간단히 벽체가 완성되었다. 이것만으로 단열될 것 같지 않은데 프랑스 건축가는 충분하다고 장담이다. 그러나 후에 난방을 해보니 신통치 못하였다.

1) 토벽

① 새로운 토벽

프랑스에서 토벽을 설치하면서 우리의 새로운 토벽 문화를 어떻게 형성할 수 있을까 궁리해 보았다. 어차피 전형적인 재래 기법은 이제 거의 마무리되었으므로 새 방법을 강구할 필요가 있다. 과학적인 지식과 옛 지혜가 어울리면 좋겠다는 생각이고 마감이 다른 부재와 조화를 이루면 금상첨화이다.

토벽은 이제 전형에서 벗어나 있다. 우선 중깃 드리고 외 엮는 과정에서 마땅한 새끼가 없어 지금은 나일론 끈을 이용하고 있다. 중깃도 외도 마땅한 나무 오리가 없어 요즘은 제재소에서 각목(角木) 사다가 중깃 세우고 죽데기 사다가 외를 삼는데 가는 못을 박아 고정한다. 1900년대

초벽만으로 완성한 '뒷간' 토벽. 더러워지면 '맥질' 해서 깨끗하게 재단장한다.

무렵 일본식 중깃과 닮았다. 그런 기법에서는 중깃에 쇠그물을 바르고 거기에 의지하여 토벽을 치는 법인데 우리는 그냥 중깃에 외 엮은 양 사용하므로 충격만 주면 곧 깨어지고 떨어진다. 임시 방편인 이 방식을 계속 따를 수는 없다. 새로운 방식을 강구해야 한다. 새 방식에는 외기를 차단하는 기능도 더해야 한다.

신식 토벽이 등장해야 한다면 중깃을 개발할 필요가 있다. 흙으로 구워 만든다면 마감 재료로 흙을 쓰기 유리할 것이다. 속이 빈 크고 두껍지 않은 도판(陶板)을 만든다. 도판의 빈 속은 전화, 전기선을 배선할 케이블과 더운 물이 통과할 수 있는 파이프를 내장할 수 있게 구멍을 여러 개 뚫어 준다. 도판과 도판의 조적은 백제(百濟) 이래 사용되던 '은정 연결법'으로 건식(乾式)쌓기 한다. 도판 표면은 수키와 등처럼 무늬 판으로 우들거리게 해서 흙을 바를 때 쉽게 붙도록 한다.

최종 마감은 벽선에 첨부한 졸대에 의지하고 재래식 방법대로 '삼화토'로 안팎을 싸 바른다. '졸대'는 연경당 벽체에서 보는 것 같은 기능을 지닌 것이 기본이다.

② 전통 토벽

흙으로 벽체를 바르면 '토벽'이라 부른다. 중깃에 의지해서 엮은 외에 여물 섞인 진흙덩이를 탁탁 박아 가며 짓눌러 바르면 된다. 한쪽에서 바른 흙이 꾸둑하게 될 즈음에 반대편에서 진흙으로 맞바르면 '맞벽'이 되며 말쑥하게 벽체가 정리되는데 이를 '초벽 쳤다'고 한다.

초벽이 마르면 진흙 점력 때문에 얼음 터질 때 생기는 금처럼 수없이 갈라진다. 이를 '빙열(氷裂)졌다'고 한다. 빙열로 갈라진 틈에 흙이 들어가게 흙손으로 꾹꾹 눌러가며 다시 바르면 '새벽(砂壁)'이 된다. 새벽은 '석비레'인 백토로 바르는 것이 보통이다. 석비레가 차지지 못하여 점

분벽(粉壁)한 토벽과 널빤지 들인 판벽의 조화가 아름답다.

력이 약할 때 백토에 진흙을 약간 섞어 쓰기도 한다. 하지만 석비레도 잘 이기면 충분히 바를 수 있다. 같은 석비레라도 지역에 따라 차진 것과 마른 것이 있다. 이처럼 성질이 달라서 확실히 말하기는 어려우나 웬만하면 사벽할 만하다.

더러 '굴림백토'를 만들어 쓰기도 한다. 굴림백토로 새벽을 바르고 새벽한 위에 다시 바르는 방법은 재새벽과 분벽 두 가지가 있다.

재새벽(再砂壁)은 백토를 앙금 앉혀 고운 분말로 만든 것을 진흙을 묽게 푼 물과 이겨 만든 흙으로 바르는 마감 벽체이다. 마르면 흰 바탕에 붉은 기가 따뜻하게 감돌아 다정한 맛을 지닌다. 조선조 백자 가운데 유약이 우윳빛인 것과 약간 붉은 기가 도는 것이 있다. 재새벽은 바로 그런 붉은 기운을 지녔다.

분벽(粉壁)은 백토에 '강회(剛灰, 굽지 않은 生石灰)'를 섞어서 만든 흙을 바른 토벽이다. 토벽 중에는 마감이 가장 고급스러우며 여염집에서는 좀처럼 보기 어려웠다. 건축 법령에 백성은 '강회'를 사용할 수 없다는 제한이 있었다.

2) 화방벽

맞배지붕의 합각 아래 벽체는 '온담'으로 쌓는 법과 '반담'으로 쌓는 법 두 가지가 있다. 부엌이나 바깥 행랑채 외벽 중방 아래에는 '화방벽'을 쌓기도 한다. 이들은 토벽 계열에서는 가장 견고한 벽체이다.

온담, 반담, 화방벽은 중깃 들이고 초벽한 벽체 바깥에 다시 아이 머리통만한 돌이나 '사고석(四塊石)'으로 여러 켜 축조한 담장 구조이다. 궁집에서는 다섯 켜쯤 사고석을 축조하고는 그 위로 벽돌을 다시 더 쌓아 높은 담벼락으로 완성하기도 한다.

이 구조를 '화방벽'이라 부른다. 돌과 벽돌로 축조하는 이 벽체는 두께가 매우 두꺼워 기둥 밖으로 돌출하므로 마감할 때 '용지판'을 대어 정

토벽 친 중방 아래 화방벽을 쌓았다.

결하게 정리한다. 반담에서 중방에 접촉한 부분은 앞쪽으로 경사지게 삼화토를 발라 토벽을 타고 내려오는 빗물이 쉽게 흘러내리게 하였다. 그 부분에 용지판(龍枝板)처럼 나무 널빤지를 설치하기도 하나 여염집에서는 보기 어렵다.

창경궁 낙선재 바깥 행랑채. 반담 구조인 화방벽을 볼 수 있다.

돌과 벽돌의 사춤에는 삼화토로 '화장줄눈' 하는데 서양식으로 벽돌 조적한 간격만큼만 줄눈을 만들어 주는 것이 아니라 '면회(面灰, 삼화토로 돌이나 벽돌 몸 가지를 싸 바르는 특수 기법)' 하여 화장줄눈을 굵직하게 조성해 준다. 이 기법은 담벼락이나 꽃담 조성할 때 무늬 베푸는 데도 응용한다.

화방벽은 초벽을 치고 그 바깥에 다시 담벼락을 쌓되 돌이나 벽돌을 써서 삼화토로 쌓으므로 벽으로 물이 스며들 염려가 없다. 불에 강한 돌과 벽돌을 썼으므로 방화 기능도 뛰어나다. 돌과 벽돌을 점력과 고착력이 강한 삼화토로 조성하였으므로 외부에서 침입하기 어렵다. 이처럼 화방벽은 방수, 방화, 방범 효과를 지니고 있다.

방화벽은 우리가 새롭게 짓는 살림집 벽체로 매우 유용하게 활용할 수 있다. 방화, 방범 효과뿐 아니라 외기를 차단하는 단열 효과도 기대할 수 있다. 꾸미기에 따라서는 고전미가 넘치는 외부 단장을 할 수 있어서 일석삼조의 효과를 얻을 수 있다. 테라코타 같은 장식물도 채택할 수 있어 집주인 식견에 따라서 얼마든지 벽체를 아름답게 조성할 수 있다.

● 온담과 반담

온담은 맞배지붕 합각 아래 벽체 전체, 하방에서 대들보에 이르기까지 전부를 화방벽으로 축조하는 담벼락이다.

반담은 긑은 위치에서 중방 이하에만 담비락을 조성하는 구조이다. 바깥 행랑채 바깥벽 중방 아래 쌓는 화방벽에서 밑에 '무사석(武砂石)' 두 켜, 그 위로 사고석 다섯 켜, 벽돌 다섯 켜를 쌓고는 그 벽돌보다 운두가 낮은 벽돌로 다시 다섯 켜 축조한 예로 '창경궁 낙선재 장락문(昌慶宮 樂善齊 長樂門)' 옆에서 볼 수 있는데 살림집에서는 보기 어렵다.

11. 난방(煖房)

구들 아궁이에 불을 지핀다. 아랫목이 설설 끓는다. 작신거리게 지지고 나면 몸이 거뜬하다. 특히 중년을 넘은 부인들이 아주 좋아한다. 찜질방에는 갈 필요가 없다. 그런데 이처럼 좋은 구들을 다 없앴다. 석화 연료와 가스가 경제적이고 환경도 보전할 수 있다는 어설픈 이론이 들끓어서였다.

집에서 불을 지피면 공해 물질이 배출된다고 주장하는 이도 있다. 나무나 낙엽도 태우지 말아야 한다고 한다. 그런 주장은 한옥 구들이 지닌

한옥의 아궁이

한옥의 굴뚝, 개자리에서 걸러 낸 맑은 연기만 내보낸다.

기능과 효능을 전혀 모르고 하는 말이다. 한옥에 대하여 무식하다는 소리를 들어도 변명할 여지가 없다.

한옥 구들은 환경을 보전한다. 아궁이에서 지핀 불로 연소된 연기는 굴뚝을 통해 맑게 배출된다. 가연성 물질을 태우는 시설로 구들만한 것이 없다. 그런데도 환경보존운동가들은 구들 시설을 괄시하고 있다. 구들에 불을 지펴 본 경험이 없어서다.

아궁이에 불을 지피면 '부넘기'로 해서 불길이 위로 솟구친다. 위로 올라가기 시작한 불길은 고래 위에 덮어놓은 구들장을 핥으며 나가다 고래 끝에 파 놓은 개자리에 도달한다. 개자리는 고래보다 깊이 파여 있어서 찬 기운이 감돈다. 불길은 잠시 맴돌며 약간 숨을 가라앉힌다. 이 때 불길에 휩쓸려 딸려 온 그을음이나 티끌이 개자리로 떨어진다. 연기가 그만큼 가벼워지면서 굴뚝에 연결된 연도로 빠져나간다. 굴뚝 밑에 파 놓은 개자리에서 잠시 맴돌다 굴뚝 밖으로 나간다. 말간 연기만 빠져 나와서는 굴뚝 주변을 가물거리다가 땅에 어린 듯 퍼져 나가면서 연무(煙霧)가 된다. 집집마다 군불 때는 연기가 서녘 붉은 노을이 가실 때까지 피어오르는 광경이 눈에 선하다.

1) 아랫목 예찬

학교 갔던 손자가 문을 박차고 뛰어든다. 몹시 급했나 보다. 얼른 붉게 언 손을 맞잡아 아랫목에 깐 이불 속으로 넣어 준다. 싱긋 웃더니 할머니 치마폭으로 파고든다. 학교 다닌 지가 한참인데 아직도 어리광을 피운다.

할머니는 아랫목에 앉아 찾아오는 이를 만나셨다. 지체 높은 분이 오시

한옥 온돌방 아랫목

면 모를까 자리를 양보하는 법이 없다. 할머니의 권위와 아랫목은 떼려야 뗄 수 없다. 주무실 때도 아랫목에 자리를 깔고 주무셨다. 그러던 할머니가 돌아가시고 어머니가 아랫목을 차지한 지 오래다.

어머니도 아랫목을 양보하신 적이 없다. 그 자리에 앉은 어머니를 거역하는 건 있을 수 없는 일이다. 아버지도 어머니에게 함부로 대하지 않앉다. 집안 법도는 안방 아랫목에서 나온다고 할 정도로 어머니는 당당했다. 어머니가 당당한 만큼 아버지는 가장의 권위를 지켰다. 한옥은 그런 살림의 법도를 준수하는 예의의 도량이기도 했다.

아랫목에는 세간을 늘어놓지 않는다. 세간은 다 윗목에 두었다. 나무로 만든 가구(家具)는 온도와 습기에 민감하다. 아랫목같이 덥고 메마르면 나뭇결이 터지고 접착제가 떨어지기 쉽다. 가구는 윗목에 놓아야 한다. 지금은 사방이 다 같은 온도이고 가습기를 틀어야 할 정도로 건조하다. 가구가 자주 고장나고 수명이 짧아 추한 몰골이 된다.

지금 안방에는 아랫목이 없다. 어머니가 앉을 권위 있는 자리가 없어졌다. 어머니가 제 대접을 못 받는 세상이 되었다. 가장의 권위도 추락했다. 아랫목이 사라지며 우리 생활은 적지 않은 폐해를 입었다.

2) 다시 아랫목을

프랑스에 구들장까지 들고 갈 수 없어서 고암서방 난방은 현지에서 해결하기로 했다. 프랑스에서 나를 거들어 주던 건축가는 구들 시설을 걱정하는 내게 "걱정 말라"고 했다. 온수를 회전시켜 열기를 공급하는 방식이긴 해도 프랑스에도 방바닥을 데우는 구들식 난방법이 보편화되어 있다는 설명이었다.

며칠 되지 않아 구들 드리는 미장이가 찾아왔다. 집을 이리저리 보고 매우 놀라워했다. 이런 집은 처음 본다면서 안방과 건넌방 넓이를 재더니 내일부터 일을 하겠다며 차를 몰고 휑하니 갔다. 이튿날 갖고 온 재료는 계란판처럼 생긴 큼직한 판과 거기에 설비할 남색 비금속 온수 파이프와 마감할 석고가 전부였다. 계란판을 방바닥에 이맞추어 깔고는 우뚝우뚝 솟은 판 골짜기에 파이프를 휘휘 감아 돌렸다. 우리 온수 파이프 시설하는 방법과 다름없다. 파이프가 설치되자 얇은 계란판으로 덮고 고정시킨 후에 석고를 발라 흙손으로 골라 토벽 마감하듯 정리하더니 툭툭 손털고 나선다. 다 했다고 청구서를 내미는데 '한국의 궁전'이라고 씌어 있다. 착공하면서 물품을 살 때 영수증에 '한국의 집'이라 하더니 차츰 집 골격이 완성되자 어느 때부터인지 '한국 궁전'으로 표현이 바뀌었다. 고암서방이 그만큼 격조 높아 보이는 모양이다. 근래엔 최신 난방법이 널리 보급되기 시작하여 '몹시 바쁘다'는 엄살도 떨었다. 우리 나라에선 이런 난방 설비가 삼천 년 전부터 발달해 왔다고 말해 주려는데 벌써 가 버렸다.

고구려에서 시작된 획기적인 난방법인 구들을 세계에 널리 홍보할 필요가 있다. 문화 경쟁 시대에 우리 것을 널리 알리는 일은 원조(元祖)의 권위를 드높이면서 우리 민족이 세계 건축 발전에 지대한 공헌을 하고 있다는 사실을 분명히 해줄 것이다.

프랑스 구들 미장이는 온수 파이프를 휘휘 두를 줄만 알았지 아랫목과 윗목이 있다는 것은 몰랐다. 훗날 구들이 널리 분포한 후 의자 치우고 구들바닥에 내려앉으면 아랫목을 인식하게 될지도 모른다.

온수 파이프 등장으로 잊혀진 아랫목을 다시 찾아야 한다. 온수 파이프형 난방 설비에서도 아랫목을 조성할 수 있다. 앞서 말했듯이 아랫목에는 온수 파이프를 촘촘히 놓으면 된다. 현재 시공하고 있는 파이프 배관보다 치밀하게 하면 온기가 집중된다. 따끈하기가 나무 때는 구들 같지야 않겠지만 현재 설비보다는 확실히 따뜻하다. 윗목은 상대적으로 듬성하게 배관하면 열기가 줄면서 윗목 기운이 되살아난다.

고암서방 안방에 프랑스 재료로 난방용 온수 파이프를 설비하고 있는 프랑스 구들 미장이

아랫목과 윗목을 구분하면 종래 구들이 지닌 이점이 되살아난다. 운치 있게 아랫목에 보료를 깔고 앉을 수도 있고 아랫목 쪽 벽에 머리벽장이나 반침을 달면 멋있고 쾌적하면서 쓸모 있을 것이다.

12. 마루 깔기

한옥에서 마루의 등장은 매우 의미가 깊다. 한반도는 사계절이 뚜렷하다. 하지만 추운 계절보다는 더운 기간이 긴 쪽에 속한다. 특히 남부는 무더운 여름이 길고 지루하다. 지표에서 뚝 떨어진 그늘진 자리나 겨우 무더위 기승에서 벗어날 수 있다. 마루는 그런 여건에 순응하는 시설로 채택되고 발전하였다.

'마루'는 '영마루'처럼 높은 곳을 의미하는 단어이다. 지표에 터전을 마련하고 사는 집보다 높은 위치에 살림 자리를 두었다는 뜻이다. 아직 인구가 많지 않던 시절에 동물의 공격을 막기 위해 만들어 낸 구조이기도 하다. 1997년에 간행한 책 『우리 문화 이웃문화』에서 마루 구조에 대한 견해를 밝혔다.

"독사의 공격이 당시 인간들에겐 대단히 곤혹스러운 일이었다. 인간의 특성인 관찰을 통해 뱀의 천적이 돼지라는 점을 깨닫고 그 점을 이용하려 하였다. 넓게 돼지우리를 만들고 그 안에 높은 기둥을 세워 오두막 집을 지었다. '마루' 있는 집의 등장이다.

이제 뱀이 사람을 공격하려면 돼지우리를 통과해야 했다. 천적 소굴을 통과하는 일은 불가능하다. 인간은 비로소 뱀의 공격에서 벗어날 수 있었다. 돼지와 인간이 한 자리에 살고 있는 모습에서 집을 표기하는 '家' 자가 상형되었는데 이 글자는 지붕 모습인 '갓머리' 아래에 돼지 '豕' 자를 복합시킨 자형(字形)으로 완성되었다."

'家' 자는 집에 있던 돼지우리에서 나온 것으로 후에 돼지우리는 축소

상주 양진당의 높은 마루

되면서 뒷간 밑으로 들어서게 되었는데 그런 돼지우리가 여러 나라에 분포하고 있다는 사실도 실물 사진과 함께 소개했다. 마루 구조가 등장한 또 하나의 까닭을 찾아낸 셈이다. 얼마 전에 상형문자 전문가가 '家' 자의 발생은 그런 것이 아니라고 하면서 다른 견해를 말하기도 했다. 한옥에서 마루는 남방 문화를 대표하고 구들은 북방 문화를 대변한다고 할 수 있는데 이 남북 문화가 연합하면서 한옥이라는 새로운 유형의 살림집이 탄생했다.

함양 정여창 고택의 낮은 마루

움집에서는 바로 마루가 채택되지 않았다. 움집이 지표에 노출된 이후로도 상당한 기간이 지나서야 겨우 마루가 들어서는데 태백산 일대에서 토담집에 뜰마루가 결합한 것이 시작이다. 남쪽에도 봉당집처럼 마루를 생략한 집이 있기는 하나 대세는 구들과 마루가 공존하는 유형이었다.

마루는 높은 위치에서 점차 아래로 내려오고 구들은 지하에서 지표로 노출되면서 구들과 마루가 수평에서 만나게 되었다. 그 결합도 '높은 마루' 나 '낮은 마루' 등 지역에 따라 다르다. 사진에서 보듯 상주 양진당(養眞堂)은 '높은 마루' 유형이고, 함양 정여창 선생 고택은 '낮은 마루' 유형이다. 높은 마루를 '다락집형' 이라 한다면 낮은 마루를 '양청(凉廳)형' 이라 한다.

1) 마루의 종류

마루는 위치와 구성에 따라 대청, 툇마루, 쪽마루, 마루방, 다락으로 나눌 수 있고 구조에 따라 크게 우물마루, 장마루로 나눌 수 있다.
궁궐, 사찰, 관아 건물과 살림집 대부분이 우물마루이다. 오늘날 남아 있는 19세기 이전 건물에서 볼 수 있는 현상이다. 장마루는 성문 문루(門樓)나 일부 쪽마루, 다락이나 공루, 고방 등에 시설하는 것이 보통이다. 우물마루로 넓은 공간 전면(全面)에 시설하면 '대청' 이고, 방 앞쪽 퇴칸에 드리면 '툇마루' 가 되며, 바라지창 밖이나 방 바깥에 좁게 설비하면 '쪽마루' 라 한다. 부엌 천장에 마루를 들여 수장 공간으로 이용하는 시설을 '다락' 이라 한다. 우물마루는 목조 마루 가운데 가장 고급으로 소나무 같은 질 좋은 목재가 많이 든다. 목재 공급이 어렵다면 감히 설치하기 어려운 구조이다.

2) 마루의 구조

우물마루는 '귀틀'이 골격이 된다. 귀틀에는 '장귀틀'과 '동귀틀'이 있고 귀틀에 판 홈에 끼우는 마루널인 '청판'이 있다. 장귀틀은 앞 기둥과 뒤편에 있는 기둥 사이에 대들보와 같은 방향으로 거는 긴 귀틀이다. 동귀틀은 장귀틀 사이에 도리와 같은 방향으로 설치하는 짧은 귀틀이다. 청판은 동귀틀 사이에 끼우는 널빤지로 동귀틀 볼따귀에 판 물 홈 대에 빈지 드리듯이 끼운다.

장마루는 멍에를 귀틀처럼 드려 기반을 조성하고 거기에 긴 널빤지를 못을 박아 고정시킨다.

나무는 여름에 팽창하고 겨울에는 움츠러든다. 마루널 간격을 너무 붙여 놓으면 여름철에 널빤지가 팽창하면서 접합 부분이 솟아오른다. 솟아오른 부분이 손상될 염려가 있으므로 접합 부분에 약간 여유 간격을 주는데 그만큼 늘어났다가 다시 제자리로 돌아가라는 뜻이다.

3) 귀틀집 마루

우물마루는 귀틀집에 어울리지 않는다. 장마루 까는 것이 맞다. 장마루도 널빤지로 까는 것보다 통나무를 반으로 타개서 편편한 부분이 마루

안동 의성 김씨 댁의 잘 짜여진 우물마루

가 되게 깔면 든든하고 둔중한 맛이 있어 좋다. 토담집에도 그런 마루가 어울린다. 우물마루를 설비하는 데 쓰이는 목재나 노동력의 3분의 1 정도면 완성할 수 있어 경제적이다.

귀틀집은 경사진 터에 지형을 살리면서 지을 수 있다. 짧은 기둥을 세우고 거기 의지해 마루를 구조한 다음 그 위에 벽체를 구조할 수도 있다. 이 때도 통나무를 반으로 쪼갠 장마루를 깔면 아주 경제적이며 든든하다.

남대문 문루에 깔린 장마루. 아래층에서 올려다본 모습으로 1층에서는 천장이 된다.

아파트에는 구들 드린 방은 있어도 대청에 버금갈 만큼 개방성이 강한 마루가 없다. 시멘트로 마감한 바닥은 몸에 해로우니 황토라도 발라야 한다는 의견이 일고 있다. 그렇다면 거실과 주방 바닥에 널빤지로 켠 얇은 송판(松板)을 깔면 여러 모로 유익하고 꼭 맞다. 새로 짓는 집에서도 온돌방과 마루는 반드시 갖추어야 한다.

13. 난간(欄干)

1) 난간 종류

접근하면 떨어질 위험이 있다고 여겨지는 곳에 설치하여 위험을 표시하거나 추락을 예방하는 것이 난간이다. 대부분 지표에서 뚝 떨어진 위치에 단절된 부분이 있을 때 그 끝이나 가장자리에 설치하는데 나무를 쓰느냐 돌을 다듬어 쓰느냐에 따라 구조가 다르다.

불국사 청운교 난간. 돌기둥에 돌난대 받을 동자주 모양을 부조(浮彫)하였는데 동자주 위의 소로 모양이 고식이다. 둥글고 긴 돌이 난간대인 '돌난대' 이다.

다보탑 난간, 방형·팔모 등 난간 모양이 서로 다르다.

 석조한 대표적인 예를 불국사에서 볼 수 있다. 돌층계와 축대 가장자리에 설치한 것과 다보탑에 구조한 난간이 그것이다. 아주 간결한 모양이다. 이와 닮은 것을 사리 장치 금속품에서도 볼 수 있는데, 삼국시대 이래로 작품이 남아 있다. 새로운 집에 난간을 설치하는 데에 이들 자료는 아주 요긴하다. 풍부하게 활용할 수 있기 때문이다. 구조가 단순해

불국사 연화교의 연꽃 무늬

서 현대 감각과 잘 어울릴 뿐 아니라 멋진 장식 효과도 거둘 수 있다. 불국사 돌난간이 설치된 돌층계도 집 지을 때 참고 자료가 된다. 청운교, 백운교, 층층다리 구조를 구석구석 눈여겨보면 활용할 만한 부분이 많다. 현관 계단에 멋을 부려 이 방식을 도입하면 격조 높은 작품이 될 것이다. 극락전으로 올라가는 연화교, 칠보교 중 연화교에는 발 디디는

층계석에 연꽃 무늬가 새겨져 있다. 극락 세계로 가는 지극한 마음을 칭송하는 무늬이다. 새집 층계에 건강하고 복이 있고 운이 좋은 님을 맞이할 무늬를 새긴다면 그 집 식구도 운 좋고 건강하며 즐거운 세상을 살 수 있지 않을까? 경복궁 근정전 월대의 돌난간도 멋쟁이고, 창덕궁 금천교 돌난간도 참고할 만하다.

목조 난간도 다양하다. 창덕궁에서 후원 정자에 이르기까지 난간을 살펴보면 상당히 다양하다. 수십 종류로 제각기 개성을 뽐내고 있으므로 새집 짓는 데 곳곳마다 난간 모습을 달리해서 산뜻함을 맛보면 즐거울 것이다.

2) 난간 구조

목조 건축에서 난간은 다락이나 누마루 등에 설치하거나 쪽마루 끝에 시설하는 것이 보통이다. '계자각(鷄子脚)'에서처럼 마루나 '여모판'에 의지하고 바깥으로 돌출하도록 설치하는 것과 쪽마루에서처럼 수직으로 '법수(法樹, 法首)' 세우고 돌란대 건너지르고 살대를 설치하여 난간을 구성하는 두 방법이 보편적이다. 법수가 기둥 주심 선상에 설치될 때 '헌람(軒欖)'이라 부르기도 한다고 옛 문헌에 기록되어 있다.

난간이 오두막집 등 원초적인 건물에서 채택된 것이 아닌지 추측하기

(위) 낙선재 후원 상량정 계자각 난간 / (아래) 운현궁 노안당 헌람형 난간

정읍 김동수 가옥 사랑채 툇마루 난간

도 한다. 그래서인지 삼국시대 유물이나 유구에서 유례를 볼 수 있고 그림이나 조각에서도 발견된다.

난간 구조는 살대 무늬에 따라 다양하다. 멋을 부리는 집에서는 한 건물에 여러 살대로 구조한 난간을 위치에 따라 달리 하였다. 창덕궁 승화루(承華樓)에서 볼 수 있는데 각 건물에서 채택한 무늬가 다양하다.

새로운 한옥에서도 다양한 난간을 재치 있게 구성하면서 위치에 따라 다른 분위기를 내면 한껏 멋을 고조시킬 수 있다. 현대 자재를 응용할 경우 난간을 꼭 목조로만 고집할 필요가 없으므로 여러 자료를 활용해도 무난할 것이다. 정읍 김동수 가옥 사랑채처럼 긴 횃대를 하나 건너지르는 것으로 끝낼 수도 있다. 이는 가장 원초적이고 간결한 방식이다.

14. 문과 창

1) 고암서방 문과 창

한옥 한 채에 들어가는 창과 문짝은 그 수나 종류가 다양하며 비록 같은 무늬로 살대를 형성했다 해도 창이냐 문이냐에 따라 구조가 달라진다. 고암서방에 쓸 창과 문짝을 설계 도면에 도시한 것은 모두 스물두 종류였다. 도면에 제시한 것이 창과 문 규격이고 모습이다.

한옥은 별다른 치장 없는 건축물이어서 외모가 단순하면서 조촐하지만 막상 문과 창을 보면 변화 있고 다채롭다. 프랑스 건축가들도 문과 창을 보더니 이렇게 다양한 줄 몰랐다고 놀라워했다.

널빤지로 만든 '널문'을 열고 들어서면 현관이다. 부엌이 바뀌면서 현관 구실을 하게 되어서 부엌 '판문(板門)'을 그대로 현관문으로 사용했다. 툇마루에서 신발 벗고 올라가 왼편 '당판문(唐板門)' 열면 대청이다. 대청 동편에 안방으로 들어가는 네 쪽 '분합문'이 보이는데 '사분합'이라 한다. 사분합은 '여닫이'이고 여닫이 안쪽에 네 짝 '미세기'가 있다. 이중으로 겹문을 설치한 것이다.

문 열고 들어가면 윗방이고 아랫방 사이에 다시 여섯 짝 미세기가 있다. 같은 무늬 살대로 만들었고 아랫도리에 궁판을 끼워 문은 훤출하게 보인다. 창호지로 도배하였고 나무에는 호두기름을 먹였다.

안방 아랫목 뒷벽에는 머리벽장과 반침을 들였다. 반침에는 네 짝 '맹장지'를 미세기 만들어 설치하고 벽장에는 두 짝 앉은뱅이 문을 만들어

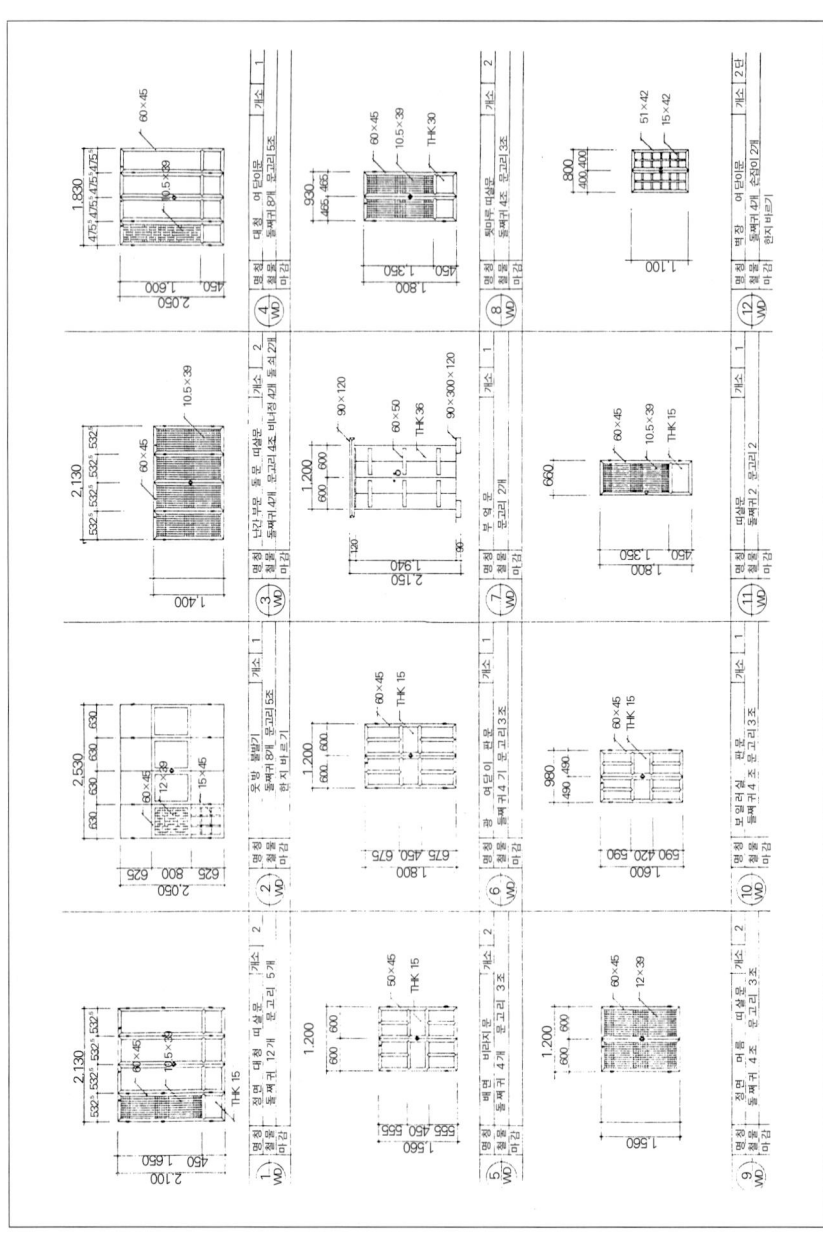

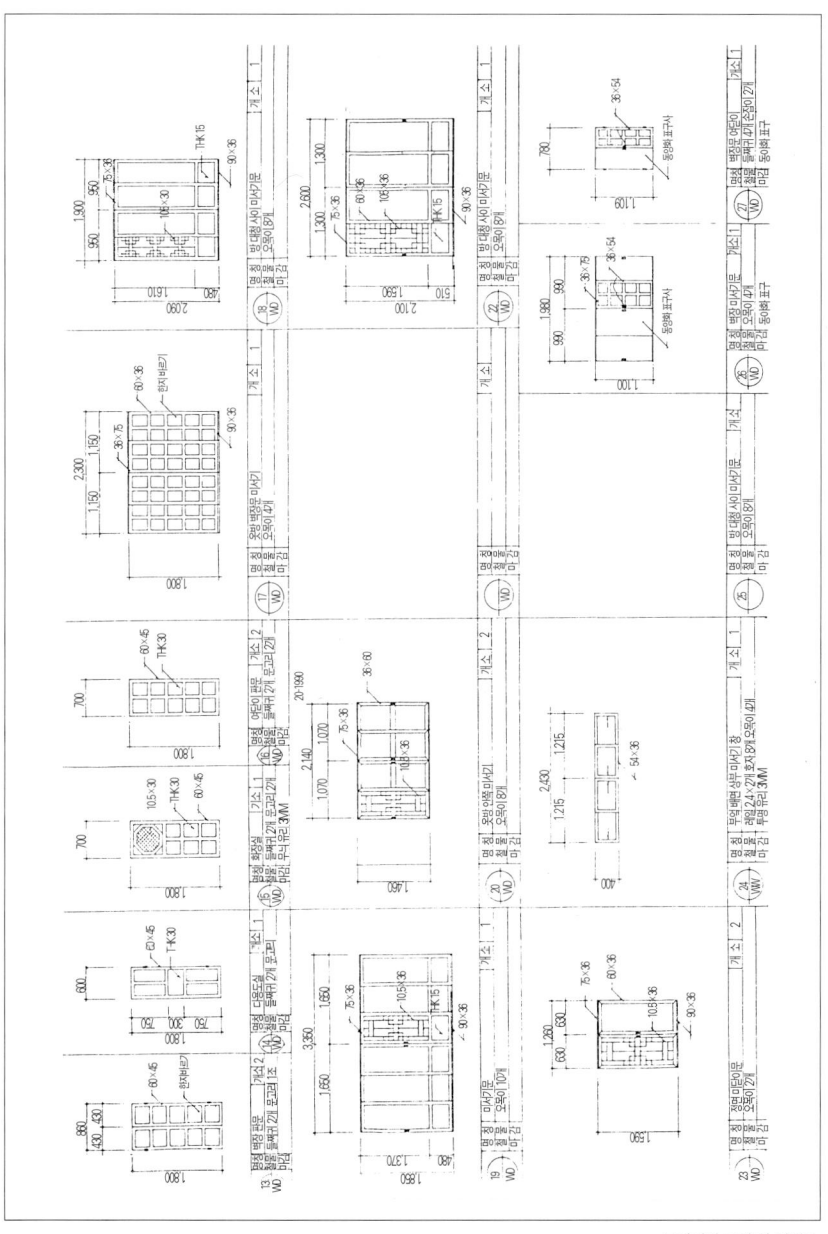

고암서방 문과 창 설계도

(위) 고암서방의 안방 사분합.
왼편 당판문은 현관으로 통하는 외쪽문
(아래) 대청에서 들어가는 사분합을 열면
바로 미세기 네 짝으로 된 안통 겹문이 있다.

(위) 안방 남쪽 벽엔 머름 드린 위에 문얼굴 만들고 창을 내었는데 세 겹 창에 유리창 한 겹이 추가되었다.
(아래) 안방 아랫방과 윗방 사이에 여섯 짝 미세기가 있고 살며시 열면 아랫목 뒷벽 머리벽장과 반침이 보인다.

달아 한지로 두껍게 안팎을 싸 발랐으며 '돌쩌귀'를 박고 쇠문고리를 '배목'에 박아 여닫을 수 있게 하였다.

안방 남쪽 벽에는 머름대 위로 창을 설치했는데 바깥에 띠살무늬, 그 안쪽에 미닫이, 두껍닫이로 세 겹을 만들었다. 그러나 프랑스에서는 집 규격을 창 수로 측정해서 유리창을 끼우는 것이 법칙이라 한다. 고암서방은 전체를 창호지로 발랐으니 준공 검사가 어려워 프랑스 건축가가

대청 앞퇴 네 짝 문은 띠살무늬 사분합으로 하는데 중앙 두 짝을 열어 좌우로 겹쳐 들어 올리면 기둥 사이 전체가 훤히 개방되는 방법으로 설치한다. 건넌방 들어가는 네 짝 분합은 맹장지처럼 싸 바르고 불발기창을 만들어 변화를 주면서 안통에 미세기로 겹문을 만들었다.

시위할 수밖에 없었다. 하는 수 없이 유리창을 한 겹 더 만들어 달았다. 덕분에 유리창 밖으로 흐르는 세정(世情)을 내려다볼 수 있고 비가 들이쳐도 어느 정도 막아 주었다.

대청 앞퇴에는 띠살무늬 네 짝 분합을 달았다. 가운데 두 짝을 열어 젖혀 끝 문짝에 겹치게 하고 전체를 들어올리면 기둥 사이가 활짝 개방되게 했더니 큰 관심거리가 되었다. 지금 유럽에서는 중간 벽체를 필요에 따라 이동하게 해 공간을 넓게 쓰기도 하고, 다시 제자리로 보내어 알맞은 공간을 확보하는 다용도 가변벽(可變壁) 설치가 한창이다. 우리 개폐하는 문을 보더니 '이런 방법도 있구나' 하며 감탄했다. 우리가 이를 현대적으로 개발하지 못하고 프랑스에서 먼저 시작한다면 이등을 면치 못할 뿐 아니라 사용료까지 지불해야 할 것이다. 남의 것만 열심히 따라할 일이 아니라 우리 것 가운데 실용성 있는 것을 찾아야겠다는 생각을 했다.

건넌방 출입문도 네 짝 사분합인데 '맹장지'처럼 두껍게 싸 바르고 중간에 '불발기창'을 만들어 창호지를 한 겹 발랐다. 불발기창은 팔모나 약간 축소시킨 네모로 구성하나 가장 보편적인 구조를 택했다.

분합문 안에 미세기 네 짝을 달아 겹문으로 했다. 보통은 홑겹으로 하나 고급 집을 본떠 겹문으로 하면서 외풍을 막는 실용성과 함께 살대 모양이 다른 여닫이와 미닫이를 옷감 속 안감처럼 받쳐 주어 멋을 살렸다.

건넌방은 안방과 마찬가지로 덧문, 유리창문, 미닫이, 두껍닫이로 네 겹 창 설치했다. 두껍닫이는 미닫이와 같은 모양으로 만들었다. 덧문 닫고 유리창 조금 열고 미닫이 열어 놓은 모습

건넌방 북벽엔 반침을 드리고 네 짝 맹장지를 달았다. 건넌방에서 앞퇴로 나가는 문은 쌍분합 띠살무늬 두 짝으로, 남쪽과 서편 벽 머름대 위 창은 덧문, 유리창, 미닫이 순서로 설치했다. 남쪽 창 밖 쪽마루엔 난간을 설치해 창을 활짝 열고 센 강을 내려다볼 때 살짝 눈을 들면 풍광 넓이를 조절할 수 있게 했다.

(위) 창을 전부 활짝 열고 센 강을 내려다보면 탁 트인 풍경이 눈에 펼쳐진다. 창 밖 쪽마루엔 난간을 설치했다.
(아래) 건넌방 북벽에 들인 반침 문은 맹장지 네 짝 미세기로 하였다.

2) 눈꼽재기창

새로 짓는 우리 집에서 멋을 좀 부려도 누구 하나 탓하는 사람이 없을 것이다. 어떻게 해야 지나치지 않으면서도 멋을 부릴 수 있을까 궁리하다 보면 옛 어른의 해학과 실용성에서 정보를 얻을 수도 있다.

'눈꼽재기창'이란 재미있는 이름의 창도 주목할 만하다. 바깥마당에서 부르는 소리가 들린다. 손님이 찾아왔을 때 화들짝 큰 문 다 열거나 창을 열고 내다볼 것이 아니라 '누군고' 하면서 은근히 살펴보려면 눈꼽재기창이 제격이다.

눈꼽재기창이 달린 여섯 짝 분합. 맹장지로 싸 발랐다.

문이나 창 살대에 아주 작은 창을 만든다. 유리창이 없고 창호지만 바르던 시절엔 요 작은 창으로 넌지시 내다보는 것이 망보는 일이었다. 큰 문 열지 않고 요강을 방 밖에 내놓거나 병에 담은 물을 내놓아 시원해진 것을 손만 내밀어 들여다 먹을 수도 있다. 눈꼽재기창은 오늘날에도 써 볼 만하다. 옛 생활의 지혜를 오늘에 되살리는 일이기도 하다.

3) 미닫이 여닫이

좁은 것을 넓게, 그러나 흉하지 않게 쓰는 일은 집 짓는 지혜이고 살림하는 재치이다. '미닫이 여닫이' 겸용 문짝을 설치하는 것도 그런 일에 속한다. 논산 윤증(尹拯 1629~1714) 선생 고택 사랑채 아랫방과 북쪽 골방 사이에 설치한 문이 '미닫이 여닫이'의 예이다.

물홈대를 타고 네 짝 미세기가 열리거나 닫치는 것이 미닫이 기능으로 대부분은 이 한 가지로 만족한다. 그런데 '미닫이 여닫이'는 밀어서 두 짝이 겹쳤을 때 다시 잡아당기면 활짝 열려 기둥 사이 전체가 개방되게 고안한 특색 있는 구조이다.

대단히 숙련된 편수가 좋은 목재로 마음먹고 만든 놀라운 문짝이다. 두 짝 미닫이를 열면 잔칫상이 드나들 수 있는 넓이이므로 새로운 집에서 '미닫이 여닫이'를 채택한다면 아주 요긴할 것이다.

논산 윤증 고택의 여닫이 · 미닫이

4) 살대 무늬

기왕에 문과 창에서 멋을 부리고 호사할 바에는 한번 호기를 부려 볼만도 하다. 귀틀집이나 토담집이라고 해서 위축되지 않는다면 멋진 창과 문을 설치할 수 있다.

아래 사진에서도 느껴지지만 한눈에 들어오는 장면만도 네 종류 문과 창이 있고 각각의 살대 무늬는 서로 다르다. 공간 기능을 달리한 점을 감안한 것이긴 하지만 네 문과 창은 용도에 따라 마련한 '당판문 광창', '머리맡 광창', '여닫이', '미세기' 이다. 두 종류 광창은 살대가 '넉살'

여러 가지 문과 창

(위) 네모·팔모의 불발기 창
(아래) 절에서 사용한 꽃살무늬 살대

이고 여닫이는 '띠살무늬'이며 미세기는 '亞자 만살창'이다.

새로 짓는 집에서 현대 감각을 아주 벗어 버리기 어려운 사람은 산업제품 창이나 문을 안쪽에 설치하고 그 바깥에 고전적인 문이나 창을 만들어 달 수도 있다. 새로운 시도로 창의력에 따라 멋과 실용성을 겸비할 수도 있다. 고암서방은 유리창을 가운데에 두고 안팎에 고전적인 창을 달아 외부에서뿐 아니라 내부에서도 멋진 정취와 창호지가 지닌 정서를 즐길 수 있게 하였다.

옆 사진은 '불발기창'의 변화를 보여 주는 예이다. 정방형과 팔각의 '울개미'에 '넉살'과 '빗살' 살대를 구성하였다. 이들 형상엔 의미가 있다. 인간을 소우주라고 보았고 소우주가 머무는 공간을 중우주라 하였다. 소우주가 중우주에 살면서 근기를 함양하여 대우주 운행에 동참하는 것은 천리(天理)에 부응하는 자세이면서 올바른 삶을 영위하는 것으로 내세(來世)에서도 행복한 삶을 영위하고 싶다는 염원이 담겼다.

우주의 근본 형상인 둥근 것과 네모난 것 그리고 여덟 모를 가깝게 두고 언제나 명심한다는 의미에서 불발기창에 그 형상을 채택한 것이며 네모, 팔모를 통하여 둥근 해가 비쳐 주는 빛을 받아들여 인격을 기르겠다는 의지가 담겨 있다.

절에 사용한 꽃살무늬 살대는 문과 창에 다 쓸 수 있게 개발했다. 이런 문살은 옛날에 민간에서는 사용하기를 삼갔다. 새로운 집의 현관에 한 짝 넌지시 설치해 보아도 좋을 것이다.

5) 공간 활용

집에 칸막이가 생기면서 전유 공간(專有空間)이 설정되었다. 인격 있는 인류가 살 수 있는 집이 탄생한 것이다. 현대에 도시가 발달하고 견고한 건축물이 등장하면서 살림집 붙박이 칸막이도 자리를 잡는다. 칸막이로 거실, 주방, 안방, 작은 방이라는 공간 기능이 부여되었지만 때로

대청과 방 사이 분합을 칸막이로 사용했다.

큰일을 치를 때면 칸막이 때문에 불편하기도 하다. 그러나 현대 도시의 집 칸막이에는 그런 배려가 전혀 없다.

한옥의 칸막이는 움직일 수 있게 되어 있다. 칸막이로 사용하던 문짝을 열거나 떼거나 들어올리면 안방, 대청, 건넌방의 넓은 공간을 하나로 쓸 수 있다.

사진은 가변성(可變性) 칸막이의 예이다. 대청과 방 사이 분합을 칸막이로 사용한다. 원낙은 네 짝 분합 구조여야 하는데 들어올릴 일을 감안해서 네 짝 가운데 세 짝을 하나로 만들었다. 나머지 한 짝만 열어 젖혀 겹친 뒤에 들어올리면 전체가 한꺼번에 열리게 만들었다. 대단히 활용도가 높은 구조이다. 들어올린 문짝은 창호지로 도배한 모습만 보여서 과연 어떤 구조인지 궁금한데 그 모습이 다음 사진에 보인다.

다음 사진은 열어서 들어올리기 이전 모습이다. 세 짝 분합을 넓은 문짝 하나로 만들면서 불발기창 하나를 생략하여 두 개로 만족하였다. 원래대로라면 세 짝 문에 불발기창이 세 개가 있어야 하는데 여기는 두 개만 있다. 출입은 따로 만든 한 짝으로 한다. 그 외짝 문 돌쩌귀가 세 짝 합한 큰 문에 달려 있어 열어 젖히면 겹쳐지면서 들어올리기 쉽게 하였다.

사진에서 볼 수 있듯 이 집은 겹집이다. 대청 뒤편은 두 칸 마루방처럼 쓸 수 있게 하고는 문짝으로 대청 사이에, 방과 방 사이에 칸막이를 하였다. 필요에 따라 문짝을 들어올리면 전체가 한 공간이 된다. 아늑하

문짝을 열어서 들어올리기 전 모습

면서도 넓게 사용할 수 있게 지은 집이다.

고암서방의 들어올리는 문짝을 본 프랑스 건축가가 영감을 얻었다고 하더니 모양이 바뀌는 개폐식 담벼락을 고안하려고 노력하고 있다는 소식을 들었다. 새로 짓는 한옥에도 여닫을 수 있는 칸막이(담벼락, 벽체)를 채택하면 매우 유용할 것이다. 이제는 기술이 발달하여 칸막이를 손으로 들어올리지 않아도 스위치만 누르면 저절로 올라가게 할 수 있다. 단지 주렁주렁 늘어놓고 살아야 직성이 풀리는 사람은 칸막이가 오르고 내리는 자리에 세간을 둘 수 없는 게 불편할 것이다.

들어올릴 수 있는 여섯 짝 분합문

위 사진도 들어올릴 수 있는 여섯 짝 분합문이다. 중간에 빛이 들어오는 부분이 불발기창이다. 불발기창의 높이는 앉은 사람 눈 높이와 같다. 불발기창 아래에 앉은 사람 눈의 수평 기준 높이와 같다. 눈 높이보다 높으면 답답하고 낮으면 허전해 보이는 이치를 터득한 사람이 설정한 적정 높이이다.

6) 머름대 높이

앞서 말했듯 한옥에서 머름대 높이는 불발기창과 마찬가지로 우리 몸과 관계되어 있다. 머름대 높이는 앉은 이의 겨드랑이 높이와 같다. 그러면 의자 생활을 하는 현대인의 살림집 창 높이를 얼마로 해야 하느냐는 문제가 제기될 수 있다.

지나치게 높거나 낮으면 안정감이 없거나 답답해 보인다. 서양식 창 높이를 기준하면 맞지 않는다는 걸 이제는 깨달을 때가 되었다. 서양의 보통 의자는 키 작은 사람에게는 높다. 발뒤꿈치를 들고 앉아야 할 정도이다. 우리는 낮은 의자를 만들어 사용해야 한다. 그러니 창 높이도 의자에 앉은 사람에 맞아야 마땅하다. 자연히 서양식 수치와는 달라질 수밖에 없다.

머름대와 인체의 관계처럼 머름대와 의자에 앉은 상태 높이를 고려해 창틀 높이를 잡으면 어떨까 한다. 앉은키가 그만큼 높아졌음을 감안한 것이다. 우리 몸과의 관계를 고려하면서 전통을 계승한다는 의도이다.

7) 미닫이의 정서

머름대 위에는 창이 있다. 창에 화학 섬유 장막을 드리고 사는 데 싫증

用자 무늬 창살

을 느끼기 시작했다. 화학 섬유는 불에 잘 탄다. 두꺼운 천을 다 드리우면 달이 중천에 떠도 영롱한 달빛을 느끼지 못하나 창호지 바른 미닫이를 달면 달빛도 느끼고 흔들리는 나무 그림자도 알아차릴 수 있다.

미닫이 살대는 간결한 것이 으뜸이다. 여염집에서 '用'자 무늬가 듬성

亞자 무늬 창살

한 살대의 창을 만들어 달았다. 살대가 간결하니 창이 두껍고 투박할 이유가 없다. 날렵하게 사르르 열리는 손맛이 좋아 얇은 노루가죽 끈을 손잡이로 썼다. 멋쟁이는 창 밑바닥에 사기로 구워 만든 '족통'을 달고 물홈대에는 잘 다듬은 대나무 '썰대'를 장치해서 조금 들듯이 손잡이를 잡아당기면 미닫이가 미끄러지듯 열린다.

대조전의 만살창

살대가 넓으니 빛이 잘 들어온다. 촘촘한 살대로 된 창이 있는 방이 어두운 것과 대조적이다. 그런데도 후대에 이르면 살대가 복잡해지면서 여염집에도 '亞'자 무늬 살대로 만든 창이 널리 보급되었고, 궁집에서는 창 살대를 더욱 복잡하게 구성하는가 하면 '만살창'이라 부르는 대단히 복잡한 무늬의 창을 즐겨 달았다.

15. 도배

1) 벽지

현대에는 품질이 좋은 벽지가 대량 생산, 보급되어 다양한 재질을 골라 쓸 수 있다. 요란한 색상에 현란한 무늬도 있고 차분한 분위기도 있다. 한옥에 어울리는 도배지는 점잖고 은근하며 차분한 것이다. 한옥에 살고 있거나 살아 본 사람들도 하는 말이다.

한옥은 벽 넓이보다 창과 문이 차지하는 면적이 꽤 넓다. 창이나 문은 창호지나 단색 벽지로 맹장지를 만들어 바른다. 그러므로 벽체가 요란하면 잘 어울리지 않는다.

고암서방 도배는 한지를 기조로 하였다. 마침 김정호 선생의 「대동여지도(大東輿地圖)」를 재현하는 데 몰두하는 이우형(李祐炯) 형이 인쇄하려고 풀을 먹여 다듬질한 한지를 다량 제작하였다. 인쇄하고 남은 여분을 받아 프랑스에 갖고 가서 벽을 도배하였다. 영담 스님이 만들어 준 한지로 초배하고 이우형 형의 한지로 마감했는데 감탄하기 좋아하는 그쪽 미술가들이 자지러지게 놀라면서 굉장히 부러워했다.

천장엔 나무로 반자틀을 짜고 그 위에 방열제(防熱劑)를 넣어 외풍이 들어오는 것과 열기가 나가는 걸 막고 반자틀에 의지하여 초배하였다. 도배 전문가가 아니므로 내 능력에 맞도록 한지를 반자틀 크기만큼 잘라 붙이는 방법을 썼다. 전체를 혼자 해야 해서 이 방식으로 벽이나 방바닥까지 했는데 많은 도움을 받았다.

반자틀을 만들고 거기 의지하여 종이반자하기 시작한 모습

한옥은 목조 구조이므로 벽체에 주두나 소로, 보아지 등이 돌출해 있을 수 있다. 고암서방 안방과 건넌방도 그랬다. 이들까지도 붙인 자국이 표나지 않게 싸 발라 도배했다. 신축성이 좋고 유연하면서도 섬유질이 질긴 한지였기에 작업을 할 수 있었다.

작업하는 광경을 보더니 "위대한 포장 미술가가 여기에도 계십니다" 하면서 박수를 보냈다. 서양에서는 포장 미술 분야가 상당히 발전했다. 목조 건축을 싸 바르는 것이 그들 눈에는 포장 미술로 보이는 모양이다. 뜻밖에 초보 '포장 미술가'가 되었는데 농담으로 하는 칭찬이긴 하

기둥과 주두, 소로와 보아지까지 모두 한지로 도배한 모습

지만 한지와 집이 어울리는 데서 나온 것이라면 귀기울일 만하다.

고암 이응로(李應魯) 선생과 부인 박인경(朴仁景) 화백은 동양미술학교를 운영하면서 화실에서 미술가들과 작업하기도 했다. 그래서 고암서방 신축 작업할 때 찾아오는 미술계 인사가 적지 않았다. 고암서방은 이 화백이 세상을 뜬 후 추모하는 유가족, 동료, 제자들이 건립한 기념미술관 안에 자리잡고 있어서 세계 유수 미술인의 왕래도 잦은 편이다.

한지 '포장 미술'이 세계인의 미술 안목에 기여할 수 있다는 사실에 한옥을 짓고 한지로 도배하는 일에 긍지를 느꼈다.

2) 고쳐 쓰는 멋

전에 『행복이 가득한 집』이란 잡지에 서울 시내 이름난 한옥을 순방하면서 오늘의 실정에 맞게 고쳐 쓰고 있는 예를 취재하여 실은 적이 있다. 그 때 도배한 모습을 유심히 보니 역시 색상은 부드러운 단색이나 밝은 쪽이 대부분이고 기성 제품도 무늬가 단조로운 것이 많았다.

같은 잡지에서 '종가 순례'를 하였는데 명문 대가를 차례로 방문해서 그 집 특성을 소개했다. 시골 성정이 잘 담긴 집을 보면서 역시 대갓집답다는 느낌을 받았는데 그런 집의 도배도 거의 같은 추세였다.

어떤 댁에서는 한지에 붓글씨 연습한 종이로 벽을 도배한 모습을 볼 수 있었다. 폐지를 이용하는 방도를 택했는데 자기 수련이 어느 정도인가 살펴보는 일에도 도움이 되었고 이듬해 다시 도배하면서 그간 실력이 어느 정도 향상되었나 보며 반성도 할 수 있으리라. 이런 도배는 사랑방에서 볼 수 있었다.

서울이나 근교의 멋 부린 술집 담벼락에서 옛 책을 찢어 도배한 것을 볼 수 있는데 자기가 읽을 수 없는 글을 발라 무식함을 가리려 한 건지 호사를 부린 것인지는 몰라도 문화 유산을 파기하였다는 따가운 질책을 벗어나긴 어렵다.

서울의 어떤 집은 내실에 만월문을 문얼굴로 만들고 맹장지를 바른 미세기 두 짝으로 달아 여닫게 하였다. 닫으면 벽지와 같아 벽체로 보이나 여닫을 수 있어 변화 있는 멋을 품고 있다. 조선왕조 낙선재(樂善齋) 등 고급 건물에 이런 만월문(滿月門, 團門)이 있으므로 이를 근거로 새로 짓는 한옥에 멋을 부려 볼 수도 있을 것이다.

충북 괴산군 칠성동에 중요민속자료로 지정된 김씨 댁이 있다. 오래된 집답게 도배지도 예스러웠는데 후에 신식 도배지로 바꾸었다. 원래 도배지는 목판(木版)에 새긴 무늬로 인쇄하였는데 그 중에 '백수백복(百壽百福)' 무늬도 있었고 글자마다 색을 칠해 색인쇄하였다.

벽지 인쇄 목판은 책표지 만드는 능화판(菱花板)과 달리 '보판'이라 부르는데 보자기에 무늬를 염색하는 인쇄판과 비슷한 데서 온 이름이다. 벽지 인쇄는 보판과 비슷한 무늬 새긴 목판으로 하였는데 단색일 수도 있고 색색일 수도 있다. 혹시 그런 도배지가 어디 남아 있지 않을까 해서 '옛집 순례'에서 주목했는데 좀처럼 눈에 띄지 않았다.

처음에 가회동에 있는 1930년대 한옥을 현대 생활에 알맞게 고친 집의 도배지가 그런 계통이 아닌가 하고 유심히 살폈으나 그런 것 같지는 않았다. 은근하고 고상한 품격이 우러나는 도배지였다.

네 쪽 문은 원래 벽체였는데 네 짝 유리 미세기를 달아 자유롭게 드나들게 하였다. 문 열고 나가면 작지만 아담한 화단이 있어 사계절의 변화를 눈여겨볼 수 있다. 이 댁에는 아궁이도 하나 있어 허섭스레기를 수시로 불태워 방이 늘 따끈하였다. 이웃의 아줌마나 할머니들이 허리 좀 지지자고 모여들어 늘 시끌벅적해 외로운 줄 모른다. 아들딸 다 시

낙선재 만월문

만월문을 만들고 벽과 같은 벽지를 발라서 닫으면 벽과 같이 보이게 했다.

가회동에 있는 1930년대 한옥. 현대 생활에 맞춰 고쳐 쓴 예를 볼 수 있다.

집 장가 보낸 뒤 외로운 세월을 이웃과 어울리며 즐겁게 지내니 그 또한 행복이라는 것이 주인의 말이다. 그런 마음에서 조촐한 맛으로 도배했다는데 창이 주인의 표정을 내보인다면 도배는 주인의 따뜻한 마음을 유감없이 담았다.

3) 방바닥 정리

구들장 위로 진흙을 바른다. 두툼하게 발라야 세월이 지나도 꺼지지 않는다. 초벌한 것이 마르면 재벌 바른다. 진흙에 백토를 섞어 만든 흙을 바르는데 부식토를 걷어 내고 속살 중에서 맑고 깨끗한 것을 골라 써야 한다. 그렇지 않으면 오염된 흙이 발산하는 가스가 독기를 내뿜을 수 있다. 시멘트로 방바닥을 바르면 알칼리성 물질이 나와 몸에 해롭다는 사실을 아는 사람이면 흙도 골라 써야 하는 걸 알 것이다.

재벌 바르고는 이 빠진 사기 주발을 엎어 방바닥을 문지른다. 모래가 튀어나온다. 섞인 모래를 그냥 두면 장판을 뚫고 나올 수 있으므로 잘 갈아 골라내야 한다. 이 일이 끝나면 차좁쌀을 끓여 되직하게 만든 물로 방바닥을 바른다. 흙이 마른 뒤에 바스러지지 않게 하는 방법이다. 그러고는 초배한다. 시중에서 파는 초배지를 사다 써도 무난하다. 초배한 뒤에 다시 사발로 전체를 문지른다. 풀이 떨어져 방울져 있으면 장판한 뒤에 불그러질 염려가 있어서이다. 초배지가 마르면 장판지를 바른다.

장판지는 후지(厚紙)인데 한지를 여러 겹으로 만든다. 구할 수 있다면 순수한 후지를 구입하면 좋다. 그래야 치자로 마음에 들게 색을 들이고 콩댐을 잘해서 길들일 수 있다. 그런 후지를 '각장판'이라 한다.

초배지 위에 각판장을 바른다. 초배지 바를 때보다 풀을 되게 쑤어야 붙이는 데 문제가 없고 후지에 지나치게 물기를 많이 주지 않는다. 각판장을 바르면서 '굽도리'하는 걸 잊으면 안 된다. 굽도리를 '걸레받이'라고도 부르는데 장판 한편으로 벽체를 싸 바르는 것이다. 물걸레질

● 솔방울로 장판하기

익지 않은 솔방울로 방바닥을 정리하면 송진이 나와 매끈하고 아른거리며 향기도 좋아 멋진 장판이 될 수 있다. 그러나 실제로 시공하기는 까다로워 자칫하면 실패한다.

푸른색이 감도는 풋 솔방울을 주워 와야 한다. 티를 말끔히 거두어 내고 찬찬히 일으켜 세운다. 진흙을 꼭꼭 박아 비슷한 크기 것을 촘촘히 세워 나가면 방바닥 전면에 솔방울이 가득 들어서게 된다. 먹줄로 벽에 수평 기준선을 퉁겨 둔 것을 기준으로 삼아 솔방울 머리를 자른다. 긴 나무로 만든 장척을 써 수평 고름을 하면 솔방울이 일정한 높이로 정돈된다. 이제 방에 불을 지핀다. 방바닥이 뜨거워지면서 솔방울에서 송진이 솟아 나온다. 맑은 송진이 흘러 표면 장력에 의해 말쑥하게 되기를 기다렸다가 불을 서서히 지핀다. 알맞게 되었을 때 식히면 송진이 굳으면서 투명한 각질이 된다. 탄탄한 중에 내려다보이는 솔방울이 기막힌 자태를 이루고 있어서 발 디디기 송구할 정도로 멋있다.

할 때 벽지에 물이 배면 얼룩질 수 있으므로 기름먹인 장판지로 싸 발라 두는 것이 좋다.

어려서 광목으로 장판하는 작업을 거든 적이 있다. 짓광목으로 방바닥을 바른 뒤에 치자로 물들이고 콩댐을 한다. 콩댐도 서너 번 하면서 색상을 조절하였다. 지금은 보통 기름 먹인 각장판을 사다가 이맞추어 바른 다음 장판용 니스 바르는 것으로 만족한다. 화학 섬유로 만든 장판도 쓰나 통풍이 안돼 바닥에 곰팡이가 생길 수 있으므로 삼가는 것이 좋다.

4) 기름 먹이기

각장판 후지에 콩댐한 뒤에 '들기름' 먹이면 방수재가 되어 물을 엎어도 스며들지 않는다. 들깨를 짠 기름인 들기름은 나무에도 바른다. 기둥 수장과 가구(架構)된 부재에도 바르고 손이 남으면 서까래에 발라도 좋고 마루판을 절여도 좋다. 귀틀집의 노출된 나무에 바르거나 토담집 문골에 발라도 무난하다.

절대로 깨를 볶아서 기름을 짜면 안 된다. 생으로 짜야 기름이 찌들지 않는다. 생으로 짠 들기름을 육상이나 홍송에 바르면 나무 색이 발그스름해지면서 분바른 여인의 홍조 띤 얼굴처럼 밝고 명랑한 색이 된다.

들기름을 골고루 잘 먹이면 방충, 방습, 방부(防腐) 효과가 있다. 재목에 빠끔한 구멍이 송송하면 벌레집일 가능성이 높다. 기름을 강제로라도 부어 넣어야 한다. 집이 메워져야 벌레 알이 질식한다. 일터에 통나무가 들어오면 품삯을 주고라도 소나무 껍질을 벗겨야 한다. 그래야 벌레가 생기지 않는다. 통나무를 가볍게 지지면 벌레는 다 죽고 다시 알을 까지 못한다. 이 때 송진이 밖으로 배어 나온다. 이것을 문지르면 나무 결이 살아나면서 멋진 무늬가 생긴다.

나무 결이 곱게 피어난 상태에서 들기름을 입히면 아주 멋지게 되는데 생각보다는 품이 많이 들고 힘든 일이어서 좀처럼 하기가 어렵다. 지금처럼 인건비가 비쌀 때는 직접 하지 않는 한 경비가 많이 든다.

들기름말고 동백기름을 먹이는 곳도 있다. 예전에는 여인 머리에 바를 것도 없이 귀한 동백기름을 집에 바르는 것을 호사로 알았지만 지금은 구하기 쉬운 편이므로 마음만 먹으면 나무를 절일 수 있다.

면적이 넓지 않은 문이나 창틀, 울개미에는 호두기름을 먹일 수도 있다. 호두를 까서 알맹이를 가벼운 천에 담아 봉을 만들어 문지르면 기름기가 배어 나오면서 나무에 기름칠이 된다. 거듭하면 색조가 발그스름해지면서 나무가 예쁘게 치장된다.

홍송 계통 나무로 집 짓고 들기름 먹이면 세월이 지나면서 차츰 붉어진다. 서서히 변하므로 세월을 잊고 있어야 한다. 대략 기름을 두어 번 먹이는데 일 년쯤 시차를 두어도 좋다.

재목이 귀해서 여러 지방에서 구입하면 같은 홍송인데도 색이 다를 수 있다. 집을 짓고 보면 알록달록해 마음이 쓰이나 기름 먹이고 세월이 조금 흐르면 색이 비슷비슷해져 유심히 보지 않으면 모를 정도이다.

외국산 나무로 집 짓고 보면 분바른 듯이 색이 똑같아 우리 심성에는 맞지 않는다. 흰색이되 약간 붉은 기가 감도는 광목처럼 어리숙하고, 조선조 백자처럼 은은하고 따스한 감촉이 흘러야 좋다. 그래서 소나무의 어수룩한 색조가 더욱 사랑스럽다.

서구식 색채 개념에 젖은 미술 학도와 그런 색조를 세련되었다고 느끼는 사람말고는 나이 먹으면서 연륜이 밴 색조를 즐기는 것이 우리 심성이다. 집도 마찬가지여서 자연스러우면 좋은 집 지었다는 평판을 듣게 된다.

16. 댓돌(基壇)

1) 죽담

한옥의 특성 가운데 하나가 집을 높이 짓는다는 것이다. 북경 살림집이나 일본식 집은 댓돌이 아주 낮은 외벌대인데 우리는 시골 토담집이라도 마당에서 한 단이나 두 단, 세 단쯤 올라가도록 높게 기단을 만들었다. 이를 '죽담'이라 부르기도 한다.

하회마을 초가, 죽담을 흙으로 싸발라 말쑥하게 했다.

다듬은 돌을 써서 멋지고 말쑥하게 만드는 방식이 아니라 산에서 떠온 알맞은 돌을 맑은 진흙과 섞어 가며 축조한 구조물이다. 보기엔 어설프지만 단단하여 무너질 염려가 전혀 없다. 하회마을 토담집 죽담은 돌과 흙으로 쌓은 것을 그냥 노출한 것과 그것을 싸 발라 숨기면서 말쑥하게 정리한 것 두 유형이 있다. 흙을 바른 부분이 처마 아래에 노출되어 있지만 빗물에 씻기지 않고 견뎌 낸다.

2) 외벌대

산에서 떠온 돌을 늘어놓아 만들거나 다듬은 장대석으로 한 켜 설치하면 '외벌대'에 해당한다. 두 켜나 세 켜 기단 구조와 구분하는 명칭이며 생활 용어로도 보편화되어 있다. 보통 집은 댓돌이 세 켜인 '세벌대'로 만드는 수가 많았다. 공공 건물도 대부분 세벌대이다.

운현궁(雲峴宮)에서는 재미있는 모습을 볼 수 있다. 중문 들어서면 바로 청지기 방이다. 청지기 방 댓돌은 장대석 한 켜인 외벌대이다. 이어서 주인이 기거하는 집이 나오는데 세벌대이다. 주인의 격은 세벌대여야 맞고 아랫것은 외벌대에 해당한다는 의도가 들어 있다. 북경 사합원(四合院)이라는 상류 사회 집이나 일본 살림집은 대부분 외벌대이다. 그런 집의 격이 어느 수준에 해당한다고 봐야 좋을지 아직 궁리 중이다.

운현궁, 노안당은 세벌대로 문간방은 외벌대로 했다.

3) 세벌대

댓돌이 높으면 집안이 맑고 명랑하다. 더불어 몇 가지 이점이 있다.
한옥은 동양 집의 보편적인 특성대로 처마가 기둥 밖으로 돌출되어 있어 직사광선이 집에 내리쬐지 못하게 한다. 대신 마당에서 반사된 빛이 집안을 조명한다. 바로 간접 조명이다. 댓돌이 높아 지표에서 뚝 떨어져 있으면 처마와 지표 사이 간격이 넓어지므로 광선이 더 많이 들어온다. 외벌대인 북경이나 일본 집은 상대적으로 어둡고 침침하다. 하얀 화강암 댓돌은 볕을 반사하는 반사대(反射臺) 구실도 한다. 하지만 지나치면 방이나 대청에 앉은 이의 눈이 부실 수 있어 검은색 방전(方塼)으로 댓돌 상면(床面)을 포장하였다.
방에 설치한 구들 고래가 땅에 가까우면 습기에 피해 입을 가능성이 높다. 죽담이 높거나 세벌대이면 땅에서 뚝 떨어져 있어 습기 피해를 그만큼 덜 입으므로 관리하고 보존하는 데 큰 도움이 된다.
여름철 뙤약볕이 내려 쪼이면 지표가 대단히 뜨거워진다. 땅에서 조금만 떨어져도 한결 더위가 덜하다. 세벌대나 높은 죽담은 그런 효과도 있다.
안방에 앉은 이 눈 높이가 집 구조의 수평 기준이 된다. 수평 기준이 높다는 것은 구조상 특징뿐만 아니라 내려다볼 수 있는 시야가 넓어진다는 걸 의미한다. 집 살림을 총괄하는 주인 내외가 안방과 사랑에서 식

곡성 군지촌 정사, 죽담을 자연석으로 말쑥하게 쌓았다.

솔을 관장하고 통솔하기도 쉬웠다.

세벌대라고 하기는 어렵지만, 그렇다고 죽담이라고 하기도 어려운 댓돌은 작은 돌을 빈틈없이 쌓아 올린 '돌각담 쌓은' 구조로 '공돌 쌓기'라고도 한다. 주로 산에서 떠온 널찍한 돌로 쌓는데 마감한 뒤 상면(床面)에 진흙을 다져 넣어 다니는 데 불편하지 않도록 하였다.

자연석이 아닌 다듬은 작은 돌로도 쌓는다. 화강석을 알맞게 다듬어 '사고석' 만큼씩 만들어 쓰기도 하는데 뒤를 길쭉하게 하여 쌓았을 때 빠지지 않게 하였다. 멋 부린 집에서 볼 수 있다.

4) 댓돌 계발

새로 짓는 집에서도 건물을 높게 지을 필요가 있을 때 어떤 댓돌을 마련하는 것이 유리한지 궁리해 본다.

지표에서 떨어져 높아지면 이웃집보다 키가 높아서 표적이 될 수도 있지만 장마 때도 침수될 염려가 없고 땅의 습기나 지하수맥의 영향을 덜 받아서 한결 마음놓을 수 있다.

살림집은 아니지만 수원성 축조 공사 설계를 맡은 다산(茶山) 정약용(丁若鏞) 선생은 화강석과 벽돌을 쌓아 댓돌 만드는 방법을 궁리해 냈다. 화강석으로 지대석(地臺石) 놓아 받침대를 만들고 귀기둥과 중간 받침기둥을 일정한 간격을 두고 설치하고는 돌기둥 사이에 벽돌을 쌓았다. 그 위로 갑석을 건너질러 댓돌을 마감하였는데 자태가 멋졌다.

현대 건축 자재를 써서 조성한다면 견고할 뿐 아니라 새로운 아름다움을 만들어 낼 여지가 많다. 화강석 대신 새로 만들어 낸 큼직한 무늬 있는 벽돌을 쌓아 윤곽을 형성하고 그 안통에 '테라코타'로 부조한 돋을무늬로 한껏 멋을 부릴 수 있다.

백제 절터에서 수습된 산경문(山景文)을 비롯한 여섯 가지 무늬인 유명한 방전(方塼)은 본래 용도가 불단 벽면 치장용이었다고 추정하고 있다. 장식용 테라코타였던 것이다. 이를 응용한다면 무궁무진한 모양을 아름답고도 실용적으로 만들 수 있을 것이다. 집과 어울리게 구성하면서 신나는 작품을 얼마든지 만들 수 있다. 우리는 이를 '건축도자(建築陶磁)'라 부른다.

신라 서라벌 사천왕사나 안압지 등에서 출토한 보상화무늬 방전 중에 벽면에 '넝쿨무늬 사이에 앉아 있는 사슴'을 부조한 작품이 있다. 상면(床面)과 벽면을 동시에 치장하는 이 방식도 응용하면 좋을 것이다. 기단뿐 아니라 벽체를 비롯한 여러 분야에 활용할 수 있다.

17. 입택(入宅)

드디어 본채가 완성되었다. 기둥에 주련(柱聯)을 달고 대청 앞에 큼직하게 당호(堂號)를 써 붙이거나 나무판에 새겨 편액(扁額)하고 대청 안에 상량문이나 집 유래를 기록한 현판(懸板)을 걸면 마무리된다.

세간을 들이고 살림할 채비만 차리면 입택 준비는 끝난다. 집에 맞는 가구(家具)를 구입하여 알맞은 자리에 놓고 벽에 고비를 건다. 이들은 세전지물이 아니라 곰살궂은 사람이 예스럽게 재현한 것을 구입한 것이어서 운치 있고 마음놓고 쓸 수도 있다.

문갑을 머름대 아래 배치했더니 그 키가 머름대에서 약간 떨어진 위치에 이른다. 집이 사람 몸을 고려해 지었듯이 가구도 사람을 생각하고 만들었음을 알 수 있다. 머름대로 문갑 높이가 정해졌듯이 문갑으로 사방 탁자 키가 설정되며 장과 농 높이가 결정되는데 이들 높이와 폭 비례는 구고현법(勾股弦法)에 따라 완성하는 것이 기본이다.

농 규격은 높이보다 폭이 넓은 직사각형이다. 그런 구성에서 높이와 폭 비례는 정확하게 설정한다. 먼저 농 높이를 기준으로 정사각형을 구성한다. 그리고 대각선을 그은 뒤에 그 대각선을 연결해 주면 직삼각형인 구고현법에 해당하는 틀이 되면서 완벽한 비례를 이룬다. 농을 세 켜 쌓으면 삼층장 높이와 비슷하다. 세 짝 농에도 받침대 다리가 따로 만들어지므로 다리 달린 장과 높이가 비슷하다.

세간을 제자리에 놓고 반침에 이부자리 넣어 두면 불 땐 아랫목에 반듯하게 방석 깔고 앉을 수 있다.

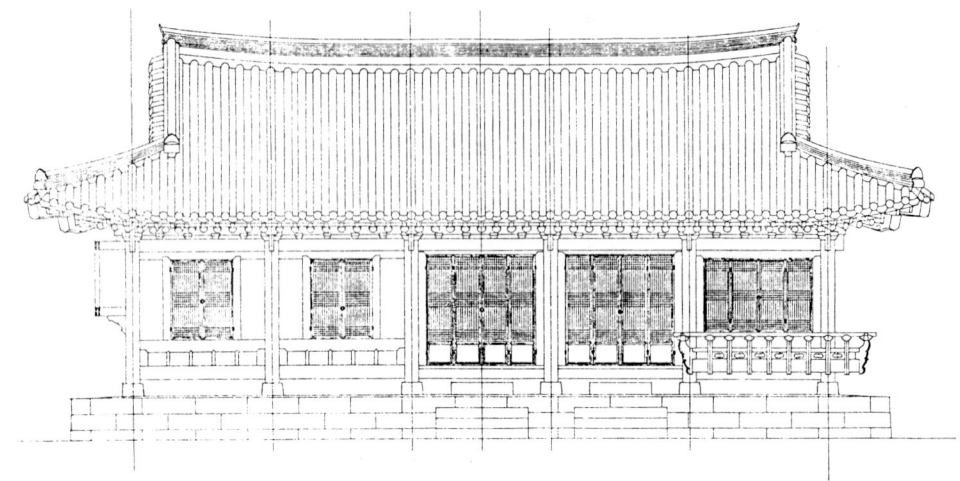

안방 두 칸과 대청, 건넌방을 앞에서 바라본 모습(고암서방)

성대하게 고사 지내면서 '입택'을 사방에 알리면 신축 공사는 막을 내린다. 들어가 살 수 있게 된 것이다.

1) 담장

지금도 토담집이나 귀틀집을 짓고는 담장 두를 마음이 나지 않는 수가 많다. 기둥 세우고 본격적으로 지은 목조 건축물같이 담장 쌓고 대문 낼 까닭이 없다는 생각이다. 하지만 허전함을 느낄 때가 있다. 마당에 늘어놓고 살다 보면 간결하게나마 울타리가 있어야겠다는 생각이 든다. 출입문이 너무 트여서 큰 길에서 바로 바라다보이거나 이웃집과 가리개라도 있어야겠다는 생각이 들면 간결한 담장이 등장한다.

예전에 경계가 필요 없던 시절에는 담장이 없었다. 청풍도 넘나들고 달빛도 쉬어 가는 살림집에 따로 가릴 것 없으니 울타리나 가릴 벽이 있어야 할 리 없지만 세월이 하수상해지면서 인심이 흉흉하고 이웃과 다툼이 시작되자 울타리가 생겨나게 되었다. 초기엔 생나무로 막는 수벽(樹壁) 종류, 밀집하여 자란 나무나 가시 돋친 나무로 침입을 경계하거나 죽은 나무삭쟁이로 '바자울'을 치거나 굵은 나무 잘라다 목책(木柵)을 만들었다.

만들 바엔 든든해야 한다는 생각이 들면서 불패(不敗)의 흙 담장이 등장하였다. 그러나 고장에 따라서 돌로 쌓는 돌각담이 발달하기도 했다. 제주도에서는 특장 있는 돌각담이 보급되었다. 그런 중에 분쟁이 터지면서 방어 기능을 갖춘 견고한 성벽을 쌓게 되었고 토성(土城)과 석성(石城)이 발전했다.

마을 살림집 울타리인 흙 담장에도 여러 방법이 응용되면서 고장에 따라 특성이 나타났다. 처음엔 천연 자재만으로 만족하다가 문명이 발달하면서 장식 요소가 더해지고 산업품이 천연 재료와 함께 쓰였다.

근세에 이르면서 산업혁명으로 다량 생산되는 자재가 공급되고 이를 써서 완성하는 방식이 나왔다. 새마을운동 이후로는 점점 자연산을 쓰지 않게 되어 버렸고, 마을 사람이 힘 모아 완성하던 정다움은 사라지고 훈련된 기술 집단이 기계를 써서 준공하는 매몰찬 작업만 이루어지게 되었다.

2) 내외담

한창 새마을운동이 불꽃처럼 일어나던 시기에 시골 관리들이 멀쩡한 흙담 허물고 무상 원조하는 시멘트로 새롭게 담장 쌓으라고 독촉하고 다녔다. 운치 있던 담장은 사라지고 개성 없는 블록 담장이 온 마을을 휩쓸었다. 이제 상당 시간이 지나고 블록 담장이 늙고 추한 모습을 보이자 '토담이 좋았다'고 후회하며 토담으로 되돌리는 집이 늘고 있다.

담장에는 바깥 담장말고 여러 건물 사이에 '샛담(間墻)'이 더 있다. 궁집에는 수없이 많은 샛담이 있고 그런 담장마다에 일각문이 있다. 목적지를 향하다 보면 수많은 담과 문을 만나게 되고 자칫 헛갈려 엉뚱한 처소로 가면 졸경(卒更)을 치르기도 했다.

살림집에는 여러 겹 샛담이 있을 까닭이 없지만 간혹 흥미 있는 경우도 본다. 강원도 주문진에서 본 담장도 그러하다. 대문 들어서면서 샛담과 만났다. 따로 출입문도 없는 샛담이 ㄱ자형으로 사랑채를 감싸고 있다. 이 댁 찾는 여인들도 같은 대문을 이용한다. 대문을 들어서면 빤히 사

사랑채와 안채 사이를 가린 내외담

랑채가 보이는데 내외법이 엄격하던 시절엔 뭇 남정네가 앉아 있는 앞을 지나 안채로 가는 게 매우 곤혹스러웠다. 그래서 사랑채를 가리는 샛담을 중문간까지 쌓았다. 예의를 존중하는 지극히 유교적인 산물로 병풍 두르듯 ㄱ자로 자리잡은 샛담이 수줍은 양 돌아앉아 있다.

이 샛담 구조는 기둥 세우고 중방 들이고, 중방 위로 중깃에 외 엮어 토벽 쳤으며, 중방 아래는 '화방벽' 계열과 비슷한 두툼한 벽면을 구성하였다. 중방 위는 전혀 치장하지 않은 '재새벽'이고 중방 아래 화방벽은 용지판 두께만큼을 알맞은 돌과 흙으로 번갈아 켜를 이루게 쌓았다. 담장 머리 위로 멍에를 왕찌 짜고 너새판을 건너질러 바탕을 조성하고는 기와를 이어 지붕을 만들었다. 지금도 이만하면 멋진 샛담이라고 하지 않을까?

3) 꽃담

담을 쌓다 보면 밋밋한 것이 마음에 걸려 약간 변화를 시도해 보고 싶어진다. 어린 시절 흙벽돌 쌓고 겉에 진흙을 바르다 보니 도무지 재미가 없었다. 그래 이웃에서 주워 온 돌멩이를 적절히 박아 넣었더니 외출했다 돌아오신 아버지가 칭찬을 하셨다. 그 칭찬 때문에 집 짓는 일과 연관된 일을 하게 되었는지도 모른다.

기와로 지붕을 이은 집에는 지붕을 고쳐 이을 때 나온 깨어진 기왓장이 뒤꼍에 수북이 쌓여 있는 수가 많다. 기와 쪽을 가루로 찧어 놋그릇 닦는 데 썼던 기억이 있는 분이 계실 터인데 이런 기왓장을 담장 쌓는데 이용해서 무늬를 내기도 했다.

앞에서 담벼락 얘기 중에도 이런 무늬 놓아 장식한 담을 '꽃담'이라 부른다고 하면서 담벼락말고 담장이나 합각 장식도 같은 유형에 든다고 했다. 기왓장으로 만드는 무늬는 생각보다 다양하므로 재주 있는 이라면 멋진 모양을 낼 수 있다.

이화여자대학 도예과 조정현(曺正鉉) 교수와 공동 집필한 『韓屋의 建築 陶磁와 무늬』(1990. 1. 技文堂)에 실린 자료를 보아도 짐작할 수 있지만 곰살궂게 조성한 무늬가 꽤 많다. 새로 짓는 집에서도 이웃에서 얻어 온 기왓장을 쓰면서 아들딸과 즐겁게 작품을 만들어 볼 수 있을 것이다. 참여한 아이들은 그곳을 평생 잊지 않을 것이며 부모와 추억을 소중히 간직할 것이다. 기왓장 깨진 것을 진흙에 박아 넣기만 하면 간단히 끝나므로 어려울 것 없으니 직접 해봐도 좋을 것이다.

꽃담 가운데 특색 있는 것도 있다. 담장을 쌓는다. 담벼락처럼 벽을 한편에서만 구성하는 담장을 '외담'이라 부르고 안팎으로 벽면을 맞물려 쌓으면 '맞담'이라 하는데 흙으로 쌓는 것처럼 벽돌로 쌓기도 한다.

붉은 색 벽돌이나 회흑색 '전돌(塼乭, 半塼, 半半塼)'로 맞담을 쌓고는 단일 색조의 거대한 담이 너무 무겁게 느껴지지 않도록 담장 중간 위에

(위) 기와 조각으로 담장에 무늬를 만들었다.
(아래) 하회 심원정사 장독대의 장생무늬

(위) 익산 김씨 댁 샛담의 꽃무늬
(아래) 서울 석파정 담장의 무늬

알맞은 크기로 화면을 구성하고 벽화를 그려서 아름답게 치장한다. 화면은 삼화토을 이용해 직사각형으로 넓게 만드는 것이 보통이나 익산(益山) 김씨 댁 벽돌로 쌓은 '단월문(團月門)'에서처럼 '홍예문(虹霓門)' 위로 무지개 형상 화면을 구성하기도 한다. 이런 화면을 '선면(扇面)'이라 한다.

김씨 댁 화면 벽화는 극히 일부밖에 남아 있지 않지만 원래는 마을 화가가 정성스럽게 그린 '별지화(別枝畵, 別畵)'가 선명하였다. 이런 그림은 지금은 대부분 없어졌지만 예전에는 흥선대원군 별장인 석파정(石坡亭)과 서울 시내 상류 제택 곳곳에서도 볼 수 있었다.

기왓장을 박아 무늬 형성하는 방식과 달리 그림을 그려서 치장하는 방법인데 고구려 시대, 4세기 이래로 벽화 전통이 계승된 것이라면 담장 별지화 조성은 유구한 역사를 지닌 것으로 널리 분포한다. 개화 이래 서울의 별화는 서구식 페인트로 그리기도 하였다.

19세기에 서구식 페인트를 채택했다면 21세기에도 시대에 걸맞은 작풍(作風)을 만들어 낼 수 있다. 그런 시도를 안동 하회마을 입구에 지은 심원정사(尋源精舍) 장독대에서 볼 수 있다.

장독대는 안채 서편에 위치한다. 밑에 보일러실을 만들다 보니 키가 높아졌다. 키가 높아지니 거대한 담벼락이 생겼다. 그냥 두기에 너무 밋밋하고 을씨년스럽다. 집을 짓는 일을 맡은 윤용숙(尹用淑) 보살은 어떻게든 치장해야겠다는 생각을 했다. 마침 이화여대 도예과 조정현 교수의 건축도자에 관한 글을 접하고 작품을 의뢰했다. 주인과 의기 투합한 조 교수는 경복궁 자경전(慈慶殿) 서쪽 샛담 바깥벽 무늬 일부를 자료로 활용해 새로운 작품을 만들어 냈다. 장독대에서 노출된 면을 정중하게 치장하였다.

여러 분야 사람의 높은 평판이 있었고 유명한 작품이 되었다. 어제의 곳간 속에 간직된 조상의 작품을 꺼내다 현대 감각에 맞게 오늘의 집에 의복을 입힌 것이다. 집주인과 작가가 뜻을 모아 완성한 작품이란 점에서 칭찬은 두 사람에게 고루 돌아가는 것이 마땅하다.

18. 대문

1) 담장과 대문

모임이 있을 때 가끔 묻는다. "문은 들어가자고 만드나요? 나가자고 만들까요?" 하고 질문하면 "그야 들어가기 위해서죠" 하는 대답이 대부분이고 "출입하기 위해 만들지요" 하는 대답도 있다.

물론 들어가기도 하고 나오기도 하려고 만든 구조물이나 우리 문의 기본은 '나가기 위한 것'이다. 대문이나 중문을 봐도 알지만 한옥의 문빗장은 안쪽에 달렸다. 밖에서는 자유스럽게 문을 열고 들어설 수 없다. '들어가는 기능을 위주로 한 시설이 아님'을 알 수 있다. 조금만 생각하면 금세 터득할 수 있는 사실이 서양식 '도어'에 가려져 올바른 대답을 하지 못하게 만들었다. 여닫는 서구식 문도 안에서 열어 주지 않으면 들어갈 수 없다. 장중한 문을 두드리면 집사가 나와 문을 열어 주고 들어가는 장면을 서양 영화에서 보았다. 그쪽 문도 안쪽에 개폐 의지가 있는 것이다.

더러 든든하게 담장을 쌓고는 한쪽에 통로를 두어 수시로 드나들 수 있게 만들기도 한다. 담장은 경계일 뿐 출입에 제한을 두지 않았다. 맞담 사이 열린 통로도 그런 구조이다. 이를 '무문관(無門關)'이라 부르기도 하는데 사찰의 일주문(一柱門)에 해당한다.

통로에 문을 만들면 대문도 되고 중문도 되며, 편문(便門)이나 협문(挾門)도 된다. 문 구조로 보아 '쪽문', '넌출문', '거적문', '널문'이 있으며

하회 충효당, 소슬 대문채를 안에서 본 모습이다.

성주 한계마을 성주 이씨 종택의 평대문

'당판문'이나 '빈지문'도 만든다.

한옥에선 마당 형국이나 쓰임에 따라 담장을 자른 채로 무문관을 만들기도 하지만 바로 이웃한 샛담에서는 반대로 완벽한 일각문(一角門)을 세워 전혀 다른 구조를 보인다. 이런 구성은 바깥 담장에서도 볼 수 있으나 대부분은 대문을 열고 들어선 위치나 뒤뜰에서 후원을 꾸미며 만든다. 이런 조성은 변화를 추구하거나 부족한 부분을 보충하려는 노력이다. 마당 가꾸기에서도 요건이 되며 좌우를 대칭시키려 하지 않고 멋을 부린 모습이기도 하다.

샛담 일각문과 달리 대문은 '평대문'이냐 '소슬대문'이냐로 구분한다. 평대문은 행랑채 지붕과 같은 높이로 만들어진다. 소슬대문은 행랑채보다 솟아올라 지붕이 우뚝하게 건축되는 특징을 지녔고 평대문보다 격조가 높다고 여겼다.

실학자 홍만선(洪萬選, 1643~1715) 선생은 『산림경제(山林經濟)』에서 대문을 지나치게 크게 하거나 과도하게 모양을 내면 집에 화를 부른다고 경고했다. 새집 짓는 일에서도 이 점을 명심할 필요가 있다. 조촐하게 만들어 만족하면 된다.

자동차가 집에 들어가야 한다면 소슬대문을 지으면 된다. 자동차가 통과할 수 있는 넓이를 문 폭으로 잡고는 그 폭을 높이로 하는 정사각형을 만들어 대각선을 긋는다. 그 대각선 길이를 전개시켜 일으켜 세우면 정사각형 한 변보다 긴 직선이 생긴다. 그 긴 직선을 소슬대문 기둥 높

서울 집장수 집에 축조한 사고석담

이로 설정하면 멋진 비례를 지닌 알맞은 문이 된다. 이 비례법은 이미 앞에서 말한 바 있다.

소슬대문 좌우로 한 칸씩 방이나 헛간, 마구간을 만드는 것이 옛날 모습이다. 방에는 청지기가, 마구간에는 주인이 탈 말이 있었다. 대문이 세 칸으로 이루어진 것을 보고 '소슬삼문'이라고 부르는데 본래 소슬삼문은 서원, 문묘 사당 앞 신문(神門) 구조를 일컫는 이름이므로 소슬대문 형상을 설명하는 표현으로는 맞지 않다.

대문 좌우 칸 바깥 담벼락은 '화방벽'으로 쌓는 것이 보통이다. 서울에서는 집장수 집에서도 '사고석담' 만들기를 좋아하였다. 궁실 건축의 격조를 부러워하는 심리를 이용하여 집을 잘 팔려는 욕심 때문이었으리라. 시골집에서는 '사고석' 구하기가 어려워서인지 보통 산에서 주워 온 막돌로 쌓았다.

경북 성주 한계마을 평대문과 바깥 담벼락을 보면 화방벽을 자연석으로 쌓되 무늬를 넣어 아름답게 꾸몄다. 소박한 즐거움이다.

2) 대문 구조

새로 짓는 집에도 대문이 필요하냐는 의문을 가진 이가 적지 않다. 한 채 건물로 살림집을 완성한 처지에 대문이 무슨 소용이냐는 것이다. 그러면서도 울타리가 있으면 안심이다. 막상 울타리를 치고 보면 트인 부분이 허전해서 대문을 만들고야 끝을 낸다. 생각과 실제에 차이가 있는 데다 관습 때문에 결국은 대문을 만들고 공사를 끝내는 집이 대부분이다. 그러나 막상 어떤 대문을 만들 것인지 고민을 많이 한다. 궁리해 보지만 마땅한 형태가 떠오르지 않으면 이웃에 있는 대문을 본 따서 적당히 짓는 것으로 만족한다.

한옥 대문은 거의 전형적이어서 평대문과 소슬대문 가운데 선택하면 된다. 단지 대문간에 이어 좌우로 한 칸을 부속시키느냐 두 칸씩 부속시키느냐만 결정하면 된다. 안동 하회마을 어구의 심원정사(尋源精舍)에서는 소슬대문 좌우로 두 칸씩 부설했다.

설계사무소 태창건축(泰昌建築)에서 완성한 도면에는 소슬대문과 좌우

(위) 하회 심원정사 대문, 소슬대문 좌우에 두 칸씩 부설했다. / (아래) 하회 심원정사, 대문간채 안 시설이 보인다.

두 칸씩 행랑 건물이 있다. 문과 행랑채는 맞배 기와지붕이고, 대문에는 두 짝의 널문(板扇, 板門)을 달았다. 문얼굴 하방은 아래로 휘어 내린 눈썹 같은 문지방인 월방(月枋)을 설치했고 문인방 위에는 살대를 꽂아 잡귀의 접근을 막았다.

좌우 행랑 바깥벽은 중방 위로는 두 짝 여닫이 앉은뱅이 창을 내고 담벼락은 분벽(粉壁)하였다. 중방 아래에는 화방벽을 쌓았는데, 기왓장 깨어진 것으로 줄지어 켜를 이루게 하는 와장벽(瓦牆壁)을 만들었다. 길게 줄짓는 무늬는 장수(長壽)를 의미하는 것으로, 이 집 대운(大運)이 무궁무진하기를 기원하는 의미가 들어 있다.

행랑채에 이어 축조된 맞담은 국가 민속마을로 지정된 하회마을의 제도에 따라 토담을 쌓아 균형을 맞추었다. 토담에 기와를 이어 지붕 만드는 방식도 그대로 따랐다.

대문간채 안통은 동쪽으로 부엌 한 칸, 방 한 칸, 서쪽에는 문에 이어 방이, 다음 칸은 곳간으로 쓸 수 있게 설계했다. 부엌과 곳간에 두 짝 당판문을 달고 방에는 쪽마루 설치하고는 그에 걸맞게 궁판 있는 띠살무늬 덧문을 두 짝 달아 여닫게 하였다.

방과 부엌, 방과 곳간 사이엔 '새벽(間壁)'을 '재새벽'으로 치고 방에는 구들 드려 난방했다. 난방은 보일러를 설치하는 방식이어서 굴뚝 설치에 따른 고민은 하지 않아도 좋았다.

행랑채를 사용하는 이를 위해 뒷간(淨廊)과 목욕간은 따로 지은 별채 시

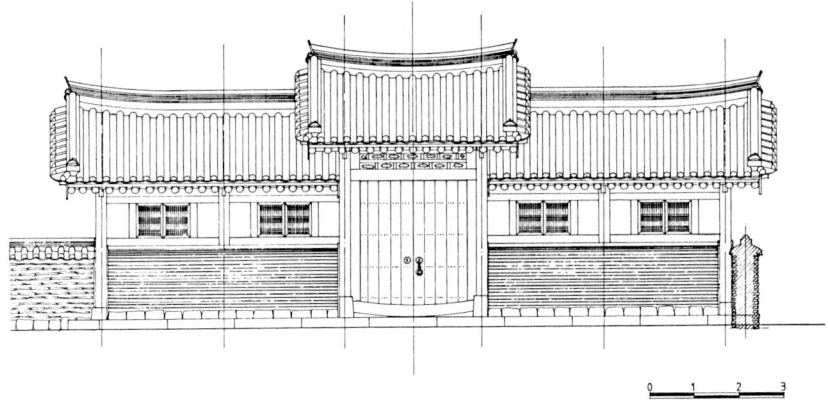

소슬대문을 정면에서 바라본 모습(심원정사)

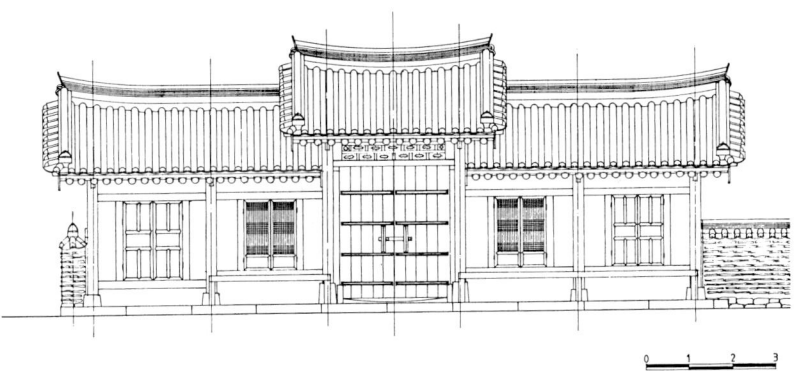

소슬대문을 안마당에서 바라본 모습(심원정사)

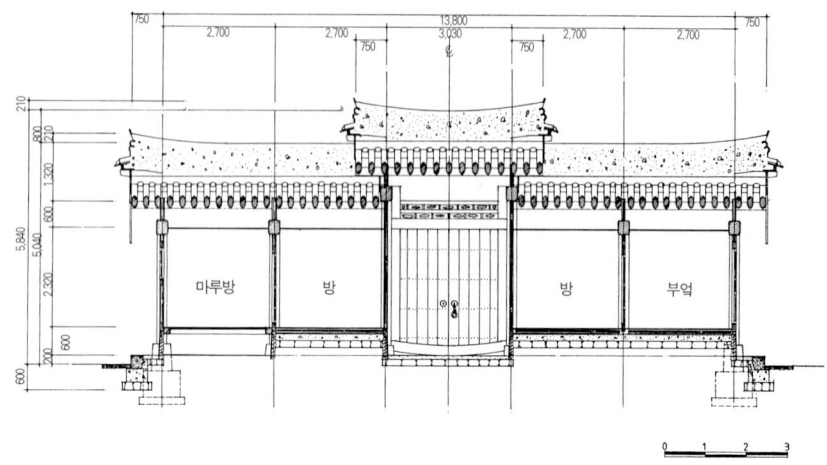

소슬대문과 좌우 부속 건물 구조(심원정사)

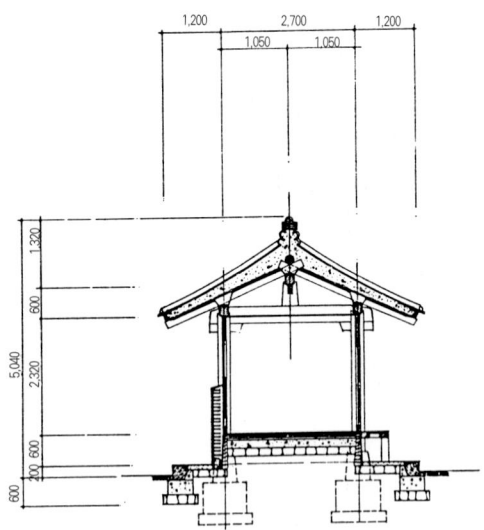

좌우 부속 건물 구조(심원정사)

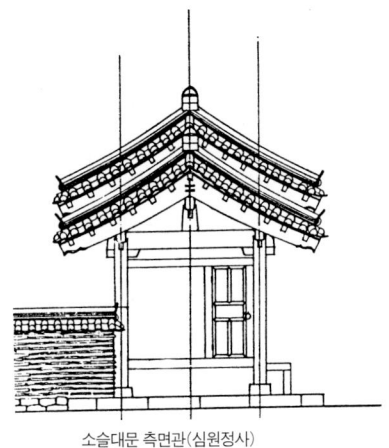

소슬대문 측면관(심원정사)

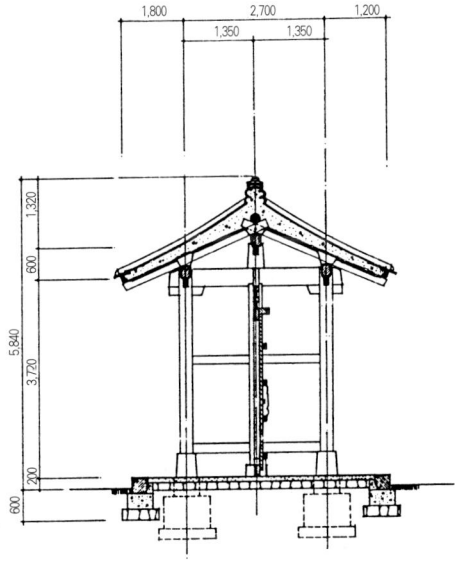

대문간 구조(심원정사)

설을 이용하게 하였는데 이 별채는 이엉으로 초가를 이어 분위기를 부드럽게 했다.

3) 장락문의 이상성

소슬대문에 장락문(長樂門) 편액을 단 살림집이 예전에 있었는지는 잘 모르겠지만 동궐(東闕) 후원 연경당(演慶堂) 대문과 창경궁 낙선재(樂善齋) 대문에는 '장락문' 편액이 큼직하게 걸렸다. 드나들 때마다 올려다보는 편액의 '장락'이 무슨 뜻인지 궁금하다.

'장락'은 '오래 오래 항상 즐거운', '오랜 기간 즐거움'을 의미한다. 속세의 즐거움은 길기가 어렵다. '도끼자루 썩는 줄 모르는 즐거움'이란 말이 있다. 한 나무꾼이 두 신선이 두는 바둑 한 판을 보았는데 정신 차리고 보니 들고 갔던 도끼 자루가 썩어 있었다 한다. 그러니 나무꾼도 팍삭 늙었을 터인데 그만큼 자기도 모르게 즐길 수 있는 삼매경이 '장락'이라는 의미가 들어 있는 말일 것이다.

'장락'을 '신선이 누리는 즐거움'에 해당한다고 해석한다. 장락문이라 쓴 편액은 곧 신선이 사는 집이라는 뜻이다. 말하자면 가족과 더불어 즐겁고 행복하게 살고 있는 무궁무진한 집이 바로 여기란 의미다.

대문은 집주인의 얼굴이다. 되바라지면 주인의 성정이 그렇고, 화려하

낙선재 대문인 장락문

고 장대하면 주인의 기개가 활달하다고 느낀다. 안존하면 분수를 지키며 사는 선비 기풍이 감도는 주인이 살고 있다고 보게 된다. 화려하고 되바라지면 패(敗)할 여지가 있지만 안존하고 다소곳하면 시비할 까닭이 없으니 겸손한 기품의 대문은 자연히 그 골목에서 존경받는 얼굴이다.

대문이 직선 골목과 직통으로 마주하는 자리에 있으면 불리하다. 만사 표적이 되기 때문이다. 산업 사회에서 능률적인 대문이 더 효과적이라는 반론이 만만치 않지만 당하고 나면 직충(直衝)은 '강하면 부러지는 자리'라는 사실을 깨닫게 된다. 위치로 봐서 도리 없이 그 자리에 대문을 낼 수밖에 없다면 방향이라도 약간 틀어 주는 것이 바람직하다. 아니면 한 발자국이라도 골목 중심선에서 벗어난 쪽으로 옮기면 그만큼 탈이 없다. 동대문 남향집을 이상적 배치라고 한다. 직충을 피하는 일은 그만큼 중요하다.

문이 집보다 커 보이는 집은 속빈 강정이 되기 쉽다. 경제적으로도 허하고 건강에도 지장이 있다. 차고가 마당에 있는 집도 드나들기 무난한 규모로 만족하는 것이 좋다. 문에 들어서자 바로 층계가 있고 그 층계가 앞마당까지 깊숙이 파고들면 조만간 어려움이 닥치고 자손에게 이롭지 않다. 문 위치를 바꾸는 것이 상책이다.

남향집에 남향한 문 세울 때는 집과 문 중심축 선을 달리하는 것이 좋다. 일직선상보다는 축이 달라야 깊은 맛이 난다. 대문에 들어서자 바로 집 전체가 한눈에 들어오는 것보다는 들어가면서 조금씩 자태가 나타나야 그윽하고 처신하기도 좋다.

문은 단순한 구조물이지만 조성하기 까다롭고 여러 제약이 뒤따른다. 이 점을 이해한다면 대문을 만들면서 절대로 무리하지 않을 것이다.

4) 중문과 내외벽

중문이 아니더라도 내외벽을 설치하는 방법을 고려해 볼 수 있다. 현관 안에 가리개를 만들어 주면 문 열었을 때 찬바람이 휘몰아쳐 들어오는 것을 막고 신발도 벗기 전에 눈이 마주치면서 수선 떠는 일도 피할 수 있다. 예쁘고 아름답게 내외벽 만들고 우아한 그림 한 폭을 걸어 두면 첫인상이 매력적이다. 내외벽이 봉건 시대 유물이라고 생각할 까닭이 없는 것은 이런 참신함을 지금 충분히 활용할 수 있어서이다.

윤증(尹拯) 선생 댁 중문 내외벽은 꽤 활달한 구조이다. 이 방식을 대문에 응용할 수 있을 것이다. 문에 들어가자마자 바로 안채가 빤히 들여다보이기보다는 진입하면서 조금씩 보여야 옳다면 이런 내외벽은 가치가 있다. 선산 동호재(東湖齋)에서 대문 안에 통나무를 쭉 세우고 넝쿨을 올리도록 내외벽을 만들어 보았는데 칭찬을 많이 들었다. 예스러운 것을 활용한 것이 적중했다.

대문 만드는 일로 집 짓는 일은 일단락되었다. 입택한 이후로 계속되던

논산 윤증 선생 고택의 내외벽

공역도 마당 가꾸는 일만 빼고는 끝난 것이다. 만일을 대비한 비상구 설치만 남았는데 설마 우리 같은 사람에게 무슨 일이 있을까 싶어 비상구가 요긴하겠나 하지만 일을 당하고 보면 재난은 누구에게도 일어날 수 있다는 사실을 실감한다. 대비가 없을 수 없다. 비상구는 평소에 샛길로 이용하기도 한다. 비상구가 꼭 남몰래 숨기는 길이 아니라면 평소에도 이용할 수 있다. 그 길에 문을 달고 편하게 쓸 수 있다고 해서 옛사람들은 '편문(便門)'이라 불렀다. 그만큼 편리하게 이용했던 것이다. 부엌에서 밖으로 나가게 만든 문도 편문에 속하나 문을 그렇게 단순하게 내는 것말고 골방을 통해서 밖으로 나갈 수 있게 만들 수도 있다. 손님 모르게 잠시 나갈 때도 좋다.

최신식 집에도 이런 비상구 설치를 충분히 고려해야 한다. 비상구는 화재시 대피하는 데도 쓰인다. 목조 건축물은 불이 나도 화염에 휩싸이기까지 시간이 걸린다. 화학 섬유로 치장만 하지 않는다면 독가스가 누출될 염려도 적다.

재목에 성능 좋은 불연제(不燃劑)를 뿌리면 불씨를 지펴도 불이 붙지 않는다. 귀틀집에도 뿌려 두면 안심이다. 어느 절에 방화범이 침입하여 불연제를 뿌린 법당에 불을 지르려 하였지만 타지 않아 미수에 그친 예도 있었다. 토담집은 비교적 목재가 적지만 방재(防災)한다는 의도로 뿌려 두면 안심이다.

전기나 난방용 배관도 법도 있게 시공하면 큰 무리가 없을 터이고, 전등은 붙박이로 천장에 달지 말고 간접 조명으로 하면서 외출할 때 플러그를 빼놓으면 누전 사고를 예방할 수 있다. 조금 보기 언짢아도 전기줄을 목재 속에 홈을 파고 집어넣지 말고, 노출시키고 적절히 가려 눈에 뜨이지 않게 하면 된다. 목조 건축에서 제일 무서운 화재 원인이 누전에 있다는 통계도 있으니까 그런 불의의 사고를 당하지 않으려면 명심해 둘 필요가 있다.

19. 마당 가꾸기(園冶)

1) 마당 고르기와 배수

집이 완성된 후에 제일 마음에 두어야 할 부분이 마당이다. 입택하고 마당을 쓸어 청소하고 나면 집 지을 때 파거나 메운 자리가 울퉁불퉁한 채로 남아 있다. 그것을 골라서 마당이 반듯해져야 안심이다. 마당이 울퉁

물이 잘 빠지도록 약간 경사지게 만든 마당

불퉁하면 다니다가 발을 겹질릴 염려가 있고, 아이들이 걸려 넘어지기도 한다. 비가 와도 물이 잘 빠지지 않아 웅덩이가 되기도 한다. 물이 고였다가 마르면 물이 담겼던 자리가 썩어서 위생에 좋지 않고 아이들이 뛰어 놀다 넘어지면 파상풍 같은 치명적인 병균에 오염될 수도 있다.

마당은 물이 잘 빠지는 것이 제일이다. 그래서 옛날에도 '취평(取平)'이 마당 가꾸기에서 가장 먼저 할 일이라 하였다. 마당은 수평이면 물이 빠지지 않는다. 경사가 져야 한다. 경사는 조금 급한 편이 좋다. 사태가 나서 씻겨 내린다면 낭패이지만 씻겨 내릴 정도만 아니라면 약간 급한 편이 좋다. 이 때 '다른 나라 경사도는 얼마다' 하는 서양식 개념에 투철한 전문가들 공식은 참고로 들어만 두면 된다. 그런 공식이 적용되는 나라와 강수량이 하루에 200밀리미터가 넘는 우리 나라가 같을 수 없기 때문이다. 우린 우리에게 적합한 물매가 따로 있다. 서구식 공식이 들어오기 이전 시대 건물에서 그런 사례를 충분히 볼 수 있다.

집 뒤 마당은 높게 앞 마당은 낮게 하는 것이 보편적이다. 지형으로 보아 동에서 서로 가든가, 서에서 동으로 흐른다거나 해서 앞뒤가 아니라 좌우로 흐를 수밖에 없는 경우도 있다. 그럴 때는 의도적으로 서에서 동으로 흐르도록 정리해 주는 것이 좋다.

이는 명당수와도 연관 있다. 집의 명당수는 서편의 백호 날 쪽에서 흘러드는 것이 이상적이다. 남향한 집이라면, 서북편에서 흘러드는 명당수가 집 앞에 이르러서는 동편으로 꺾이면서 대문 앞을 지나 동남쪽으

연경당 명당수. 서쪽에서 흘러드는 물을 남쪽 담장 밑으로 빼내어 동쪽으로 흐르게 했다. 물은 흘러 당지로 모인다.

로 흘러가면 좋다. 거기에 연당이 있어 모이게 한다면 지형으로는 가장 좋은 조건이라 할 수 있다.

집 앞으로 흐르는 명당수 흐름을 원활히 하려고 도랑(水溝)을 파 주기도 한다. 도랑은 흐르는 물을 내려다볼 수 있게 만드는 양구(陽溝)와 물 흐

수채 구멍

르는 것이 보이지 않도록 가리는 수구인 음구(陰溝)가 있다. 수구를 '수채'라 하기도 한다. 집 안에서 버리는 허드렛물이 흘러 나가도록 만든 하수구이다. 담을 지나가는 구멍을 '수채 구멍'이라 부른다.

고급 집에서는 마당 지하수를 배출시키는 방도로 수채를 만들기도 하는데 역시 양구와 음구법을 활용한다. 길게 생긴 화강암을 깎아 만든 수채는 궁실이나 사찰에서 볼 수 있고, 고급 집에서는 흙을 구워 오지로 만든 수채통을 설치하기도 했다.

백제 절터에서는 질로 둥근 토수(吐首)처럼 만들어 높은 온도에서 구워낸 수채통이 발견된다. 익산 금마의 왕궁리 석탑이 서 있는 지하 절터에서도 그런 수채통이 발견되었다. 백제에 배수 시설이 있었음을 알려준다. 일본 하카다(博多) 다자이후(大宰府)의 수성(水城)은 백제인이 만든 기술적인 군사 시설이다. 성 안에 물을 가두었다가 적이 가까이 오면 그 물을 성 밖 해자로 흘려보내 공격자를 물에 가두려고 만든 것이다. 물을 흘려보낼 도수관을 백제인은 흙으로 구워 만든 둥근 수채통으로 시설하였다. 짧게 만들어 이은 것인데 고구려에서도 그런 유구가 발견된다고 한다.

마당을 평직하게 만들고 물이 쉽게 빠질 수 있게 경사진 물매를 설정하고 나면 집 둘레에 나무를 심는다.

2) 나무 심기

현대인은 마당에 잔디를 심지만 옛날엔 심지 않았다. 마당이 백토를 깐 양지 바른 곳이었기 때문이다. 잔디를 깔면 집으로 반사되는 빛이 그만큼 줄어들어 이롭지 못하다. 그렇긴 해도 박석을 깔 때엔 박석과 박석 사이 이음 부분에 잔디를 심는다. 경복궁 근정전 앞마당 박석 사이에도 1960년대 초까지만 해도 잔디가 살아 있었다. 잔디가 없어진 것은 5.16 때 군대가 경복궁에 주둔하면서부터이다.

담장 밑으로 화단을 만들거나 낮은 동산을 만들기도 한다. 신식 말로 '조경(造景)'에 해당할 터인데 그 부분에는 잔디를 심거나 다른 종류 지피 식물을 심기도 한다.

보통 나무는 주변에서 잘 자라고 있는 것 가운데 마음에 드는 것을 옮겨심는다. 자연에서 자라는 나무와 집안에 심는 나무가 같다. 지금은 묘포장처럼 각양각색 나무를 심으려 한다. 집 주변 자연과 어울리지 않을 수도 있는데 말이다.

전에는 꽃이 피고 열매 맺는 나무를 수십 그루씩 심은 것이 아니라 사철 꽃이 떨어지지 않고 이어 필 수 있을 정도로만 심었다. 그것도 동서남북에 상응하는 빛의 꽃이나 열매가 달리는 나무를 골라 겸손하게 심었다. 우물가에는 우물물에 기생하는 벌레를 퇴치하는 나무를 심었다. 상생과 상극을 교묘하게 이용해 나무를 심었다. 그러면서도 집안에 큰 나무가 들어서는 것을 꺼렸다. 뒷동산이나 담장 밖 나무가 자유롭게 자라는 것에 비하면 매우 위축되었다고 할 수 있다. 뒷동산이나 담장, 동구 밖에는 정자나무나 낙락장송이 울울했으나 집안에서는 그렇게 자라도록 버려 두지 않았다.

잘 자라는 나무를 마당에 심을 경우 뿌리에 돌을 박아 성장을 억제시켰

해남 녹우당. 나무가 있는 마당

다. 이를 '나무 시집 보낸다'고 하였는데 중심 뿌리에 남근석만큼이나 큼직한 돌을 박아 활발하게 자라지 못하도록 하였다. 대신에 잔잔하게 자라면서 멋을 부리는 나무나 괴석을 석분(石盆)에 심어 마당의 단조로움과 정적을 깨었다. 조선조 왕실 생활까지 묘사한 「동궐도(東闕圖)」에는 그런 괴석 옆에 박제한 학(鶴)을 배치하여 신선의 도량을 나타내려 한 노력이 진솔하게 담겨 있다. 당시 사람이 추구한 이상 세계를 잘 보여 준다.

나무는 전지(剪枝)하지 않는 것을 기본으로 하였다. 일본이나 유럽처럼 마당 나무를 묘하게 가지를 쳐 아름다움을 추구한 예를 우리에게는 별로 찾아볼 수 없다. 조선시대는 더욱 그랬다. 이는 유교를 숭상하는 선비들 성정과도 어울린다.

고려 시대 이전에도 그랬냐는 물음에는 답변할 자료가 별로 없다. 백성들은 그랬다 치고, 고급 제택이나 사찰, 궁실에서는 나무 형태를 정리하려고 가지 치기했을 수도 있지 않겠냐고 하면 아무도 쉽게 아니라고 대답하기 어려울 것이다. 나무 종류가 지금보다 더 다양하였냐 아니면 지금보다 못하였느냐는 질문에도 내 식견으로는 대답할 수 없다.

나무를 상당히 신성시하였고 그것에 의지하는 바가 적지 않았음은 단군의 태백산 신단수로부터 고구려 고분 벽화에 나타난 거수(巨樹) 존숭(尊崇) 사상이나 조선조 '당목'에 대한 외경에 이르기까지 지속되고 있음에서 알 수 있다. 그런 성정은 현대인에게까지 전승되어서 아주 나이 많은 큰 나무를 벌목하려면 몹시 두려워하고 때로는 벌목 탓에 불상사가 일어났다는 소문이 퍼지기도 한다.

나무에 벼슬을 주기도 했다. 특히 소나무는 고위직인 정이품송(正二品松)이 되기도 했다.

3) 연당과 연못

명당수가 모여 한동안 구실을 하도록 수고(水庫)를 만들면 연당이나 연못이 되었다.

연당은 보통 화강석이나 반듯한 산돌로 만든 소규모 수고를 말한다. 혜원 신윤복 화백이 그린 풍속도 가운데 한량이 기생과 놀고 있는 풍속화에 등장하는 화강암 호안(虎眼) 석축으로 만든 수고가 연당의 한 모습이다. 물론 연꽃이 있고 중앙에 작은 섬이 있기도 하다.

영양의 서석지(瑞石池)나 강릉 선교장의 활래정에 있는 수고는 연당으로 분류하여 '살림집 연당'이라 부르면 좋을 것이고 동궐의 부용지(芙蓉池)는 '궁궐 연당'이라 하면 좋을 것이다.

연못은 규모가 크다. 연당은 집 울 안에 만들 수도 있으나 연못은 울 밖에 만드는 것이 보통이다. 임해전의 안압지는 연못이라 하는 것이 합당하리라 본다. 규모로 보아 그렇다. 그런 점에서 경복궁 경회루가 있는

영양 서석지

수고를 연못으로 보아야 하느냐는 의문이 생기나 큰 연당이라 보고 싶다. 보길도의 세연정에 있는 수고는 연못에 속한다고 하겠다. 호안이 일률적이 아니라 장소에 따라 적절하게 조성되어 있기 때문이다. 연당이나 연못을 나누는 것이 무슨 기준이 있는 것이 아니라면 그 분류는 별다른 의미가 없을 수도 있다.

연당이나 연못을 만드는 것은 주변에 늘 습한 기운이 있어서이다. 지하수나 지표수가 고이는 웅덩이도 연당이나 연못이 될 장소로 적합하다.

보길도 회수담

집으로 덤비는 물기를 이리로 유도하여 집으로 향하지 못하게 하려고 연당이나 연못을 만들기도 한다. 경회루 연당도 태액지(太液池)라는 작은 웅덩이에서 비롯되었다고 할 수 있는데 궁 밖 개울에서 스며든 물줄기가 늘 습지를 이룬 자리에 연당을 만들어 주변 물줄기가 모이도록 유도하였다.

연못의 섬을 당주(當洲)라 부른다. 이런 섬이 있으면 연못 물길이 섬을 돌아 썩지 않는다. 섬이 없으면 논에 물이 퍼지듯이 들어가 고이고 물이 흐르지 않아 자칫 썩기 쉽다. 하지만 섬이 있으면 물이 들어가는 입구에서 흘러드는 물이 섬 저편으로 흘러내리려고 속도를 내며 흐르므로 그만큼 산소가 공급되어 훨씬 덜 썩는다. 들어오는 물줄기가 있듯이 흘러가는 물줄기도 생기게 마련인데 수위 조절을 염두에 두어야 하므로 '무넘이'를 설치하고 조절하는 것이 보통이다.

4) 환경 조성

담양 소쇄원(瀟灑園)처럼 의도적으로 원림(園林)을 조성할 수도 있다. 천연 계곡의 풍광에 약간 인공을 가하여 아름답게 조형했다. 이를 '환경 조성'이라 하는데 현대인은 서구식과 중국식, 일본식을 의식하면서 조경(造景)이라 부른다.

중국의 이름난 유림(儒林)이나 일본에서 손꼽는 명원(名園) 가운데 자연스러운 것은 드물다. 대부분 인위의 극치를 보인다.

소주(蘇州)에는 뛰어난 유림이 많다. 그 조형 의도를 잘 대변하는 글이 1634년 명나라 때 간행된 마당 가꾸기 전문서인 『원야(園冶)』이다. 이 글에서 지은이 계성(計成)은 차경(借景)을 매우 중요시하였다. 그런데 막상 소주에서 이름난 정원을 둘러보면 높은 담장을 쌓고 그 안에 석회석으로 석가산을 쌓았다. 높은 담장이 외부와 단절시키고 있다. '차경'이라

소쇄원

는 개념과는 어긋난다. 차경 이론은 그렇게 하고 싶다는 이상적 목표일 뿐 효과적으로 이룬 예는 드물다고 할 수 있다. 적절하지 못한 환경을 극복하지 못한 결과이다. 환경을 인위적으로 보완할 수 있다. 환경의 편재를 극복하는 방도를 '환경 조성'이라 한다. 환경 조성은 풍토에 따라 달라진다. 여건이 달라서이다. 그런데도 우리에게 중국식이나 일본식 정원이 없으니 '정원이 존재하지 않는다'고 단언하는 사람도 있다.

인위적인 한계를 어떻게 설정하느냐에 따라 조성은 얼마든지 달라질 수 있으므로 한 가지로 말하기 어려운데도 인위를 위주로 하는 성향을 조경의 근본인 양 여기는 풍조가 가득하여서 잔뜩 무엇인가를 꾸며야 직성이 풀리는 세태가 되었다. 이제 소쇄원처럼 자연에 약간의 인공을 가미한 모습을 보긴 어렵게 되었다. 멀쩡한 대문을 폐쇄하고 마당에 연못 파고 둘레에 정자와 궁에서나 볼 수 있는 꽃담을 설치하고는 '전통 정원'이라고 말하는 시대가 되었다.

새로 짓는 우리 집을 지나게 인위적으로 짓는 것은 금물이다. 자연스러워야 한다. 자연과 인간이 어우러지는 수준에서 손을 떼야 탈이 없다. 신식 조경 전문가도 그 정도는 지킬 줄 알아야 한국적인 조경을 하였다고 자랑할 만한 작품을 만들어 낼 수 있을 것이다.

찾아보기

ㄱ

ㄱ자형 77, 138, 152, 154, 158, 257, 416
가구(家具) 347
가구(架構) 72, 114, 165~167, 220, 222, 229, 401
가리개 415, 439
가변벽(可變壁) 373
가변성(可變性) 칸막이 383
가적지붕 255
각(桷) 259
각목(桷木) 133, 245
각장판 160, 400, 401
각재(角材) 204
간가도(間架圖) 150
간접 조명 23, 25, 408, 441
갈모산방 171, 247, 249, 250
갑석 152, 411
강봉장(綱封藏) 134, 135
강회 285, 318, 319, 338
개자리 27, 31~33
개판 261, 263, 265, 266, 268, 269, 282, 311, 315, 318
거수(巨樹) 450
거실 26, 86, 89, 90, 191, 357, 382
거푸집 106~108
건넌방 82, 85, 158~160, 172

~174, 184, 186, 258, 348, 372~375, 383, 392
건축도자(建築陶磁) 292, 293, 411, 423
걸레받이 400
게눈 324
겹집 28, 79, 87, 89, 90, 258, 383
겹처마 152, 153, 169, 241, 243, 251, 252, 261, 262, 298, 303, 311, 324
경복궁 근정전 284, 362, 448
경장(京匠) 150
경회루 451, 453
계자각(鷄子脚) 173, 362, 363
계자난간 173, 174
고래 18, 27, 29, 31, 96, 345, 408
고려사(高麗史) 254, 271
고미다락 187, 188, 256
고미벽장 177, 184, 324
고미천장 103
고미혀 103
고방 85, 354
고비 413
고암서방(顧菴書房) 154, 156, 157, 159, 161, 165, 166, 171, 176, 177, 185, 195, 222, 225, 229, 261, 267, 282, 288,

303, 312, 315, 318, 324, 333, 347~349, 367, 369, 370, 372, 381, 384, 391~393, 414
고주(高柱) 155, 158, 167, 206, 207, 213, 214, 216, 217, 238, 239
골개판 168, 169, 192, 218, 222, 262, 265, 279, 298
골방 377, 441
곳간 6, 111, 129~131, 135, 163, 176, 177, 191, 423, 432
공돌 쌓기 410
공루 187, 189, 191, 354
공아(栱牙) 311
공포 152, 153, 166, 201, 311, 323
광두정(廣頭釘) 155, 328, 329
광륭사(廣隆寺) 196, 271
광창 176, 177, 324, 379
괴석 450
교창 152, 158, 325
구고현법(句股弦法) 321, 413
구들 5, 17, 18, 27, 29, 31, 33, 63, 65, 86, 89, 93, 96, 101, 106, 126, 130, 183, 343~345, 347~349, 352~354, 357, 399, 408, 432
구들 미장이 348, 349
구들식 난방법 347

구들장 29, 345, 347, 399
국조오례의(國朝五禮儀) 175
굴도리 155, 168, 190, 218
굴뚝 5, 27, 29, 30, 32, 33, 344, 345, 432
굴림백토 110, 337
굴주(掘柱) 208
굴피집 271
굽도리 400
궁실 71, 429, 447, 450
궁집 338, 389, 416
궁판 367, 432
귀기둥(隅柱) 204, 207, 410
귀면와(鬼面瓦) 296, 297
귀틀 27, 122, 126, 129, 130, 132, 135~137, 155, 355
귀틀집 33, 66, 68, 77, 93, 95, 120~131, 135, 136, 138, 139, 145, 165, 199, 277, 278, 355, 356, 379, 401, 414, 441
그레질 330
그렝이법 208, 209, 250, 330
근정전 월대 362
금천교 362
기거(岐鋸) 321
기단 19, 20, 152, 153, 173, 405, 406, 411
기둥 20, 27, 63, 95, 96, 98, 100, 112, 113, 135, 136, 153,

155, 165, 167, 170, 173, 176, 177~179, 183, 184, 190, 198, 200~204, 206~211, 213~215, 218, 222, 239, 243, 248, 255, 258, 265, 321~323, 326, 327, 328, 330, 331, 338, 351, 355, 356, 362, 372, 373, 377, 393, 401, 408, 413, 414, 418, 428
기문(技門) 72, 330
기법(技法) 23, 39, 63, 72, 147, 162, 163, 165, 202, 204~206, 209~211, 233, 245, 247, 248, 287~289, 291, 292, 326, 328, 334, 335, 340
기선길(奇善吉) 285
기스락 306
기와 269, 283, 286, 305, 307, 313, 420
기와굴(瓦窟) 291, 297
기와 등무늬 290
기와장이 282, 303, 319
기와지붕 173, 266, 277, 280, 282, 284, 288, 293, 299, 301, 308, 310, 312, 316, 432
기와집 33, 245, 254
기왓골 266, 267, 269, 288
기왓장 312, 419, 422, 432

긴 서까래(長椽, 野椽) 169
김동수 가옥 244, 364, 365
까치구멍집 87, 281
꺾쇠 307, 308
꽃담 70, 303, 309, 312~315, 340, 418, 419, 456
꽃살무늬 380, 381

ㄴ

나무 시집 보낸다 450
낙선재(樂善齋) 340, 341, 363, 397, 437
난간 152, 153, 158, 160, 173, 174, 358, 359, 360, 362, 363 ~365, 374, 375
남대문 147, 166, 227, 229, 285, 357
남중고도 20, 21
남향 82, 156, 157, 178, 438, 444
남향집 438
내루(內樓) 160
내림마루 280, 293, 294, 295, 296, 297, 309
내외담 416, 417, 439
내외벽 439, 440
너새 173, 283, 296, 308,

찾아보기 · 459

309, 311
너새판 310, 311, 418
너와 135, 136, 138, 260, 273, 274, 277~280
너와지붕 273, 276~278
넉살 379, 381
널문(板扉, 板門) 112, 176, 367, 425, 432
널빤지 106, 176, 275, 305, 308, 315, 328, 337, 339, 355, 357, 367
네 짝 분합 158, 372, 373, 383
네모난 기둥(方柱) 202, 204, 207, 322
녹우당(綠雨堂) 197, 207, 208, 236, 237, 239, 449
농 413
높은 주초 256
누마루 257, 362
눈꼽재기창 376, 377
눈썹지붕 238, 255, 256, 257, 258
느리개 169, 267, 268, 303, 318, 319
능화판(菱花板) 395

ㄷ

다락 70, 187~189, 191, 257, 354, 362
다락 곳간 135
다락집 18, 66, 95, 99, 174, 313, 314
다산(茶山) 정약용 71, 150, 410
다자이후(大宰府) 447
단원 김홍도 254
단월문(團月門) 422
단청 153, 193, 306
담 112, 418, 419, 446
담벼락 19, 103, 106, 108, 110, 115, 125, 168, 312, 314, 338, 340, 341, 384, 394, 419, 422, 429, 430, 432
담장 54, 108, 109, 133, 312, 314, 338, 414~416, 418~422, 425, 428, 445, 448, 454
당목 450
당와(唐瓦) 311
당판문 173, 185, 324, 367
당호(堂號) 226, 237, 287, 413
대공 155, 168, 178, 218, 234, 235, 303
대들보 27, 160, 165, 166,

168~171, 178, 184, 214, 216, 217, 220, 221, 226, 230~232, 234, 239, 298, 299, 341, 355
대목(大木) 72, 132, 157, 195, 213, 231, 234, 302
대목장(大木匠) 157, 196, 197, 239, 210, 213, 255
대문 176, 414, 416, 424, 425, 428~430, 436, 438, 439, 444
대문간 430, 435
대문간채 431, 432
대청 17, 18, 26, 27, 82, 89, 90, 93, 158, 160, 167, 181, 182, 184, 185, 191, 192, 221, 225, 226, 234, 237, 239, 299, 329, 354, 357, 367, 370, 372, 373, 382, 383, 408, 413, 414
댓돌(基壇) 19, 30, 143, 404, 406, 408, 410, 411
더그매 103, 113, 189, 191
덤벙주초 209
덧문 152, 330, 374, 432
덧서까래 266~268
도끼 124~126, 273, 278, 321, 436
도랑(水溝) 445

도리 96, 114, 155, 170, 201, 216, 220, 222, 225, 227, 228, 230, 234, 249, 265, 301, 316

도리왕찌 218, 298

도면 71~73, 76, 86, 146~151, 165, 166, 168, 170, 172, 173, 178, 185, 219, 291, 367, 430

도배 139, 160, 174, 189, 367, 383, 391~395, 399

도배지 391, 395

도판(陶板) 333, 334, 336

도편수 72, 146, 157, 166, 169, 171, 178, 201, 206, 229, 239, 251, 287, 302, 303, 322, 328

돌각담 370, 410, 415

돌기둥 152, 359, 411

돌난간 361, 362

돌너와 279

돌너와집 138, 280

돌란대 173, 362

돌집 95, 199

돌쩌귀 372, 383

돌층계 153, 360, 361

동궐 260, 436, 451

동궐도(東闕圖) 72

동궐도형(東闕圖形) 71

동귀틀 355

동기와 291

동대사(東大寺) 131~134

동백기름 402

동산 448

동자 327, 328

동장대(東將臺) 291

동호재(東湖齋) 154, 157, 229, 439

돼지우리 351, 352

두공(頭栱) 323

두꺼비 가마 290

두껍닫이 372, 374

둥근 기둥(圓柱) 202, 204, 207, 208, 322

뒷간(淨廊) 335, 352, 432

뒷동산 448

뒷문 156, 185

드림새 293, 296

들기름 139, 196, 306, 401

뜰마루 353

띄방 316

띄지붕 281

띠방(帶枋) 176, 328

띠살무늬 372~374, 381, 432

띠살무늬창 173, 190

띠집 95

ㅁ

ㅁ자형 79, 82

ㅁ자형집 82, 90

마당 21, 23, 48, 82, 92, 110, 116, 132, 405, 408, 414, 428, 438, 440, 443, 444, 446~448, 450, 454, 456

마당 가꾸기(園治) 143, 428, 442, 444, 454

마당 가꾸는 일 440

마루 17, 18, 63, 89, 90, 100, 101, 132, 135, 138, 152, 153, 175, 226, 293, 296, 321, 351~357, 362, 440

마루대공(宗臺工) 230, 234, 235, 239

마루도리 218, 219, 230, 234

마루방 85, 354, 383, 434

마루보 220

마루판 401

마을 32, 54, 55, 102, 106, 108, 125, 128, 129, 131, 271, 275, 277, 281, 415, 416

마족연 298

막살집 66, 95,

막새 293, 296, 297

만살창 381, 389

만월문(滿月門, 團門) 394~

397
망새 283, 293, 294, 324
망와(望瓦) 173, 283, 293, 294, 296, 297, 309, 324
맞담 419, 425, 432
맞배 114, 267, 315
맞배 기와지붕 432
맞배지붕 92, 173, 177, 220, 222, 241, 255, 256, 283, 301, 312, 324, 338, 341
맞벽 336
맥질 103, 115, 335
맹사성(孟思誠) 91
맹씨행단(孟氏杏壇) 91, 92, 234
맹장지 174, 182, 189, 367, 372~376, 391, 394
머구 294
머름 24, 25, 189, 327, 371
머름대 26, 27, 155, 190, 321, 324, 325, 327, 328, 372, 386, 413
머름동자 173, 324
머름청판 155, 324
머리맡 광창 379
머리벽장 188, 189, 256, 349, 367, 371
먹줄 204, 205, 322, 400
멍에 112~114, 304~306,
355, 418
면회(面灰) 340
면회장(面灰匠) 314
명기 41, 42, 44
명당 41, 45~47
명당수 52, 444, 445, 451
명원(名園) 454
모탕 고사 201
모형 133, 148, 151, 272, 273
목기연 178, 256, 298, 308, 309~311
목민심서 71, 150
목욕간 432
목책(木柵) 415
목판(木版) 395
못대가리 330
무넘이 454
무량수전 228
무문관(無門關) 425, 428
무사석(武砂石) 341
묵서명(墨書銘) 227
문 93, 111, 112, 134, 158, 176, 177, 188~190, 206, 208, 345, 367, 375~377, 379, 381, 383, 391, 395, 402, 416, 425, 428, 429, 432, 438~441
문갑 26, 413
문골 126, 213, 328, 401
문루(門樓) 354, 357
문묘 429
문벽선 111, 323, 327~329
문빗장 176, 177, 425
문살 381
문얼굴 111, 112, 158, 176, 321, 323, 325, 328~330, 371, 394, 432
문열이법 326
문인방 176, 179, 323, 325, 327, 329, 432
문지방 111, 173, 176, 177, 179, 321, 324, 432
문짝 93, 103, 107, 111, 153, 155, 176, 177, 189, 321, 323, 367, 373, 377, 383, 384
문화 유산 163, 394
물매 166, 169~171, 230, 315, 444, 447
물푸레나무 331
물홈 263, 265, 328, 377, 388
미닫이 160, 172, 174, 372~374, 377, 378, 386~388
미닫이 여닫이 377
미세기 160, 174, 189, 367, 370~373, 375, 377, 379, 381, 394, 395
미세기문 160, 174
미장(泥匠) 314

462

민속마을 432
민흘림 202, 204, 208, 330
민흘림법 202, 204,

ㅂ

바깥 행랑채 237, 338, 340, 341
바깥벽 277, 341, 423, 432
바닥기와 269
바대기 290
바라지문 256
바라지창 27, 324, 329, 354
바자울 415
박공 155
박공널 309
박공판(朴工板) 178, 184, 256, 267, 301, 306~308, 311, 312, 315~318, 324
박석 447, 448
박인경(朴仁景) 154, 187, 213, 393
박태수(朴泰壽) 154
반담 338~341
반연귀 328
반오량(反五梁) 235~237
반자 103, 155, 174, 192, 299, 311, 391

반자틀 391, 392
반침 160, 349, 367, 371, 374, 375, 413
받침장혀 225, 234, 246
발판 327
발해(渤海) 128, 129, 275
방 153, 181, 190, 382
방바닥 25, 26, 160, 183, 347, 348, 391, 399~401
방석 413
방전(方塼) 152, 153, 266, 408, 410, 411
방풍널 305, 306
방풍판(防風板) 301, 310, 315~317, 324
방화벽 341
방환(方環) 307, 308, 318
배목 155, 372
배흘림 202, 203, 330
배흘림법 202
백수백복(百壽百福) 395
백악신앙 207
백자 338, 403
백토 107, 110, 116, 117, 336, 337, 399, 447
백호 날 52, 444
법륭사(法隆寺) 109, 134, 135, 235, 255
법수(法樹, 法首) 362

법식(法式) 63, 72, 162, 163, 165, 166, 170~172, 183, 205, 248
벽돌 124, 152, 275, 305, 312, 314, 331, 333, 338, 340, 341, 410, 411, 419
벽돌집 66, 199
벽선 155, 176, 198, 323, 324~326, 329, 330, 336
벽장 70, 160, 163, 174, 186, 188, 189, 367
벽장문 192
벽지 391, 394~396, 401
벽체 66~68, 96, 101, 104, 106, 108, 120, 124, 126, 128, 132, 136, 182, 209, 213, 303, 304, 312, 321, 329, 330~334, 336~338, 341, 356, 373, 384, 391, 392, 394, 395, 400, 411
벽화 134, 135, 422, 450
변힌(卞韓) 121, 122
별지화(別枝畵, 別畵) 422
별채 432, 436
병산서원 429
보 113, 114, 214, 217, 220, 221
보머리 114, 216, 217
보상화무늬 방전 411
보아지 155, 160, 168, 170,

찾아보기 · 463

190, 213, 214, 215, 216, 217, 232, 392, 393
보첨 253, 255, 257, 258, 260
보탑사(寶搭寺) 9, 137, 154, 157, 267
보토 263, 282, 285, 318
보판 395
복화반(覆華盤) 232, 234
봉당집 353
봉창 176
부경(孚京)
부고 296
부넘기 345
부뚜막 27~29, 278
부석사 228
부엌 27, 28, 158, 159, 168, 174, 176, 177, 185, 189, 191, 173, 177, 178, 187, 338, 354, 367, 432, 441, 434
부연 155, 168, 169, 184, 259, 261, 262, 263, 265, 268, 298, 311, 324
부연개판 263, 298
부용지(芙蓉池) 451
북궐도형(北闕圖形) 71
분벽(粉壁) 173, 177, 324, 337, 338
분합 27, 93, 152, 155, 158, 189, 373, 376, 382, 383

분합문 93, 153, 158, 160, 176, 182, 367, 373, 385
불국사 157, 359~361
불궁사 257
불발기창 182, 373
붕어자물쇠 177
비례 108, 181, 413
비례법 429
비상구 440, 441
비첨(飛檐) 311
빈지 176, 355
빗살 103, 381

ㅅ

사갈 211, 213, 214, 216
사고석(四塊石) 67, 338, 341, 410, 429
사고석담 429
사다리 95, 101~105, 131, 132, 183
사당 50, 229, 429
사랑 408
사랑방 188, 259, 394
사랑채 30, 92, 186, 189, 197, 228, 237, 238, 242~244, 255, 257~261, 287, 364, 365, 377, 416~418

사래 155, 171, 173, 177, 241, 251, 252, 261, 262, 298
사리론 43
사모정 287
사방 탁자 413
사벽(砂壁)[새벽] 312, 336, 337, 432
사분변작법(四分變作法) 170
사분합 367, 370, 372, 373
사찰 133, 354, 425, 447, 450
사천왕사(四天王寺) 245, 411
사합원 19, 206, 266, 406
산경문(山景文) 411
산림경제(山林經濟) 44, 47, 54, 428,
산신 55~57, 136, 137
산자 331
산지못 216, 217
산천 정기 37, 58, 59, 116
살대 362, 365, 367, 373, 377, 379, 380, 381, 387~389, 432
살림집 6, 17, 26, 29, 47, 50, 63, 73~77, 79, 87, 89, 91~93, 95, 102, 103, 109, 120, 122, 125, 131, 147, 162, 163, 181, 183, 192, 202, 206~208, 220, 229, 237, 238, 243, 247, 261, 266, 273, 278, 280,

293, 297, 298, 301, 341, 353, 354, 382, 386, 405, 406, 410, 415, 416, 430, 436, 451
살창 176
삼공불환도(三公不換圖) 254
삼국사기(三國史記) 181, 182, 297, 311
삼국지(三國志) 121, 129
삼량가(三樑架) 170
삼량집 114, 169, 170, 220, 230, 232, 235, 239, 251
삼분변작법(三分變作法) 170, 171
삼척 신리(新里) 273
삼층장 413
삼화토(三華土) 108, 128, 285, 293, 294, 336, 339~341, 422
삿갓천장 192
삿자리 103
상량(上樑) 224
상량기문 228, 229
상량대 229
상량 도리 225, 228
상량문 224~230, 258, 413
상량식 146
상머름대 173, 327, 328
상인방(上引枋) 325, 330
새끼 331, 334

새우흙 285
샛길 440
샛담(間墻) 416, 418, 421, 423, 428
샛장지 181
생석회 285, 318
서고(書庫) 189
서궐영건도감의궤(西闕營建都監儀軌) 150, 155
서까래 21, 68, 96, 103, 107, 114, 120, 133, 136, 155, 166, 168~171, 178, 184, 189, 192, 198, 218, 219, 222, 223, 230, 237, 238, 243~246, 248~250, 253, 259, 261, 262, 265 ~267, 269, 279, 282, 298, 299, 315, 317, 318, 401
서석지(瑞石池) 451, 452
서원 100
석가산 454
석분(石盆) 450
석비레 108, 110, 336, 337
석성(石城) 415
석탑 132, 312, 447
석파정(石坡亭) 421, 422
선교장 48, 258, 259, 451
선덕여왕 58
선면(扇面) 422
선자 155, 245, 247~249,

252, 303
선자부연 298
선자서까래 166, 171, 174, 245, 247, 248, 250, 298, 299
선향재 260
설계 63, 66, 71~73, 76, 95, 111, 143~146, 154, 158, 162, 163, 195, 230, 231
설계도 71~73, 145~147, 150, 154, 157, 171, 174, 185, 216, 324, 369
설계도면 147
성덕태자(聖德太子) 271
성벽 415
세간 347, 384, 413
세벌대 168, 173, 177, 178, 324, 406~408, 410
소로 168, 234, 247, 323, 359, 392, 393
소목 321
소쇄원(瀟灑園) 49, 454~456
소슬대문 428~431, 433~436
소슬삼문 429
소슬합장 232~235, 306
소주(蘇州) 454
속껍질 여러 켜로 이은 지붕 271

찾아보기 · 465

솔방울 400
송광사 53, 146, 157, 166
송진 195, 400, 402
송첨 252, 254
송판(松板) 273, 357
쇠고리 177
쇠문고리 372
쇠장석 307, 308
수고 52, 451, 452
수두(獸頭) 293, 297, 311
수막새 283, 293, 324
수벽(樹壁) 415
수성(水城) 447
수장(修粧) 70, 98, 143, 185, 189, 191, 211, 276, 277, 320~323, 326, 327, 329, 354, 401
수장재(修粧材) 221, 321, 322, 325, 326, 331, 333, 334
수장폭(修粧幅) 321~323
수채 446, 447
수채구멍 446
수채통 447
수키와 266, 269, 270, 290, 293, 294, 296, 314, 336
수평 기준선 151, 400
숙신족(肅愼族) 124
승화루(承華樓) 365
신단수 57, 450
신륵사 313, 314

신문(神門) 429
신방석(信枋石) 325
신응수(申鷹秀) 157, 196, 197
심방목 112
심원정사(尋源精舍) 146, 154, 157, 229, 309, 420, 422, 430, 431, 433~435
십일량집 220
쌍장부 구멍 326
쌍장부 홈 217, 326
쌍장부촉 326
쌍촉구멍 170
썰대 388
쐐기 326

ㅇ

아구토(芽口土) 269, 270, 293, 294
아궁이 5, 27, 28, 31~33, 152, 155, 255, 256, 343~345, 395
아랫목 5, 29, 31, 33, 181, 188, 189, 343, 345~349, 367, 371, 413
아랫방 158, 178, 367, 371, 377
亞자 만살창 381

아제구라(交倉造) 125
안동 임하(臨河) 76, 77, 89, 118
안동 하회마을 → 하회마을
안방 36, 82, 86, 158~160, 173, 177, 178, 180, 182, 184, 185, 189, 191, 225, 299, 347~349, 367, 370~372, 374, 382, 383, 392, 408, 414
안압지 411, 451
안채 76, 92, 180, 207, 208, 237~239, 221, 236, 257, 301, 329, 417, 418, 422, 439
앉은뱅이 문 367
앉은뱅이 창 432
알추녀 251
암막새 283, 293, 296, 324
암키와 266, 268, 285, 290, 293, 296, 270, 311, 314
앙토 232
앙토천장 192
앞마당 158, 438, 448
앞퇴 93, 158, 160, 167, 190, 208, 216, 217, 238, 239
앞퇴간 236
양구(陽溝) 445, 446
양도호 259
양동마을 42
양이정(養怡亭) 271

양진당(養眞堂) 208, 352, 354
양청(凉廳) 354
양판 72, 166, 171
어머니가 지은 한옥 76, 146, 147
어의동자 324
억새(茅) 281
억새풀 277
여근곡 58, 59
여닫이 367, 373, 377~379, 381, 432
여모판 173, 362
여염집 220, 243, 261, 293, 297, 306, 308, 311, 312, 318, 338, 339, 387, 389
여회 111
연경당(演慶堂) 13, 51, 52, 237, 260, 336, 436, 445
연귀 328
연귀법 328
연당 51, 445, 451~453
연등천장 160, 189, 192, 266
연목(椽木) 133, 245
연못 48, 52, 451~453, 456
연무(煙霧) 345
연함(緣含) 168, 298, 311
영건도감의궤(營建都監儀軌) 147
영마루 100, 351

영조척(營造尺) 26, 175
오금법 204
오두막집 99, 101, 124, 351, 362
오량 166, 170, 171, 234, 235, 316
오량가(五樑家) 299
오량집 114, 169, 170, 213, 218, 220, 222, 230~235, 238, 239, 299, 315
오지 447
옥사(屋舍) 181
온담 67, 338, 341
온돌방 17, 18, 29, 31, 63, 65, 86, 89, 130, 183, 184, 357, 346
와박사 289, 292
와장벽(瓦牆壁) 432
왕궁리 석탑 447
왕찌 246, 249, 252, 418
외 331, 334~336, 418
외벌대 93, 256, 405~408
용두(龍頭) 152, 297
용마루 100, 152, 153, 173, 177, 280, 282, 283, 285, 293, 294, 295, 296, 297, 324
용마름 276~278, 281
용지판 338, 339, 418
우매기 330

우물가 448
우물마루 27, 93, 158, 160, 321, 354~356
우물반자 192, 193
우진각 114, 133
우진각지붕 220, 312
운문사(雲門寺) 154, 157
운현궁 226, 188, 241~243, 329, 363, 406, 407
울개미 217, 222, 323, 381, 402
울타리 76, 131, 276, 415, 430
움집 18, 19, 66, 95~101, 115, 124, 353
원림(園林) 271, 454
원초형 한옥 18
월방(月枋) 176, 179, 432
윗목 29, 31, 347, 349
윗방 158, 178, 181, 367, 371
유리창 370, 372~374, 377, 381
유림(囿林) 454
윤보선 259, 260
윤용숙(尹用淑) 73, 76, 146, 422
윤증(尹拯) 30, 221, 377, 439, 378, 440
융복전(隆福殿) 150, 151, 155
一자형집 87

찾아보기 · 467

은정 연결법 336
음구(陰溝) 446
의궤(儀軌) 71, 148, 151, 222
의종(毅宗) 271
이광규(李光奎) 157, 166, 287
이맥이 298
이맥이 평고대 261, 262
이엉 96, 253, 281, 436
이우형(李祐炯) 391
이응로(李應魯) 154, 162, 393
이중환 41
2층집 95
인거(引鋸) 308, 321
인방 26, 111, 173, 176, 216, 321, 323, 324~326, 328~331
일각문 416, 428
일주문(一柱門) 425
임해전 451
입택 143, 412~414, 439, 443

ㅈ

자경전(慈慶殿) 29, 423
자귀 318, 321
자꺾음장예 166, 168~171, 230
작은 방 86, 181, 186, 382

잔디 447, 448
장 413
장귀틀 155, 355
장대석 406
장락문(長樂門) 341, 436, 437
장마루 18, 138, 354~357
장부구멍 211, 214, 326, 330
장부촉 216, 217
장송(長松)마을 275~277
장판지 400, 401
장혀 155, 168, 216, 217, 218, 225, 226, 229, 246, 303, 321
재목 72, 112, 125, 127, 132, 138, 139, 143, 146, 157, 169, 176, 194~196, 198, 199, 201, 204, 205, 214, 221, 230, 231, 234, 241, 248~250, 265, 266, 275, 278
재벌 399
재사벽(再砂壁)[재새벽] 312, 337, 338, 418, 432
적새 173, 294, 296, 299, 324
적송(赤松) 139, 196, 197
적심 169, 263, 265~267, 282, 303, 318, 319
전돌(塼乭) 67, 266, 419
전지(剪枝) 450
전탑(塼塔) 68, 124, 275
절병통 287

절터 411, 447
정온(鄭蘊) 257
정원 454, 456
정이품송(正二品松) 451
정자 209, 271, 287, 362, 456
정자나무 448
정창원(正倉院) 128, 131, 134, 135
정침(正寢) 82, 238
정한루(井韓樓) 128
제택 422, 450
조경(造景) 448, 454, 456
조례기척(造禮器尺) 175
조와장(造瓦匠) 299
조정(藻井) 311
조정현(曺正鉉) 116, 309, 419, 422
조희환(曺喜煥) 157, 166, 195, 206, 213, 229, 302, 303
족통 388
졸대 269, 305, 310, 336
종가 394
종대공 230, 239
종도리 170, 171, 178, 185, 217 ~219, 222, 224, 225, 230, 232, 236, 238, 246, 267, 298, 299, 303, 304, 315, 316
종량(宗樑) 155, 220
종보 170, 171, 178, 184, 214,

468

216, 217, 218, 220, 232, 234, 239, 299
종중량(宗中樑) 220
좌탑 183
주도리(株道理) 114, 170, 171, 184, 218, 232, 238, 246, 247, 248~250, 252, 298, 299
주두 155, 168, 170, 206, 215, 217, 323, 392, 393
주련(柱聯) 413
주반(柱半) 204, 205
주방 26, 86, 159, 191, 357, 382
주척(周尺) 175
주초 19, 146, 184, 209
주초석 128, 132, 152, 184, 209
주춧돌 152, 208, 209, 324
죽담 19, 93, 405, 406, 408~410
중깃 331, 334~336, 338, 418
중대공 170, 171, 214, 216
중도리 168, 170, 171, 178, 184, 217~220, 222, 232, 246, 248, 252, 298, 299
중문 176, 406, 425, 439
중방 155, 173, 176, 177, 321, 323, 324, 326, 330, 331, 338, 339, 341, 418, 432

지기 52, 59
지네발 용마루 296
지네철 155, 173, 307, 308, 318, 324
지대석(地臺石) 410
지붕 70, 75, 95, 103, 108, 112 ~114, 133, 138, 143, 152, 153, 165, 169, 182, 192, 219, 248, 252, 255, 257, 258~260, 264, 266, 267, 271~273, 277, 278, 280, 282, 283, 285, 287~289, 291~293, 295, 296, 303, 313~316, 318, 351, 418, 419, 428, 432
지유 166
지하수맥 410
직사광선 23, 25, 408
진서(晉書) 124,
진하승(秦河勝) 271
진한(辰韓) 121, 122, 277,
진흙 103, 104, 107, 108, 110, 115, 117, 266, 282, 285, 318, 331, 336, 337, 399, 400, 406, 410, 418, 419
집경당(集慶堂) 150
집터 15, 40, 41, 43, 44, 46~50, 52, 53, 55, 59, 60, 100, 156, 177, 230
짓광목 401

짧은 서까래(短椽, 童椽) 169~171, 219, 222, 238, 315
쪽구들 27, 126, 130, 278
쪽마루 89, 152, 153, 158, 160, 173, 174, 178, 354, 362, 374, 375, 432

ㅊ

차양 21, 23, 253, 258, 260
착고 263, 265, 296
착고판 262, 263, 265
창 111, 173, 190, 205, 323, 329, 366, 367, 369, 371, 372, 374~377, 379, 381, 386, 388, 389, 391, 432
창경궁 낙선재 장락문(昌慶宮 樂善齋 長樂門) 341
창 살대 377, 389
창방 155, 168, 170, 201, 206, 213, 215, 217, 324
창틀 26, 111, 386, 402
창호지 367, 372, 373, 377, 381, 383, 387, 391
처마 20, 21, 23, 63, 64, 70, 143, 153, 162, 189, 190, 226, 228, 237, 240, 241, 243~245, 248, 249, 253~255,

찾아보기 · 469

259, 261, 267, 268, 285, 293, <u>298</u>, 315, 316, 406, 408
처마 곡선 244, 245, 247, 248, 250, 251, 261, 282
처마 깊이 63, 238, 243, 248
척도 7, 175
천왕지신총(天王地神塚) 233, 235
천장 높이 26, 39, 183, 185, 191, 239
천장(天障) 25, 26, 70, 75, 96, 103, 167, 174, 182~185, 187, 191, 192, 243, 315, 354, 357, 391, 441
천정(天井) 27, 192, 311
청석 279
청지기 방 406
청판 27, 155, <u>173</u>, <u>327</u>, 328, 355
초가 109, 112~114, 254, 281, 405, 436
초가지붕 281
초가집 30, 33, 162, 209
초맥이 251, 261, <u>298</u>
초배 391, 399
초배지 399, 400
초벌 399
초벽 331, 335, 336, 338, 340
초장 249

초정(草亭) 254
최영 91
추녀 155, 166, 171, <u>173</u>, 174, <u>177</u>, 241, 245, <u>246</u>, <u>247</u>~252, 261, 296, <u>298</u>, 301, 303, 304, <u>324</u>
추녀마루 152, <u>173</u>, <u>283</u>, 293, 296, <u>297</u>, 299
추사 김정희 226, 227, 255
추사고택(秋史故宅) 45, 255, 256
출입문 19, 176, 373, 415, 416
충량(衝樑) 160, <u>216</u>, 220, 222
충량보 159, <u>247</u>, <u>298</u>
충효당(忠孝堂) 17, 186, 208, 301, 313, 314, 426
취두(鷲頭) 296
취평(取平) 444
층계 152, 188, 362, 438
층층다리 361
치미(鴟尾) 296
치자 160, 400, 401
칠량집 220

칸막이 86, 93, 98, 382~384
칸살이(柱間) 26, 323

콩댐 160, 400, 401

태액지(太液池) 453
택리지 41
테라코타 341, 411
토담 107~109, 111~113, 416, 432
토담집 33, 66, 68, 69, 77, 93, 95, 101~106, 108~115, 118, 119, 138, 145, 165, 199, 277, 353, 356, 379, 401, 405, 406, 414, 441
토벽 135, 176, 179, 198, 301, 303, 305, 312, 329, 331, 333~339, 348, 418
토벽집 66, 113, 135, 196, 198
토병(土塀) 108
토성(土城) 415
토수 447
통나무집 124, 128, 139
통서까래 248~250, 252
통장부 구멍 326
통장부 홈 326
퇴 82, 138, 158, 181, 238
툇마루 26, 153, 154, 158, 181, 207, 213, 217, 329, 354, 364,

367

툇보(退樑) 190, 214, 216, 217, 220, 298

투시도 148, 151

투시도법 148, 151

ㅍ

판대공(板臺工) 234, 256

판문 176, 185, 367

판자 100, 176, 228, 258, 259, 274, 303~306, 312, 328

판자지붕 259

팔각기둥(八角柱) 207, 208

팔작 114, 153, 220, 222, 315

팔작 기와지붕 310, 312

팔작지붕 173, 177, 283, 301, 324

편문(便門) 425, 441

편수 150, 285, 287, 303, 377

편액(扁額) 152, 153, 226, 227, 413, 436

평고대 168, 218, 248, 249, 251, 252, 261, 298

평균 신장 26, 182, 183, 185

평대문 427, 428, 430

평반자 160

평주(平柱) 155, 204, 206

~208, 213, 214, 216, 217, 238, 256

평천장 103, 113, 189, 191

포백척(布帛尺) 175

포작(鋪作, 包作) 166, 323

포장 미술 160, 392, 393

풍혈 173

ㅎ

하머름대 173, 327

하방(下枋) 173, 177, 321, 323, 324, 326, 327, 331, 341, 432

하중보(荷重樑) 220

하엽 173

하회마을 108, 109, 405, 406, 422, 430, 432

학(鶴) 450

한계마을 427, 430

한국건축사 63

한국정(韓國亭) 209, 211, 287

한옥의 정형 18

한지 4, 139, 159, 160, 162, 174, 189, 201, 225, 230, 372, 391~394, 400

합각 143, 152, 173, 177, 220, 282, 294, 296, 299~305, 307, 309~314, 315, 324,

338, 341, 419

합각마루 152, 173, 283, 293, 296, 297, 308, 309

합각벽 303, 305, 312, 314

해자 447

행랑 432

행랑채 237, 338, 340, 341, 428, 432

헌람(軒欖) 362, 363

현수 곡선 245, 315

현어(懸魚) 311, 312, 318

현판(懸板) 226, 413

혈거(穴居) 95, 115

혜원 신윤복 451

호두기름 367, 402

홍두깨 290

홍두깨 흙 269, 293

홍만선 44, 47, 428

홍송(紅松) 139, 195, 196, 401~403

홍예문(虹霓門) 422

홑처마 169, 242~244, 251~254, 260~262

화덕 96~98

화방벽 338~341, 418, 429, 430, 432

화성(華城) 290

화성성역의궤(華城成役儀軌) 147, 291

화장줄눈 340

환경 54, 55, 60, 343, 344, 454, 456

활래정 451

황토 34, 277, 331, 357

횃대 365

회상전(會祥殿) 150, 152, 153, 155

횡개판 265, 311

후지(厚紙) 400, 401

흘림 202, 204

흙 담장 415

흙벽돌 68, 103, 418

흙손질 334

흙집 115, 117

흥선대원군 227, 242, 243, 261, 422

흥정당(興政堂) 150

희첨 283

희첨추녀 298

* 밑줄친 부분은 본문에서 그림으로 용어를 확인해 볼 수 있습니다.